解 析 几 何

石勇国　彭家寅　主编
赵思林　钟纯真　刘程熙

科 学 出 版 社
北　京

内 容 简 介

全书共分 5 章，第 1 章作为解析几何的主要基础，引入向量，建立坐标系，介绍了向量运算的定义、性质、计算以及应用. 第 2 章建立了空间直线和平面的方程；讨论了点、线、面位置关系的判定；定义并计算了点、线、面的相关距离以及线、面之间的相关夹角；展示了平面束在求直线、平面方程上的应用. 第 3 章利用轨迹建立了柱面、锥面、旋转曲面的方程；给出了二次曲面和直纹面的方程，描述了它们的性质、作图、手工制作的方法. 第 4 章利用移轴和转轴，构造新坐标系，对二次曲线进行化简与分类、另外还给出了不变量化简二次曲线的结果. 第 5 章利用坐标变换和实对称矩阵的性质，对二次曲面进行了完整的分类.

本书可作为高等院校数学、物理和教育等专业解析几何课程的教材，也可作为科技工作者和数学爱好者的参考书.

图书在版编目（CIP）数据

解析几何/石勇国，彭家寅主编. —北京：科学出版社，2014.5
ISBN 978-7-03-040012-3

Ⅰ. ①解… Ⅱ. ①石… ②彭… Ⅲ. ①解析几何 Ⅳ. ①O182

中国版本图书馆 CIP 数据核字 (2014) 第 041698 号

责任编辑：王胡权／责任校对：朱光兰
责任印制：赵 博／封面设计：迷底书装

科 学 出 版 社 出版
北京东黄城根北街 16 号
邮政编码：100717
http://www.sciencep.com
北京凌奇印刷有限责任公司印刷
科学出版社发行 各地新华书店经销
*
2014 年 5 月第 一 版 开本：720 × 1000 1/16
2025 年 7 月第十四次印刷 印张：12 1/2
字数：262 000

定价：29.00 元

（如有印装质量问题，我社负责调换）

修 订 说 明

本书自从 2014 年到 2017 年在我校连续四届学生中作为教材使用, 该书流畅的语言、简洁的思路以及经典的例子受到师生的认可, 同时也得到同类院校教师的关注. 根据教务处和我们收集的意见, 以及教学实际需要, 我们特此进行了修订. 为了此次修订成功, 我们邀请了岭南师范学院数学与统计学院李观荣老师、刘雄博士、刘敬华博士、以及湖北省江陵中学何鸽老师参与编写.

与原版相比, 最大的区别是增加了一章 (第 4 章二次曲线的分类). 二次曲线分类与二次曲面分类的方法类似, 均可利用实对称矩阵性质来分类. 鉴于此, 原版中仅仅给出二次曲面分类的内容. 而实际的教学过程中, 由于新生的解析几何课程和高等代数课程同时开在第一学期, 我们在解析几何课程中想使用矩阵的乘法、可逆矩阵或对称矩阵的时候, 然而学生在高等代数课程中还没有学习这些内容. 这样给学生学习造成了的困难. 为了解决这个难点, 一方面, 我们新增的一章 (第 4 章), 利用坐标变换的方法, 而非矩阵的方法, 对二次曲线进行分类; 而在二次曲面的分类 (第 5 章) 主要采用矩阵方法, 特别利用实对称矩阵的性质来进行分类. 另外一方面, 我们补充了关于实对称矩阵特征值、特征方向和对角化性质的证明. 力求使本书独立完整.

在修订过程中, 李观荣负责编写了第 4 章二次曲线的分类. 刘雄负责编写了第 1 章中向量在中学几何证明题中的应用. 刘敬华和何鸽负责编写了第 4 章阅读材料. 石勇国负责内容如下: 重新编写了第 1 章的阅读材料极坐标的内容, 增加了蚶线和螺线; 重新编写了第 3 章锥面的方程, 增加了锥面方程齐次性的充要条件的证明和相关的例子; 重新编写了第 5 章 “5.1 空间直角坐标变换” 内容, 替换了原版 “4.1 坐标变换” 的部分内容; 在第 5 章, 补充了关于二次曲面的特征根和主方向的性质的证明, 即是原版命题 4.3.6 的证明; 增加了关于二次旋转曲面的判定内容; 增加了二次曲面的不变量.

本书修订出版获得了内江师范学院 2015 年 “本科教学工程” 项目教材项目的资助, 特此说明并致谢.

编　者

2018 年 3 月

前　言

解析几何不仅是数学专业三门基础课程之一, 也是物理、计算机、信息工程、教育科学等专业的基础. 内江师范学院数学与信息科学学院解析几何教学小组按照高等教育 “厚基础、宽口径” 的人才培养思路, 依据 “以发展为中心, 教、学、做统一” 的育人模式, 积极探索适合解析几何的教学模式, 在教学观念更新、教学内容整合、教学方法改革、实践教学改革、人才培养成效等方面均取得了显著成效. 2009 年, 我校解析几何课程被四川省教育厅批准立项为省级精品课程. 因此, 在教学改革实践的基础上, 我们编写了这本教材.

本教材的主线是: 以构建坐标系, 定义点和向量的坐标为基点, 通过向量代数, 建立了直线、平面、常见曲面等图形的方程; 然后反过来, 研究方程所代表的几何图形的特征, 包括对称性、有界性、渐近性质、直纹性等.

与其他解析几何教材相比, 本教材主要有下面特色:

1. **衔接性**. 为了知识体系的完整性, 第 1 章对中学数学中已经学习的向量的定义、线性运算和内积等相关知识作了简要介绍后, 重点突出了在中学未给出的证明, 如向量运算规律的证明. 在中学数学仅作为选修系列的极坐标与参数方程, 在数学分析、微分方程等课程中有重要的地位, 因此, 在阅读材料中专门介绍了极坐标与方程. 由于后续课程有高等几何、射影几何, 因此本教材没有重复相关内容, 而是在阅读材料之中介绍有关内容的联系和区别. 此外, 在附录中简单介绍了必备的线性代数的知识.

2. **简洁性**. 第 3 章常见曲面中, 柱面、锥面和旋转曲面这三类曲面建立方程的方法类似, 因此, 以案例的形式简单介绍了柱面和锥面方程求法, 而对旋转曲面则给出了建立方程的一般方法. 在证明曲面是直纹面时, 采用两种不同的方法证明, 避免相同方法的简单重复. 第 4 章详细介绍了二次曲面的分类, 对与之平行的 “二次曲线的分类”, 仅将结果作为附录列出. 对于平行定理的证明, 也作了简化处理, 类似的证明均作为课堂练习内容, 以鼓励学生大胆尝试, 为他们提供 “再创造” 的机会.

3. **探究性**. 多维度地选取有代表性综合性的案例, 如竞赛题、考研题, 以多种方法剖析求解, 不但可以满足不同层次学生的学习需求, 而且可以开阔学生视野, 在比较、鉴赏的过程中, 启发孕育他们个性化的思维. 每章所提出思考题, 如代数方程 (组) 的参数化、曲面的自交线和交线、直纹面的判定等, 供学有余力的学生思考和探究, 可以培养他们的问题意识、研究意识与创新意识.

4. **实践性**. 详细介绍了几个曲面围成立体图形简图的一般画法, 以及几何模型的制作流程, 这是本教材的一个创新点. 以马鞍面和螺旋面的制作为范例, 指导学生模仿学习和创新, 培养他们的兴趣和动手实践的能力, 在教学中, 可组织学生进行几何模型制作展览活动.

本书由内江师范学院石勇国博士、彭家寅教授担任主编, 赵思林教授、钟纯真副教授、刘程熙副教授参与编写, 是在集体讨论的基础上编写而成. 编写分工如下: 第 1 章由钟纯真编写, 第 2 章由刘程熙编写, 第 3、4 章由石勇国编写, 阅读材料由赵思林编写, 全书由石勇国统稿与修改, 由彭家寅定稿.

在编写过程中, 感谢内江师范学院数学与信息科学学院曾意副院长的大力支持和帮助; 感谢王新民、邓树钞、龚小兵、王彬、黄蓝蓝给予热情帮助和提出宝贵修改意见; 感谢王青、张培、刘馨宇、王检利等的仔细阅读和提出的建议.

本书获得了教育部数学与应用数学专业综合改革 (ZG0464)、四川省数学与应用数学专业综合改革 (01249)、四川省解析几何精品开放课程和内江师范学院 2012 年校级精品资源共享课的部分资助, 特此说明.

编　者

2013 年 11 月

符 号 说 明

0	数字 0
$\boldsymbol{0}$	零向量
$\sim$	三角形相似
$\Leftrightarrow$	当且仅当
$\exists!$	存在唯一
$\exists$	存在
$\mathbf{R}$	实数集
$\mathbf{Z}$	整数集
$\mathbf{R}^+$	正实数集
$\mathbf{N}$	自然数集
$//$	平行
$\not\parallel$	不平行
$\in$	属于
$\notin$	不属于
$\forall$	任意的
$:=$	规定为
$\bigcup\backslash A$	$\bigcup$ 中 A 的补集

目　录

第1章

向量与坐标

解析几何 (analytic geometry) 是用坐标系、代数、分析方法来研究的几何, 又称为坐标几何 (coordinate geometry), 因为几何对象在某坐标系下用点的 n 元组来描述. 通常, 使用二维 ($n = 2$) 或三维 ($n = 3$) 的直角坐标系来研究平面、直线、曲面和曲线. 1637 年, 笛卡儿在《方法论》的附录“几何”中提出了解析几何的基本方法. 解析几何的方法不同于欧几里得几何把特定的几何概念作为基点, 在公理和定理的基础上用演绎推理得出事实的综合方法. 解析几何使得原先两个独立的数学分支——几何和代数联系到一起, 使得代数的很多对象有了直观的几何解释. 同时, 利用代数和分析的知识也很方便地解决几何上的问题. 解析几何广泛应用于物理和工程中, 是当今包括代数几何, 微分几何, 离散与计算几何学等众多领域的基础.

在中学数学中, 已经涉及了向量的概念及向量的加减法的运算法则, 本章给出了数与向量的乘法运算法则的详细证明; 利用线性无关的向量组建立了仿射坐标系、定义了向量的坐标; 利用向量的坐标计算力做的功 (向量的内积)、力矩 (向量的外积) 和平行六面体的体积 (向量的混合积); 给出了这些向量运算的定义、运算规律和坐标计算公式, 同时展示了向量运算在共点、共线、共面、平行、垂直、恒等式以及一些关于三角形经典定理证明上的应用.

1.1 向量的定义、加法及数乘

1.1.1 向量的定义

为了表示力学中的力、速度等这些既有大小, 又有方向的量, 我们引入了向量, 并且将代数运算引到向量中去, 来研究图形性质. 这种方法具有几何直观性, 并且它在物理等学科中有重要的应用. 此外, 向量的概念及其运算也为线性代数中深入理解向量空间提供了直观的几何背景.

下面回顾向量的相关定义.

定义 1.1.1　既有大小, 又有方向的量称为**向量**或**矢量**(vector). 用加粗的符号 $\boldsymbol{a}, \boldsymbol{b}, \boldsymbol{c}, \cdots$ 来表示. 向量 $\boldsymbol{a}$ 的大小称为向量的**长度**(或**模**), 记为 $|\boldsymbol{a}|$.

一个向量 $\boldsymbol{a}$ 可用有向线段 $\overrightarrow{AB}$ 来表示, 从始点 A 到终点 B 的指向表示 $\boldsymbol{a}$ 的方向 (图 1.1), 有向线段的长度 $\left|\overrightarrow{AB}\right|$ 表示向量 $\boldsymbol{a}$ 的大小.

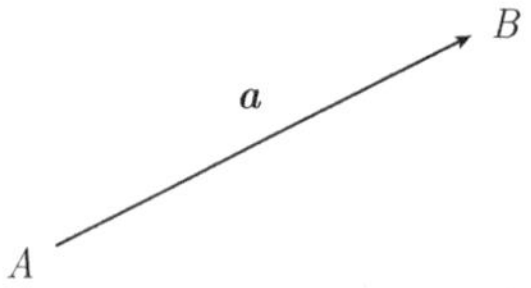

图 1.1

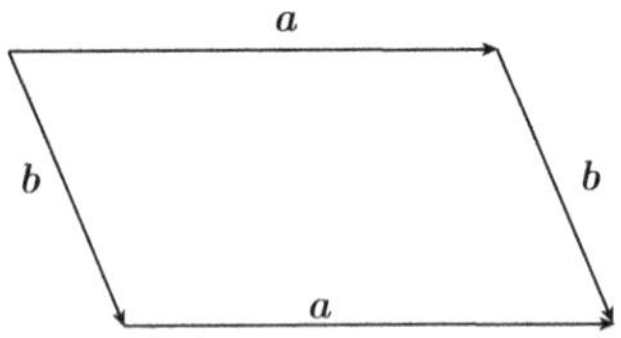

图 1.2

长度为零的向量称为**零向量**, 记为 $\boldsymbol{0}$. 长度为 1 的向量称为**单位向量**. 与非零向量 $\boldsymbol{a}$ 同向的单位向量记为 $\boldsymbol{a}^0$.

如果一个向量 $\boldsymbol{a}$ 能够由另一个向量 $\boldsymbol{b}$ 经平行移动得到, 则称这两个向量**相等**(图 1.2), 显然它们方向相同大小相等, 记为 $\boldsymbol{a} = \boldsymbol{b}$. 大小相等, 方向相反的两个向量互为反向量 (或负向量), 向量 $\boldsymbol{a}$ 的反向量记为 $-\boldsymbol{a}$.

如果两个向量 $\boldsymbol{a}, \boldsymbol{b}$ 通过平行移动可移到同一条直线上, 则称这两个向量**共线**或者**平行**, 记为 $\boldsymbol{a} // \boldsymbol{b}$. 平行于同一平面的一组向量称为**共面**的向量组. 特别地, 零向量与任意向量共线; 共线的向量组一定共面.

讨论　不同起点的任意两向量是否共面? (提示: 所指向量为自由向量)

1.1.2　向量的加减法

依据物理学中力、速度、位移的合成方法定义向量加法 (addition).

定义 1.1.2　对于向量 $\boldsymbol{a}, \boldsymbol{b}$, 作有向线段 $\overrightarrow{AB} = \boldsymbol{a}$, $\overrightarrow{BC} = \boldsymbol{b}$, 把 $\overrightarrow{AC}$ 表示的向量 $\boldsymbol{c}$ 称为向量 $\boldsymbol{a}$ 与 $\boldsymbol{b}$ 的**和**, 记为 $\boldsymbol{c} = \boldsymbol{a} + \boldsymbol{b}$(图 1.3), 即

$$\overrightarrow{AB} + \overrightarrow{BC} = \overrightarrow{AC}.$$

由此公式表示的向量加法规则称为**三角形法则**.

从同一始点 O 作 $\overrightarrow{OA} = \boldsymbol{a}, \overrightarrow{OB} = \boldsymbol{b}$, 再以 OA, OB 为边作平行四边形 $OACB$, 则对角线 $\overrightarrow{OC}$ 也表示向量 $\boldsymbol{a}$ 与 $\boldsymbol{b}$ 的和 (图 1.4), 这种表示和向量的方法称为向量的**平行四边形法则** (parallelogram rule). 在向量相等的意义下, “平行四边形法则” 和 “三角形法则” 等价.

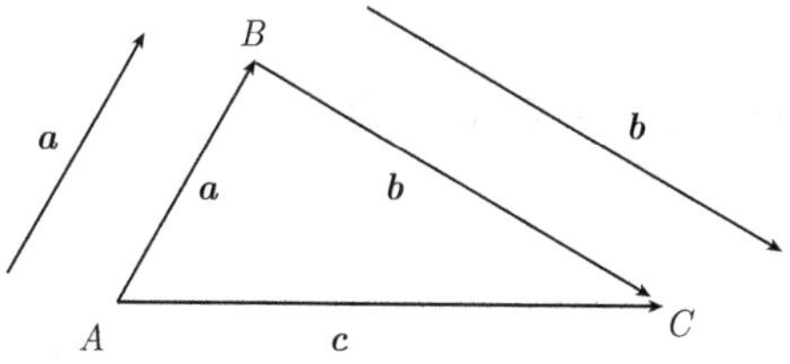

图 1.3

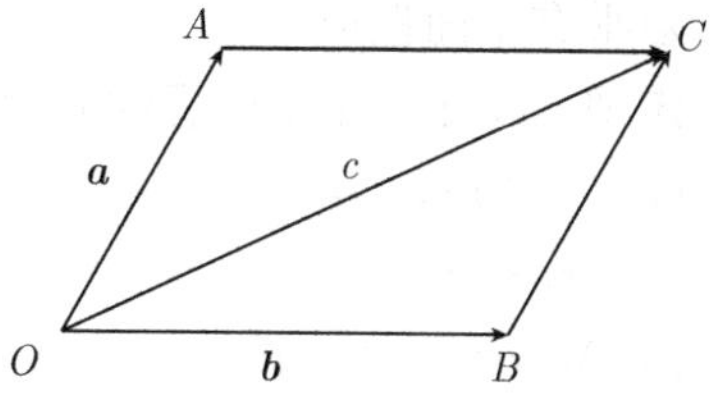

图 1.4

向量加法运算有以下性质.

定理 1.1.1 对于任意向量 $\boldsymbol{a},\boldsymbol{b},\boldsymbol{c}$, 有

(1) $\boldsymbol{a}+\boldsymbol{0}=\boldsymbol{a}$;

(2) $\boldsymbol{a}+(-\boldsymbol{a})=\boldsymbol{0}$;

(3) $\boldsymbol{a}+\boldsymbol{b}=\boldsymbol{b}+\boldsymbol{a}$(交换律);

(4) $(\boldsymbol{a}+\boldsymbol{b})+\boldsymbol{c}=\boldsymbol{a}+(\boldsymbol{b}+\boldsymbol{c})$(结合律);

(5) $|\boldsymbol{a}+\boldsymbol{b}|\leqslant|\boldsymbol{a}|+|\boldsymbol{b}|$ (三角不等式, 等号成立当且仅当 $\boldsymbol{a}$, $\boldsymbol{b}$ 同向);

(5′) $|\boldsymbol{a}_1+\boldsymbol{a}_2+\cdots+\boldsymbol{a}_n|\leqslant|\boldsymbol{a}_1|+|\boldsymbol{a}_2|+\cdots+|\boldsymbol{a}_n|$.

证 (1) 设 $\boldsymbol{a}=\overrightarrow{AB}, \boldsymbol{0}=\overrightarrow{BB}$ 可得;

(2) 设 $\boldsymbol{a}=\overrightarrow{AB}, -\boldsymbol{a}=\overrightarrow{BA}$ 可得;

(3) 利用平行四边形法则可得;

(4) 设 $\boldsymbol{a}=\overrightarrow{AB}, \boldsymbol{b}=\overrightarrow{BC}, \boldsymbol{c}=\overrightarrow{CD}$ 可得;

(5) 直接由三角形法则可得;

(5′) 可以重复运用 (5) 可得.

作为加法的逆运算, 减法 (subtraction) 定义如下.

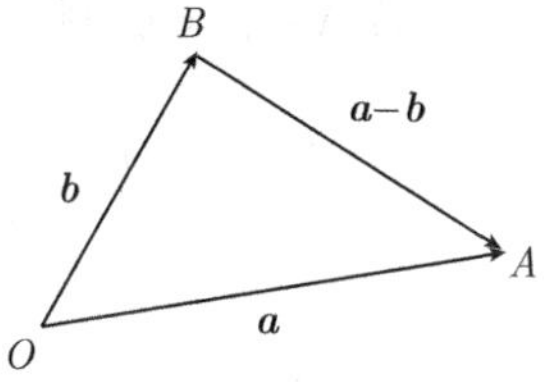

图 1.5

定义 1.1.3 向量的减法: $\boldsymbol{a}-\boldsymbol{b}=\boldsymbol{a}+(-\boldsymbol{b})$.

减法的几何意义如图 1.5 所示, 即 $\overrightarrow{OA}-\overrightarrow{OB}=\overrightarrow{BA}$.

练习 证明 $\overrightarrow{AB}+\overrightarrow{BC}+\overrightarrow{CD}+\overrightarrow{DE}=\overrightarrow{AE}$. (提示: 利用字母规律, 多边形法则)

1.1.3 数乘

定义 1.1.4 实数 λ 与向量 $\boldsymbol{a}$ 的乘积 $\lambda\boldsymbol{a}$ 是一个向量. 它的模为 $|\lambda\boldsymbol{a}|=|\lambda|\cdot|\boldsymbol{a}|$, 它的方向为当 $\lambda>0$ 时与 $\boldsymbol{a}$ 同向; 当 $\lambda<0$ 时与 $\boldsymbol{a}$ 反向; 当 $\lambda=0$ 或 $\boldsymbol{a}=\boldsymbol{0}$ 时, 则 $\lambda\boldsymbol{a}=\boldsymbol{0}$. 我们把这种运算叫做实数和向量的乘法, 简称**数乘**(scalar multiplication).

已知向量 $\boldsymbol{a}\neq\boldsymbol{0}$ 和与它同向的单位向量 $\boldsymbol{a}^0$, $\boldsymbol{a}=|\boldsymbol{a}|\,\boldsymbol{a}^0$, 所以 $\boldsymbol{a}^0=|\boldsymbol{a}|^{-1}\,\boldsymbol{a}$, 这称为把向量 $\boldsymbol{a}$ **单位化**.

根据定义若向量 $\boldsymbol{a}=\lambda\boldsymbol{b}$ 或向量 $\boldsymbol{b}=\mu\boldsymbol{a}$, 则 $\boldsymbol{a}$ 与 $\boldsymbol{b}$ 共线.

讨论 若向量 $\boldsymbol{a},\boldsymbol{b}$ 共线, 则一定存在实数 μ 使得 $\boldsymbol{b}=\mu\boldsymbol{a}$ 成立吗? (提示: $\boldsymbol{a}=\boldsymbol{0}$, $\boldsymbol{b}\neq\boldsymbol{0}$)

数乘有下面性质.

定理 1.1.2　对于任意的向量 $\boldsymbol{a},\boldsymbol{b}$ 和任意的实数 λ, μ, 有

(1) $(-1)\boldsymbol{a}=-\boldsymbol{a}$;

(2) $0\boldsymbol{a}=\boldsymbol{0}$;

(3) $\lambda(\mu\boldsymbol{a})=(\lambda\mu)\boldsymbol{a}$;

(4) $(\lambda+\mu)\boldsymbol{a}=\lambda\boldsymbol{a}+\mu\boldsymbol{a}$;

(5) $\lambda(\boldsymbol{a}+\boldsymbol{b})=\lambda\boldsymbol{a}+\lambda\boldsymbol{b}$.

证　(1)、(2) 和 (3) 直接由定义 1.1.4 可得.

(4) 参见 [1, pp.3-4] 若 $\boldsymbol{a}=\boldsymbol{0}$ 或 λ, μ 中有一个为零时, 则 (4) 显然成立. 下面设 $\lambda\mu\neq 0$, $\boldsymbol{a}\neq\boldsymbol{0}$.

情形 1 若 $\lambda\mu>0$, 则 $\lambda\boldsymbol{a}$ 与 $\mu\boldsymbol{a}$ 同向, 且 $(\lambda+\mu)\boldsymbol{a}$ 与 $\lambda\boldsymbol{a}+\mu\boldsymbol{a}$ 同向, 因此有

$$|\lambda\boldsymbol{a}+\mu\boldsymbol{a}|=|\lambda\boldsymbol{a}|+|\mu\boldsymbol{a}|=(|\lambda|+|\mu|)\,|\boldsymbol{a}|,$$

又

$$|(\lambda+\mu)\boldsymbol{a}|=|\lambda+\mu|\,|\boldsymbol{a}|=(|\lambda|+|\mu|)\,|\boldsymbol{a}|,$$

因此 $|(\lambda+\mu)\boldsymbol{a}|=|\lambda\boldsymbol{a}+\mu\boldsymbol{a}|$, 故 $(\lambda+\mu)\boldsymbol{a}=\lambda\boldsymbol{a}+\mu\boldsymbol{a}$.

情形 2 若 $\lambda\mu<0$, 不妨设 $\lambda>0$, $\mu<0$.

1° 若 $\lambda+\mu=0$, 则 $(\lambda+\mu)\boldsymbol{a}=\mathbf{0}$, 而

$$\begin{aligned}\lambda\boldsymbol{a}+\mu\boldsymbol{a}&=\lambda\boldsymbol{a}+(-\lambda)\boldsymbol{a}\\&=(\lambda\boldsymbol{a})+(-1)(\lambda\boldsymbol{a})\\&=(\lambda\boldsymbol{a})-(\lambda\boldsymbol{a})=\boldsymbol{0},\end{aligned}$$

故 (4) 成立.

2° 若 $\lambda+\mu>0$, 则由情形 1 知

$$[(\lambda+\mu)+(-\mu)]\,\boldsymbol{a}=(\lambda+\mu)\boldsymbol{a}+(-\mu)\boldsymbol{a},$$

即得

$$\begin{aligned}\lambda\boldsymbol{a}&=(\lambda+\mu)\boldsymbol{a}+(-\mu\boldsymbol{a})\\&=(\lambda+\mu)\boldsymbol{a}-\mu\boldsymbol{a},\end{aligned}$$

从而有 $(\lambda+\mu)\boldsymbol{a}=\lambda\boldsymbol{a}+\mu\boldsymbol{a}$.

3° 若 $\lambda+\mu<0$, 类似于 2° 可得式 (4), 留作练习.

(5) 若 $\lambda=0$ 或者 $\boldsymbol{a},\boldsymbol{b}$ 中有一个为 $\boldsymbol{0}$, 则 (5) 显然成立. 下面设 $\lambda\neq 0$, $\boldsymbol{a}\neq\boldsymbol{0}$, $\boldsymbol{b}\neq\boldsymbol{0}$.

情形 1 若 $\boldsymbol{a} \neq \boldsymbol{0}, \boldsymbol{b} \neq \boldsymbol{0}$, 且 $\boldsymbol{a}//\boldsymbol{b}$ 平行, 则存在实数 μ 使 $\boldsymbol{b} = \mu\boldsymbol{a}$, 于是

$$\begin{aligned}\lambda(\boldsymbol{a}+\boldsymbol{b}) &= \lambda(\boldsymbol{a}+\mu\boldsymbol{a}) = \lambda\left[(1+\mu)\boldsymbol{a}\right] \\ &= \left[\lambda(1+\mu)\right]\boldsymbol{a} = \left[\lambda+\lambda\mu\right]\boldsymbol{a} \\ &= \lambda\boldsymbol{a} + (\lambda\mu)\boldsymbol{a} = \lambda\boldsymbol{a} + \lambda(\mu\boldsymbol{a}) = \lambda\boldsymbol{a} + \lambda\boldsymbol{b}.\end{aligned}$$

情形 2 若 $\boldsymbol{a} \not\parallel \boldsymbol{b}$, 那么当 $\lambda > 0$ 时, 如图 1.6 所示, 分别作 $\overrightarrow{OA} = \boldsymbol{a}$, $\overrightarrow{AB} = \boldsymbol{b}$, 于是 $\overrightarrow{OB} = \boldsymbol{a}+\boldsymbol{b}$, 作 $\overrightarrow{OC} = \lambda\boldsymbol{a}$, $\overrightarrow{CD} = \lambda\boldsymbol{b}$, 则 $\triangle OAB \sim \triangle OCD$, 从而 D 在直线 OB 上. 于是

$$\overrightarrow{OD} = \lambda(\boldsymbol{a}+\boldsymbol{b}) = \lambda\boldsymbol{a} + \lambda\boldsymbol{b}.$$

当 $\lambda < 0$ 时, 类似讨论.

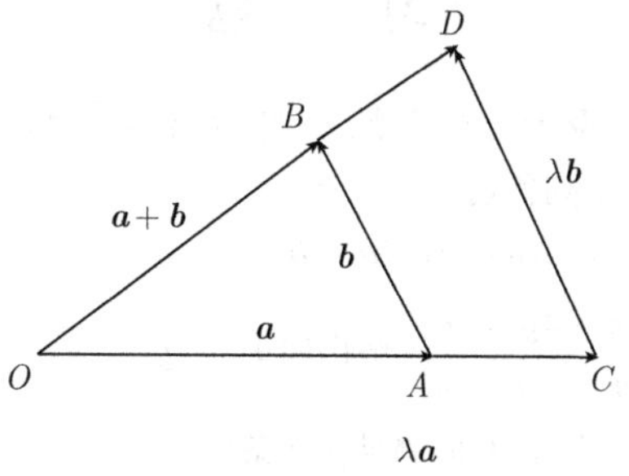

图 1.6

例 1.1.1 设点 O 是平面上正多边形 $A_1A_2\cdots A_n$ 的中心, 证明:

$$\overrightarrow{OA_1} + \overrightarrow{OA_2} + \cdots + \overrightarrow{OA_n} = \boldsymbol{0}.$$

证 如图 1.7 所示, 因为

$$\begin{aligned}\overrightarrow{OA_1} + \overrightarrow{OA_3} &= \lambda\overrightarrow{OA_2}, \\ \overrightarrow{OA_2} + \overrightarrow{OA_4} &= \lambda\overrightarrow{OA_3}, \\ &\cdots\cdots \\ \overrightarrow{OA_{n-1}} + \overrightarrow{OA_1} &= \lambda\overrightarrow{OA_n}, \\ \overrightarrow{OA_n} + \overrightarrow{OA_2} &= \lambda\overrightarrow{OA_1},\end{aligned}$$

所以 $2(\overrightarrow{OA_1} + \overrightarrow{OA_2} + \cdots + \overrightarrow{OA_n}) = \lambda(\overrightarrow{OA_1} + \overrightarrow{OA_2} + \cdots + \overrightarrow{OA_n})$, 因此

$$(2-\lambda)(\overrightarrow{OA_1} + \overrightarrow{OA_2} + \cdots + \overrightarrow{OA_n}) = \boldsymbol{0}.$$

显然 $\lambda \neq 2$, 所以结论成立.

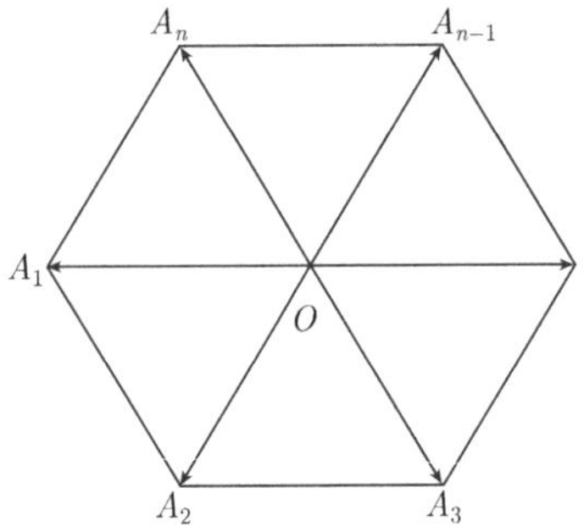

图 1.7

习　　题

1. 在例 1.1.1 的条件下, 设 P 是任意点, 证明: $\overrightarrow{PA_1}+\overrightarrow{PA_2}+\cdots+\overrightarrow{PA_n}=n\overrightarrow{PO}$.

2. 利用数乘运算规律解下列各题.

(1) 化简 $(u-v)\cdot(\boldsymbol{a}-\boldsymbol{b})-(u+v)\cdot(\boldsymbol{a}-\boldsymbol{b})$;

(2) 从向量方程组 $\begin{cases}3\boldsymbol{x}+4\boldsymbol{y}=\boldsymbol{a},\\2\boldsymbol{x}-3\boldsymbol{y}=\boldsymbol{b},\end{cases}$ 解出向量 $\boldsymbol{x}$, $\boldsymbol{y}$.

3. 要使下列各式成立, 向量 $\boldsymbol{a},\boldsymbol{b}$ 应满足什么条件?

(1) $|\boldsymbol{a}+\boldsymbol{b}|=|\boldsymbol{a}-\boldsymbol{b}|$; (2) $|\boldsymbol{a}+\boldsymbol{b}|=|\boldsymbol{a}|+|\boldsymbol{b}|$; (3) $|\boldsymbol{a}+\boldsymbol{b}|=|\boldsymbol{a}|-|\boldsymbol{b}|$;

(4) $|\boldsymbol{a}-\boldsymbol{b}|=|\boldsymbol{a}|+|\boldsymbol{b}|$; (5) $|\boldsymbol{a}-\boldsymbol{b}|=|\boldsymbol{a}|-|\boldsymbol{b}|$.

4. 请补充完善定理 1.1.2 中 (4) 的证明.

1.2　向量组的线性相关性

向量的加法和数乘的运算统称为向量的**线性运算**.

定义 1.2.1　由向量 $\boldsymbol{a}_i(i=1,2,\cdots,n)$ 和实数 $k_i(i=1,2,\cdots,n)$ 所组成的向量 $\boldsymbol{a}=\sum\limits_{i=1}^{n}k_i\boldsymbol{a}_i$ 称为向量组 $\boldsymbol{a}_i(i=1,2,\cdots,n)$ 的一个**线性组合** (linear combination). 此时也称向量 $\boldsymbol{a}$ 可由向量 $\boldsymbol{a}_i(i=1,2,\cdots,n)$**线性表示**.

定义 1.2.2　如果对于向量组 $\boldsymbol{a}_i(i=1,2,\cdots,n)$, 存在不全为 0 的实数 $k_i(i=1,2,\cdots,n)$, 使得

$$\sum_{i=1}^{n}k_i\boldsymbol{a}_i=\boldsymbol{0},$$

则称向量组 $\boldsymbol{a}_i(i=1,2,\cdots,n)$**线性相关**; 否则, 称向量组**线性无关** (linear independence).

1.2.1 线性相关与共线、共面

下面用向量组线性相关性给出向量共线、共面的充要条件.

定理 1.2.1 (1) 设 $\boldsymbol{a}\neq\boldsymbol{0}$, 则 $\boldsymbol{a},\boldsymbol{b}$ 共线 $\Leftrightarrow\exists!\lambda\in\mathbf{R}$ 使得 $\boldsymbol{b}=\lambda\boldsymbol{a}$;

(2) 两向量 $\boldsymbol{a}$, $\boldsymbol{b}$ 共线 $\Leftrightarrow\boldsymbol{a},\boldsymbol{b}$ 线性相关;

(3) 设 $\boldsymbol{a}$, $\boldsymbol{b}$ 不共线, 则 $\boldsymbol{c}$ 与 $\boldsymbol{a},\boldsymbol{b}$ 共面 $\Leftrightarrow\exists!\lambda,\ \mu\in\mathbf{R}$ 使得 $\boldsymbol{c}=\lambda\boldsymbol{a}+\mu\boldsymbol{b}$;

(4) 三向量 $\boldsymbol{a},\boldsymbol{b},\boldsymbol{c}$ 共面 (不共面)$\Leftrightarrow\boldsymbol{a},\boldsymbol{b},\boldsymbol{c}$ 线性相关 (线性无关).

证 (1) **必要性** 若 $\boldsymbol{a},\boldsymbol{b}$ 共线, 若 $\boldsymbol{b}$ 为零向量, 则 $\lambda=0$; 若 $\boldsymbol{b}\neq\boldsymbol{0}$, 且与 $\boldsymbol{a}$ 同向, 则 $\lambda=\dfrac{|\boldsymbol{b}|}{|\boldsymbol{a}|}$, 反向取 $\lambda=-\dfrac{|\boldsymbol{b}|}{|\boldsymbol{a}|}$. 假设另有 λ' 使 $\boldsymbol{b}=\lambda'\boldsymbol{a}$, 则

$$\boldsymbol{b}-\boldsymbol{b}=\lambda\boldsymbol{a}-\lambda'\boldsymbol{a}=(\lambda-\lambda')\boldsymbol{a}=\boldsymbol{0}.$$

而 $\boldsymbol{a}\neq\boldsymbol{0}$, 得 $\lambda=\lambda'$, 唯一性得证.

充分性 直接由数乘的定义得到.

(2) **必要性** 若 $\boldsymbol{a},\boldsymbol{b}$ 中有一个为零向量, 不妨设 $\boldsymbol{a}=\boldsymbol{0}$, 则对 $k_1=1$, $k_2=0$, 有

$$k_1\boldsymbol{a}+k_2\boldsymbol{b}=1\cdot\boldsymbol{0}+0\cdot\boldsymbol{b}=\boldsymbol{0},$$

因而 $\boldsymbol{a},\boldsymbol{b}$ 线性相关. 若 $\boldsymbol{a},\boldsymbol{b}$ 都不为 $\boldsymbol{0}$, 由 (1) 知 $\boldsymbol{a},\boldsymbol{b}$ 线性相关.

充分性 设存在不全为 0 的实数 k_1, k_2 使 $k_1\boldsymbol{a}+k_2\boldsymbol{b}=\boldsymbol{0}$. 不妨设 $k_1\neq 0$, 则有 $\boldsymbol{a}=(-k_1^{-1}k_2)\boldsymbol{b}$, 故 $\boldsymbol{a},\boldsymbol{b}$ 共线.

(3) **必要性** 若 $\boldsymbol{a},\boldsymbol{b}$ 不共线, 取一点 O, 如图 1.8 所示, 作 $\overrightarrow{OA}=\boldsymbol{a}$, $\overrightarrow{OB}=\boldsymbol{b}$, $\overrightarrow{OC}=\boldsymbol{c}$. 过 C 作一直线与 OB 平行, 与 OA 所在直线交于 M, 因为

$$\overrightarrow{OM}//\boldsymbol{a},\quad \overrightarrow{MC}//\boldsymbol{b},$$

所以分别存在实数 λ,μ 使得 $\overrightarrow{OM}=\lambda\boldsymbol{a}$, $\overrightarrow{MC}=\mu\boldsymbol{b}$, 于是

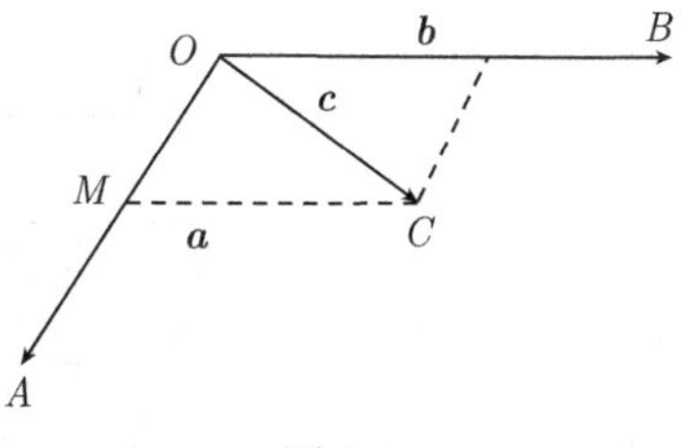

图 1.8

$$\boldsymbol{c}=\overrightarrow{OC}=\overrightarrow{OM}+\overrightarrow{MC}=\lambda\boldsymbol{a}+\mu\boldsymbol{b}.$$

假如另有 λ', μ' 使 $\boldsymbol{c}=\lambda'\boldsymbol{a}+\mu'\boldsymbol{b}$, 则 $(\lambda\boldsymbol{a}+\mu\boldsymbol{b})-(\lambda'\boldsymbol{a}+\mu'\boldsymbol{b})=(\lambda-\lambda')\boldsymbol{a}+(\mu-\mu')\boldsymbol{b}=\boldsymbol{0}$, 因为 $\boldsymbol{a}$, $\boldsymbol{b}$ 不共线, 所以必有

$$\lambda-\lambda'=0,\quad \mu-\mu'=0,$$

于是 $\lambda=\lambda'$, $\mu=\mu'$, 唯一性得证.

充分性 由平行四边形法则, $\boldsymbol{a},\boldsymbol{b},\boldsymbol{c}$ 共面.

(4) **必要性** 若 $\boldsymbol{a},\boldsymbol{b}$ 共线, 由 (1) 知, 存在不全为 0 的实数 k_1,k_2 使 $k_1\boldsymbol{a}+k_2\boldsymbol{b}=\boldsymbol{0}$. 取 $k_3=0$, 则存在不全为 0 的实数 k_1,k_2,k_3 使 $k_1\boldsymbol{a}+k_2\boldsymbol{b}+k_3\boldsymbol{c}=\boldsymbol{0}$, 因此 $\boldsymbol{a},\boldsymbol{b},\boldsymbol{c}$ 线性相关.

若 $\boldsymbol{a},\boldsymbol{b}$ 不共线, 由 (3) 知 $\boldsymbol{c}$ 可由 $\boldsymbol{a}$ 和 $\boldsymbol{b}$ 线性表示, 则 $\boldsymbol{a},\boldsymbol{b},\boldsymbol{c}$ 线性相关.

充分性 若存在不全为 0 的实数 k_1,k_2,k_3 使 $k_1\boldsymbol{a}+k_2\boldsymbol{b}+k_3\boldsymbol{c}=\boldsymbol{0}$. 不妨设 $k_3\neq 0$, 则 $\boldsymbol{c}$ 可由 $\boldsymbol{a}$ 和 $\boldsymbol{b}$ 线性表示, 若 $\boldsymbol{a},\boldsymbol{b}$ 共线, 则 $\boldsymbol{a},\boldsymbol{b},\boldsymbol{c}$ 共线, 因此共面; 若 $\boldsymbol{a},\boldsymbol{b}$ 不共线, 由平行四边形法则, $\boldsymbol{a},\boldsymbol{b},\boldsymbol{c}$ 共面.

定理 1.2.2 设 $\boldsymbol{a},\boldsymbol{b},\boldsymbol{c}$ 不共面, 则对空间中任一向量 $\boldsymbol{d}$ 均 ∃! 数组 (λ,μ,γ), 使得

$$\boldsymbol{d}=\lambda\boldsymbol{a}+\mu\boldsymbol{b}+\gamma\boldsymbol{c}.$$

证 如图 1.9 所示, 取一点 O, 作 $\overrightarrow{OA}=\boldsymbol{a}$, $\overrightarrow{OB}=\boldsymbol{b}$, $\overrightarrow{OC}=\boldsymbol{c}$, $\overrightarrow{OD}=\boldsymbol{d}$. 过 D 作一直线与 OC 平行, 且与 OA 和 OB 所确定的平面交于 M, 过 M 作一直线与 OB 平行, 且与 OA 交于 N. 因为

$$\overrightarrow{ON}//\boldsymbol{a},\quad \overrightarrow{NM}//\boldsymbol{b},\quad \overrightarrow{MD}//\boldsymbol{c},$$

所以分别存在实数 λ,μ,γ 使得

$$\overrightarrow{ON}=\lambda\boldsymbol{a},\quad \overrightarrow{NM}=\mu\boldsymbol{b},\quad \overrightarrow{MD}=\gamma\boldsymbol{c}.$$

从而 $\boldsymbol{d}=\overrightarrow{OD}=\overrightarrow{ON}+\overrightarrow{NM}+\overrightarrow{MD}=\lambda\boldsymbol{a}+\mu\boldsymbol{b}+\gamma\boldsymbol{c}$.

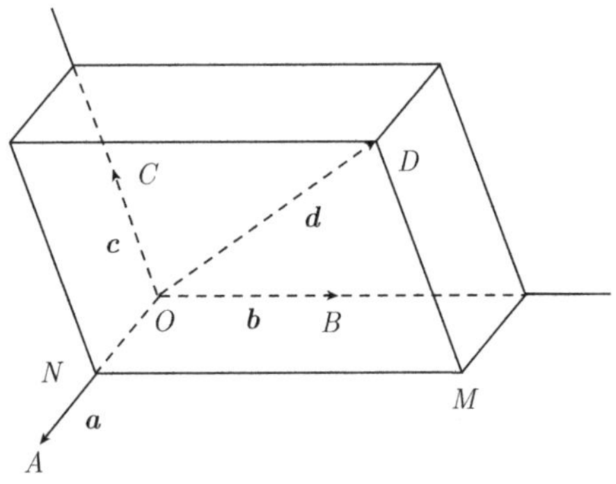

图 1.9

唯一性 留给读者.

推论 1.2.1 空间中的任意四个向量线性相关.

1.2.2 应用和例子

例 1.2.1 设 A, B 是不同的两点, 则点 P 在直线 AB 上 ⇔ ∃! 一对实数 λ,μ,

使得

$$\begin{cases} \overrightarrow{OP} = \lambda\overrightarrow{OA} + \mu\overrightarrow{OB}, \\ \lambda + \mu = 1, \end{cases} \tag{1.2.1}$$

其中 O 是任意取定的一点, 而 P 在线段 AB 上 $\Leftrightarrow \lambda \geqslant 0, \mu \geqslant 0$ 且式 (1.2.1) 成立.

证 **必要性** 设 P 在直线 AB 上, 则 $\overrightarrow{AP}$ 与 $\overrightarrow{AB}$ 共线, 显然 $\overrightarrow{AB} \neq 0$. 由定理 1.2.1, $\exists! k \in \mathbf{R}$ 使

$$\overrightarrow{AP} = k\overrightarrow{AB}.$$

任取一点 O(图 1.10), 由上式得

$$\overrightarrow{OP} - \overrightarrow{OA} = k(\overrightarrow{OB} - \overrightarrow{OA}),$$

即 $\overrightarrow{OP} = (1-k)\overrightarrow{OA} + k\overrightarrow{OB}$. 令 $\lambda = 1-k, \mu = k$, 因而 $\lambda + \mu = 1$, 且 $\overrightarrow{OP} = \lambda\overrightarrow{OA} + \mu\overrightarrow{OB}$. 由 k 的唯一性知 λ, μ 唯一.

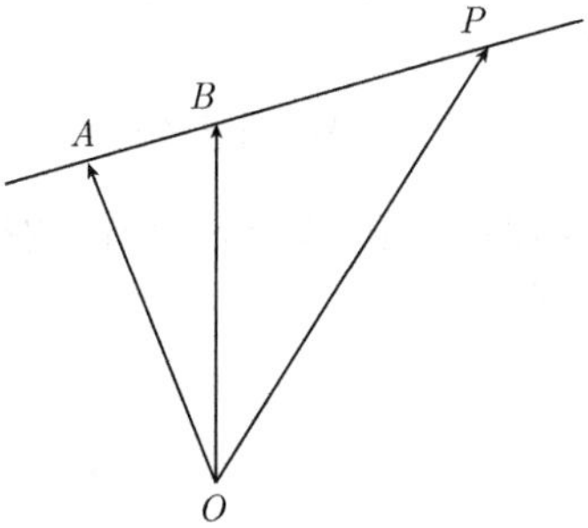

图 1.10

充分性 若对某一点 O, 式 (1.2.1) 成立, 则

$$\begin{aligned} \overrightarrow{AP} &= \overrightarrow{OP} - \overrightarrow{OA} = \lambda\overrightarrow{OA} + \mu\overrightarrow{OB} - (\lambda + \mu)\overrightarrow{OA} \\ &= \mu\overrightarrow{OB} - \mu\overrightarrow{OA} = \mu(\overrightarrow{OB} - \overrightarrow{OA}) = \mu\overrightarrow{AB}, \end{aligned}$$

因而 $\overrightarrow{AP}$ 与 $\overrightarrow{AB}$ 共线, 故 P 在直线 AB 上.

对于后半部分, 由于 P 在线段 AB 上, 且 $\overrightarrow{AP}$ 与 $\overrightarrow{AB}$ 同向, 故式 (1.2.1) 成立且有 $0 \leqslant \left|\overrightarrow{AP}\right| \leqslant \left|\overrightarrow{AB}\right|$, 即 $0 \leqslant k \leqslant 1$, 从而式 (1.2.1) 中的 $\lambda = 1-k \geqslant 0$, $\mu = k \geqslant 0$. 反之, 若 $\lambda \geqslant 0$, $\mu \geqslant 0$, 由 $\lambda + \mu = 1$, 知 $0 \leqslant \mu \leqslant 1$, 由 $\overrightarrow{AP} = \mu\overrightarrow{AB}$, 得 P 在线段 AB 上.

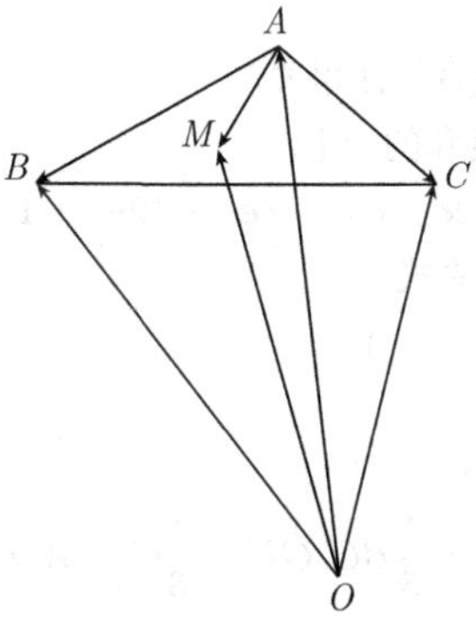

图 1.11

例 1.2.2 O 是一个定点, 证明: 对于不在一直线上的三点 A, B, C, 点 M 位于平面 ABC 上 $\Leftrightarrow \exists!$ 实数 k_1, k_2, k_3, 使得

$$\overrightarrow{OM} = k_1\overrightarrow{OA} + k_2\overrightarrow{OB} + k_3\overrightarrow{OC}, \text{ 且 } k_1 + k_2 + k_3 = 1.$$

证 已知点 A, B, C 不共线, 则 $\overrightarrow{AB}, \overrightarrow{AC}$ 线性无关. 任意点 M 位于平面 ABC 上 (图 1.11)$\Leftrightarrow \overrightarrow{AB}, \overrightarrow{AC}, \overrightarrow{AM}$ 共面 $\Leftrightarrow \exists!$ 实数 m_1, m_2, 使 $\overrightarrow{AM} = m_1\overrightarrow{AB} + m_2\overrightarrow{AC}$, 对于定点 O 有

$$\overrightarrow{OM} - \overrightarrow{OA} = m_1(\overrightarrow{OB} - \overrightarrow{OA}) + m_2(\overrightarrow{OC} - \overrightarrow{OA}),$$

即

$$\overrightarrow{OM} = (1 - m_1 - m_2)\overrightarrow{OA} + m_1\overrightarrow{OB} + m_2\overrightarrow{OC}.$$

取 $k_1 = 1 - m_1 - m_2$, $k_2 = m_1$, $k_3 = m_2$. 则 $\overrightarrow{OM} = k_1\overrightarrow{OA} + k_2\overrightarrow{OB} + k_3\overrightarrow{OC}$, 且 $k_1 + k_2 + k_3 = 1$.

例 1.2.3　已知向量 $\boldsymbol{e}_1, \boldsymbol{e}_2, \boldsymbol{e}_3$ 不共面, 判定 $\boldsymbol{a} = \boldsymbol{e}_1 + \boldsymbol{e}_2 + \boldsymbol{e}_3$, $\boldsymbol{b} = \boldsymbol{e}_1 + 2\boldsymbol{e}_2$, $\boldsymbol{c} = \boldsymbol{e}_1 + \boldsymbol{e}_2 + 2\boldsymbol{e}_3$ 是否共面.

解　判定 $\boldsymbol{a}, \boldsymbol{b}, \boldsymbol{c}$ 是否共面即判定 $\boldsymbol{a}, \boldsymbol{b}, \boldsymbol{c}$ 是否线性相关. 设 $\lambda_1\boldsymbol{a} + \lambda_2\boldsymbol{b} + \lambda_3\boldsymbol{c} = \boldsymbol{0}$, 则

$$\lambda_1(\boldsymbol{e}_1 + \boldsymbol{e}_2 + \boldsymbol{e}_3) + \lambda_2(\boldsymbol{e}_1 + 2\boldsymbol{e}_2) + \lambda_3(\boldsymbol{e}_1 + \boldsymbol{e}_2 + 2\boldsymbol{e}_3) = \boldsymbol{0},$$

即 $(\lambda_1 + \lambda_2 + \lambda_3)\boldsymbol{e}_1 + (\lambda_1 + 2\lambda_2 + \lambda_3)\boldsymbol{e}_2 + (\lambda_1 + 2\lambda_3)\boldsymbol{e}_3 = \boldsymbol{0}$. 由于 $\boldsymbol{e}_1, \boldsymbol{e}_2, \boldsymbol{e}_3$ 不共面, 则有

$$\begin{cases} \lambda_1 + \lambda_2 + \lambda_3 = 0, \\ \lambda_1 + 2\lambda_2 + \lambda_3 = 0, \\ \lambda_1 + 2\lambda_3 = 0. \end{cases}$$

该齐次线性方程组的系数行列式

$$\begin{vmatrix} 1 & 1 & 1 \\ 1 & 2 & 1 \\ 1 & 0 & 2 \end{vmatrix} \neq 0,$$

由 Cramer 法则 (见附录 1), 方程组只有零解 $\lambda_1 = \lambda_2 = \lambda_3 = 0$. 因此 a, b, c 不共面.

习　题

1. 下列命题是否正确, 并且说明理由.

(1) 若 $m\boldsymbol{a} = n\boldsymbol{a}$, 则 $m = n$; (2) 若 $\boldsymbol{a}, \boldsymbol{b}$ 共线, 则 $\boldsymbol{b} = \lambda\boldsymbol{a}$.

2. 已知向量 $\boldsymbol{a}, \boldsymbol{b}$ 不共线, 问 $\boldsymbol{c} = 2\boldsymbol{a} - \boldsymbol{b}$ 与 $\boldsymbol{d} = 3\boldsymbol{a} - 2\boldsymbol{b}$ 是否线性相关?

3. 证明: 梯形两腰中点连线平行于上、下底且等于它们长度和的一半.

4. 证明: 三个向量 $\boldsymbol{a} = -\boldsymbol{e}_1 + 3\boldsymbol{e}_2 + 2\boldsymbol{e}_3$, $\boldsymbol{b} = 4\boldsymbol{e}_1 - 6\boldsymbol{e}_2 + 2\boldsymbol{e}_3$, $\boldsymbol{c} = -3\boldsymbol{e}_1 + 12\boldsymbol{e}_2 + 11\boldsymbol{e}_3$ 共面, 其中 $\boldsymbol{a}$ 能否用 $\boldsymbol{b}, \boldsymbol{c}$ 线性表示? 如能表示, 写出线性表示关系式.

5. 已知向量 $\boldsymbol{a}, \boldsymbol{b}, \boldsymbol{c}$ 线性无关, 则以下线性无关的向量组是 (　　).

(A) $\boldsymbol{b} - \boldsymbol{a}, \boldsymbol{c} - \boldsymbol{b}, \boldsymbol{a} - \boldsymbol{c}$;　　(B) $\boldsymbol{a} - \boldsymbol{b}, \boldsymbol{c} - \boldsymbol{b}, \boldsymbol{c} - \boldsymbol{a}$;

(C) $\boldsymbol{a} + \boldsymbol{b}, \boldsymbol{b} + \boldsymbol{c}, \boldsymbol{a} + \boldsymbol{c}$;　　(D) $\boldsymbol{a} - 3\boldsymbol{b}, \boldsymbol{a} - 5\boldsymbol{b}, \boldsymbol{a} + 7\boldsymbol{b}$.

6. 在 $\triangle ABC$ 中, 点 D, E 分别在边 BC 与 CA 上, 且 $BD = \frac{1}{3}BC, CE = \frac{1}{3}CA$, AD 与 BE 交于 R, 试证: $RD = \frac{1}{7}AD, RE = \frac{4}{7}BE$.

7. 证明: $\triangle ABC$ 的三条中线交于一点 P, 并且对任意一点 O, 有 $\overrightarrow{OP} = \frac{1}{3}(\overrightarrow{OA} + \overrightarrow{OB} + \overrightarrow{OC})$.

8. 证明：四面体 $ABCD$ 的对棱中点连线交于一点 P, 且对任意一点 O, 有

$$\overrightarrow{OP}=\frac{1}{4}(\overrightarrow{OA}+\overrightarrow{OB}+\overrightarrow{OC}+\overrightarrow{OD}).$$

9. 试证：三点 A,B,C 共线的充要条件是存在不全为零的实数 λ,μ,γ, 使得 $\lambda\overrightarrow{OA}+\mu\overrightarrow{OB}+\gamma\overrightarrow{OC}=\boldsymbol{0}$, 且 $\lambda+\mu+\gamma=0$, 其中 O 是任意取定的一点.

10. 设 $\overrightarrow{OP_i}=\boldsymbol{r}_i(i=1,2,3,4)$, 试证：$P_1,P_2,P_3,P_4$ 四点共面的充分必要条件是存在不全为零的实数 $\lambda_i(i=1,2,3,4)$, 使得 $\lambda_1\boldsymbol{r}_1+\lambda_2\boldsymbol{r}_2+\lambda_3\boldsymbol{r}_3+\lambda_4\boldsymbol{r}_4=\boldsymbol{0}$, 且 $\sum\limits_{i=1}^{4}\lambda_i=0$.

11. 设 A,B,C 是不共线的三点, 它们决定一平面 Π, 则点 P 在 Π 上的充要条件是存在唯一的数组 (λ,μ,γ) 使得

$$\begin{cases}\overrightarrow{OP}=\lambda\overrightarrow{OA}+\mu\overrightarrow{OB}+\gamma\overrightarrow{OC},\\ \lambda+\mu+\gamma=1,\end{cases}\qquad(*)$$

其中 O 是任意一点, P 在 $\triangle ABC$ 内的充要条件是 $(*)$ 与 $\lambda\geqslant 0,\mu\geqslant 0,\gamma\geqslant 0$ 同时成立.

12. 在 $\triangle ABC$ 中, 设 $\overrightarrow{AB}=\boldsymbol{e}_1,\overrightarrow{AC}=\boldsymbol{e}_2$.

(1) 设 D, E 是边 BC 三等分点, 将向量 $\overrightarrow{AD},\overrightarrow{AE}$ 分解为 $\boldsymbol{e}_1,\boldsymbol{e}_2$ 的线性组合;

(2) 设 AT 是角 A 的平分线, 它与 BC 交于 T 点, 将 $\overrightarrow{AT}$ 分解为 $\boldsymbol{e}_1,\boldsymbol{e}_2$ 的线性组合.

1.3 标架与坐标

为了将向量的线性运算转化为数字的运算, 我们先建立仿射坐标系, 给向量和点引进坐标, 研究向量线性运算的坐标运算规律.

1.3.1 向量和点的坐标

定义 1.3.1 空间中一个点 O 和三个有序的不共面的向量组 $\boldsymbol{e}_1,\boldsymbol{e}_2,\boldsymbol{e}_3$ 合在一起称为空间的一个**仿射坐标系**(affine coordinate system) 或**仿射标架**, 简称**标架**, 记为 $\{O;\boldsymbol{e}_1,\boldsymbol{e}_2,\boldsymbol{e}_3\}$, 其中 O 称为标架的**原点**, $\boldsymbol{e}_1,\boldsymbol{e}_2,\boldsymbol{e}_3$ 称为标架的**坐标向量**. 如果 $\boldsymbol{e}_1,\boldsymbol{e}_2,\boldsymbol{e}_3$ 是两两垂直的单位向量, 则 $\{O;\boldsymbol{e}_1,\boldsymbol{e}_2,\boldsymbol{e}_3\}$ 称为**空间直角标架**或**空间直角坐标系**, 也称**笛卡儿坐标系**(Cartesian coordinate system), 直角坐标系是特殊的仿射坐标系.

定义 1.3.2 给定一个仿射标架 $\{O;\boldsymbol{e}_1,\boldsymbol{e}_2,\boldsymbol{e}_3\}$, 根据定理 1.2.2, 对于空间中任一向量 $\boldsymbol{a}$, 存在唯一的数组 (x,y,z), 使

$$\boldsymbol{a}=x\boldsymbol{e}_1+y\boldsymbol{e}_2+z\boldsymbol{e}_3.$$

我们把有序三元实数组 (x,y,z) 称为 $\boldsymbol{a}$ 在标架 $\{O;\boldsymbol{e}_1,\boldsymbol{e}_2,\boldsymbol{e}_3\}$ 下的**坐标**, 记为 $\boldsymbol{a}=(x,y,z)$. 在空间中任意点 M 与向量 $\overrightarrow{OM}$ 一一对应, 我们把向量 $\overrightarrow{OM}$ 称为点 M 的**位**

置向量. $\overrightarrow{OM}$ 在标架 $\{O;\boldsymbol{e}_1,\boldsymbol{e}_2,\boldsymbol{e}_3\}$ 下的坐标也称为点 M 在仿射标架 $\{O;\boldsymbol{e}_1,\boldsymbol{e}_2,\boldsymbol{e}_3\}$ 中的**坐标**. 若 $\overrightarrow{OM}=(x,y,z)$, 则点 M 的坐标记为 $M(x,y,z)$.

因此, 通过位置向量, 空间中全体向量 (或全体点) 的集合与全体有序三元实数组的集合之间就建立起了一一对应. 点 (或向量) 在直角标架中的坐标称为它的**直角坐标**, 在仿射标架中的坐标称为它的**仿射坐标**.

设 $\{O;\boldsymbol{e}_1,\boldsymbol{e}_2,\boldsymbol{e}_3\}$ 为空间的一个仿射坐标系, 过点 O, 以 $\boldsymbol{e}_1,\boldsymbol{e}_2,\boldsymbol{e}_3$ 为方向的有向直线分别称为 x 轴、y 轴、z 轴, 统称为**坐标轴**. 由每两条坐标轴决定的平面称为**坐标平面**, 分别是 xOy 面, yOz 面, zOx 面. 坐标平面把空间分为八个部分, 称为八个**卦限**(图 1.12), 在每个卦限内, 点的坐标的符号不变, 如表 1.1 所示.

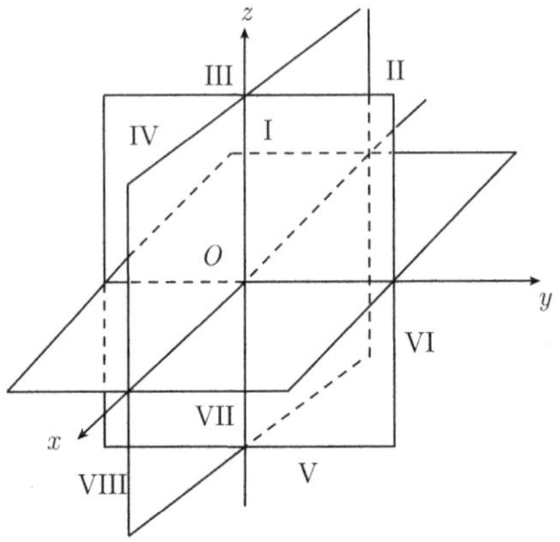

图 1.12

将右手四指 (拇指除外) 从 x 轴方向弯向 y 轴方向 (转角小于 π), 如果拇指所指的方向与 z 轴方向在 xOy 面同侧, 则称此坐标系为**右手系**, 否则称为**左手系**(图 1.13).

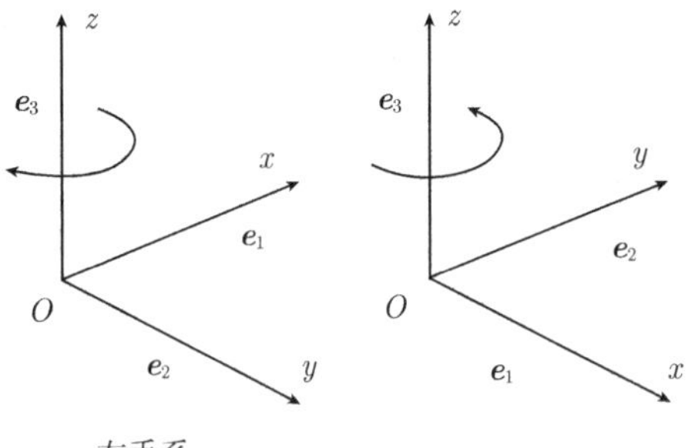

图 1.13

讨论　如何定义平面仿射坐标系和直角坐标系?

表 1.1 各卦限内点的坐标符号(右手系)

坐标 \ 卦限	I	II	III	IV	V	VI	VII	VIII
x	+	−	−	+	+	−	−	+
y	+	+	−	−	+	+	−	−
z	+	+	+	+	−	−	−	−

1.3.2 用坐标作向量的线性运算

定理 1.3.1 取定仿射标架 $\{O;\boldsymbol{e}_1,\boldsymbol{e}_2,\boldsymbol{e}_3\}$, 设向量 $\boldsymbol{a}=(a_1,a_2,a_3)$, $\boldsymbol{b}=(b_1,b_2,b_3)$. 则有

(1) $\boldsymbol{a}+\boldsymbol{b}=(a_1+b_1,a_2+b_2,a_3+b_3)$;

(2) $\boldsymbol{a}-\boldsymbol{b}=(a_1-b_1,a_2-b_2,a_3-b_3)$;

(3) 对于任意实数 λ, 有 $\lambda\boldsymbol{a}=(\lambda a_1,\lambda a_2,\lambda a_3)$;

(4) 设 $A(x_1,y_1,z_1)$, $B(x_2,y_2,z_2)$, 则 $\overrightarrow{AB}=(x_2-x_1,y_2-y_1,z_2-z_1)$.

证 (1)

$$\begin{aligned}\boldsymbol{a}+\boldsymbol{b}&=(a_1\boldsymbol{e}_1+a_2\boldsymbol{e}_2+a_3\boldsymbol{e}_3)+(b_1\boldsymbol{e}_1+b_2\boldsymbol{e}_2+b_3\boldsymbol{e}_3)\\&=(a_1+b_1)\boldsymbol{e}_1+(a_2+b_2)\boldsymbol{e}_2+(a_3+b_3)\boldsymbol{e}_3.\end{aligned}$$

于是 (1) 成立. (2), (3) 类似证明.

(4) 对于向量 $\overrightarrow{AB}$, 设 $A(x_1,y_1,z_1)$, $B(x_2,y_2,z_2)$, 因为 $\overrightarrow{AB}=\overrightarrow{OB}-\overrightarrow{OA}$, 所以

$$\overrightarrow{AB}=(x_2-x_1,y_2-y_1,z_2-z_1).$$

推论 1.3.1 $\boldsymbol{a}$ 与 $\boldsymbol{b}$ 共线 $\Leftrightarrow$ 对应坐标成比例.

对于线段 $P_1P_2(P_1\neq P_2)$, 如果点 P 满足 $\overrightarrow{P_1P}=\lambda\overrightarrow{PP_2}$, 则称点 P 分线段 P_1P_2 成定比 λ, 当 $\lambda>0$ 时, $\overrightarrow{P_1P}$ 与 $\overrightarrow{PP_2}$ 同向, 点 P 在线段 P_1P_2 内, 点 P 为**内分点**; 当 $\lambda<0$ 时, $\overrightarrow{P_1P}$ 与 $\overrightarrow{PP_2}$ 反向, 点 P 在线段 P_1P_2 外, 点 P 为**外分点**; 当 $\lambda=0$ 时, P 与 P_1 重合. 注意 $\lambda\neq-1$. 不然, 则 $\overrightarrow{P_1P}=-\overrightarrow{PP_2}$, 即 $\overrightarrow{P_1P_2}=\boldsymbol{0}$, 这与 $P_1\neq P_2$ 矛盾.

设 $P_i(x_i,y_i,z_i), i=1,2$, 直接根据 $\overrightarrow{P_1P}=\lambda\overrightarrow{PP_2}$, 得到定比分点 P 的坐标计算公式

$$x=\frac{x_1+\lambda x_2}{1+\lambda},\quad y=\frac{y_1+\lambda y_2}{1+\lambda},\quad z=\frac{z_1+\lambda z_2}{1+\lambda},$$

于是, 线段 P_1P_2 的中点坐标为 $x=\dfrac{x_1+x_2}{2},y=\dfrac{y_1+y_2}{2},z=\dfrac{z_1+z_2}{2}$.

例 1.3.1 已知 $\triangle OAB$, 其中 $\overrightarrow{OA}=\boldsymbol{a},\overrightarrow{OB}=\boldsymbol{b}$, 而 M,N 分别是两边 OA,OB 上的点, 且有 $\overrightarrow{OM}=\lambda\boldsymbol{a}(0<\lambda<1),\overrightarrow{ON}=\mu\boldsymbol{b}(0<\mu<1)$, 设 AN 与 BM 相交于 P(图 1.14), 试把向量 $\overrightarrow{OP}=\boldsymbol{p}$ 分解成 $\boldsymbol{a},\boldsymbol{b}$ 的组合.

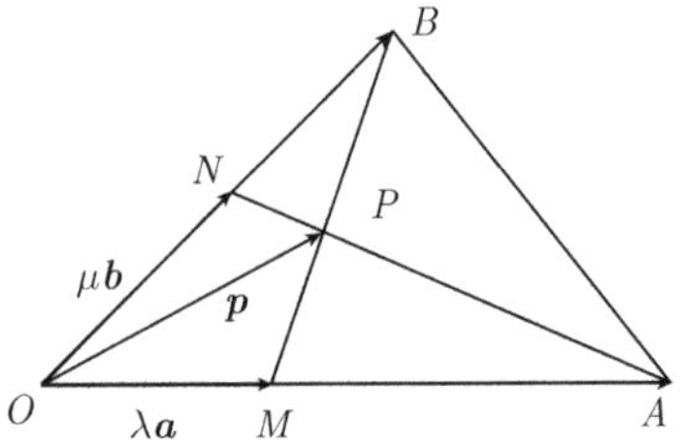

图 1.14

解　取仿射标架 $\left\{O;\overrightarrow{OA},\overrightarrow{OB}\right\}$, 则各点仿射坐标分别为 $A(1,0),B(0,1),M(\lambda,0),N(0,\mu)$, 且 $\overrightarrow{NP}=k\overrightarrow{PA}$, $\overrightarrow{MP}=l\overrightarrow{PB}$, 则 P 的仿射坐标为

$$x=\frac{0+k\cdot 1}{1+k},y=\frac{\mu+k\cdot 0}{1+k};\quad x=\frac{\lambda+l\cdot 0}{1+l},y=\frac{0+l\cdot 1}{1+l},$$

解得 $k=\dfrac{\lambda(\mu-1)}{\lambda-1}$, $l=\dfrac{\mu(\lambda-1)}{\mu-1}$, 从而 P 仿射坐标为 $\left(\dfrac{\lambda(\mu-1)}{\lambda\mu-1},\dfrac{\mu(\lambda-1)}{\lambda\mu-1}\right)$, 即

$$\boldsymbol{p}=\frac{\lambda(1-\mu)}{1-\lambda\mu}\boldsymbol{a}+\frac{\mu(1-\lambda)}{1-\lambda\mu}\boldsymbol{b}.$$

例 1.3.2　证明: 四面体对棱中点的连线交于一点.

证　设四面体 $ABCD$(图 1.15) 的棱 AB, AC, AD, BC, CD, DB 的中点分别为 B', C', D', E, F, G. 取仿射标架 $\left\{A;\overrightarrow{AB},\overrightarrow{AC},\overrightarrow{AD}\right\}$, 则各点仿射坐标分别为

$$A(0,0,0),B(1,0,0),C(0,1,0),D(0,0,1),$$

$$B'\left(\frac{1}{2},0,0\right),C'\left(0,\frac{1}{2},0\right),D'\left(0,0,\frac{1}{2}\right),E\left(\frac{1}{2},\frac{1}{2},0\right),F\left(0,\frac{1}{2},\frac{1}{2}\right),G\left(\frac{1}{2},0,\frac{1}{2}\right).$$

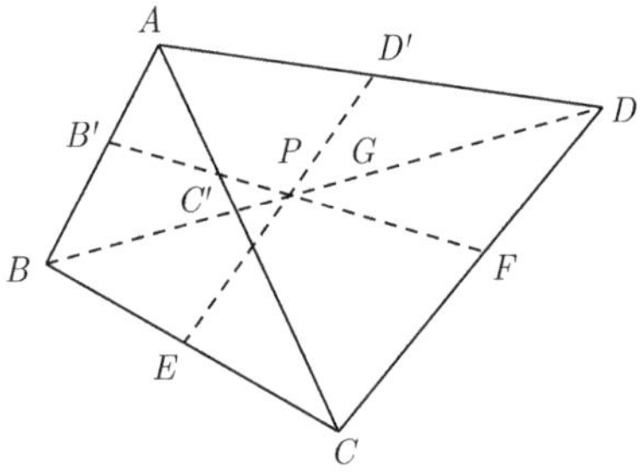

图 1.15

因为四边形 $B'D'FE$ 是平行四边形, 设 $B'F$ 与 $D'E$ 交于点 P, 且 P 是它们中点, 则 P 的仿射坐标为 $\left(\dfrac{1}{4},\dfrac{1}{4},\dfrac{1}{4}\right)$. 设 $B'F$ 与 $C'G$ 交于点 P', 同理可得 $P'\left(\dfrac{1}{4},\dfrac{1}{4},\dfrac{1}{4}\right)$, 所以 P 与 P' 重合, 即 $B'F$, $D'E$, $C'G$ 交于一点.

习 题

1. 设 $\boldsymbol{a}=(1,5,2), \boldsymbol{b}=(0,-3,4), \boldsymbol{c}=(-2,3,-1)$, 求下列向量的坐标.

(1) $2\boldsymbol{a}-\boldsymbol{b}+\boldsymbol{c}$; (2) $-3\boldsymbol{a}+2\boldsymbol{b}+4\boldsymbol{c}$.

2. 判断下列各组的三个向量 $\boldsymbol{a},\boldsymbol{b},\boldsymbol{c}$ 是否共面, 能否将 $\boldsymbol{c}$ 表示成 $\boldsymbol{a},\boldsymbol{b}$ 的线性组合? 若能表示, 则写出表示式.

(1) $\boldsymbol{a}=(5,2,1), \boldsymbol{b}=(-1,4,2), \boldsymbol{c}=(-1,-1,5)$;

(2) $\boldsymbol{a}=(6,4,2), \boldsymbol{b}=(-9,6,3), \boldsymbol{c}=(-3,6,3)$;

(3) $\boldsymbol{a}=(1,2,-3), \boldsymbol{b}=(-2,-4,6), \boldsymbol{c}=(1,0,5)$.

3. 证明: 四面体每一个顶点与对面重心所连的线段共点, 且这点到顶点的距离是它到对面重心距离的三倍, 并用四面体的顶点坐标把交点坐标表示出来.

4. 在平面 Π 上取一个仿射标架 $\{O;\boldsymbol{e}_1,\boldsymbol{e}_2\}$, 证明: Π 上三点 $P_i(x_i,y_i), i=1,2,3$, 共线当且仅当

$$\begin{vmatrix} x_1 & y_1 & 1 \\ x_2 & y_2 & 1 \\ x_3 & y_3 & 1 \end{vmatrix}=0.$$

5. 在 $\triangle ABC$ 中, 设 P,Q,R 分别是直线 AB,BC,CA 上的点, 且

$$\overrightarrow{AP}=\lambda\overrightarrow{PB}, \overrightarrow{BQ}=\mu\overrightarrow{QC}, \overrightarrow{CR}=\nu\overrightarrow{RA}.$$

证明: P,Q,R 共线当且仅当 $\lambda\mu\nu=-1$.

1.4 数 量 积

回顾物理学中做功问题. 如果一个质点在力 $\boldsymbol{f}$ 的作用下产生位移 $\boldsymbol{s}$, 如图 1.16 中 $\boldsymbol{f}$ 所做的功 W 是一个数量,

$$W=|\boldsymbol{f}|\,|\boldsymbol{s}|\cos\angle(\boldsymbol{f},\boldsymbol{s}),$$

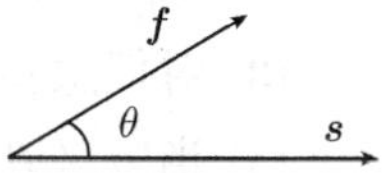

图 1.16

其中 $\angle(\boldsymbol{f},\boldsymbol{s})$ 表示两向量 $\boldsymbol{f}$ 和 $\boldsymbol{s}$ 的夹角, 规定 $0\leqslant\angle(\boldsymbol{f},\boldsymbol{s})\leqslant\pi$. 为研究这类运算, 我们引入向量的数量积 (dot/scalar/inner product).

1.4.1 数量积的定义和性质

定义 1.4.1 两向量 $\boldsymbol{a},\boldsymbol{b}$ 的模和它们夹角余弦的乘积叫向量 $\boldsymbol{a}$ 和 $\boldsymbol{b}$ 的**数量积**(也称**内积**或**点积**), 记为 $\boldsymbol{a}\cdot\boldsymbol{b}$ 或 $\boldsymbol{ab}$, 即

$$\boldsymbol{a}\cdot\boldsymbol{b}=|\boldsymbol{a}|\,|\boldsymbol{b}|\cos\angle(\boldsymbol{a},\boldsymbol{b}).$$

若 $\boldsymbol{a},\boldsymbol{b}$ 中有一个是零向量, 则 $\boldsymbol{a}\cdot\boldsymbol{b}=0$. 向量与自身的数量积等于该向量模的平方, 于是向量的模 $|\boldsymbol{a}|=\sqrt{\boldsymbol{a}\cdot\boldsymbol{a}}$. 当 $\boldsymbol{a}\neq\boldsymbol{0},\boldsymbol{b}\neq\boldsymbol{0}$ 时, 向量 $\boldsymbol{a}$ 与 $\boldsymbol{b}$ 的夹角 $\cos\angle(\boldsymbol{a},\boldsymbol{b})=\dfrac{\boldsymbol{a}\cdot\boldsymbol{b}}{|\boldsymbol{a}|\,|\boldsymbol{b}|}$.

数量积有以下的性质.

定理 1.4.1　对任意的向量 $\boldsymbol{a},\boldsymbol{b},\boldsymbol{c}$ 及任意实数 λ,μ, 有

(1) $\boldsymbol{a}\cdot\boldsymbol{b}=\boldsymbol{b}\cdot\boldsymbol{a}$ (交换律, commutative);

(2) $(\lambda\boldsymbol{a})\cdot(\mu\boldsymbol{b})=\lambda\mu(\boldsymbol{a}\cdot\boldsymbol{b})$;

(3) $(\boldsymbol{a}+\boldsymbol{b})\cdot\boldsymbol{c}=\boldsymbol{a}\cdot\boldsymbol{c}+\boldsymbol{b}\cdot\boldsymbol{c}$ (分配律, distributive);

(4) $\boldsymbol{a}\cdot\boldsymbol{a}=|\boldsymbol{a}|^2\geqslant 0$, 等号当且仅当 $\boldsymbol{a}=\boldsymbol{0}$ 时成立;

(5) $\boldsymbol{a}\perp\boldsymbol{b}\Leftrightarrow\boldsymbol{a}\cdot\boldsymbol{b}=0$ (垂直, orthogonal);

(5′) $\boldsymbol{a}\cdot\boldsymbol{b}=\boldsymbol{a}\cdot\boldsymbol{c}$, 且 $\boldsymbol{a}\neq\boldsymbol{0}$ 不一定有 $\boldsymbol{b}=\boldsymbol{c}$ (不服从消去律, no cancellation);

(6) $|\boldsymbol{a}\cdot\boldsymbol{b}|\leqslant|\boldsymbol{a}|\,|\boldsymbol{b}|$ (Cauchy-Schwarz inequality).

证　(1), (2), (4), (5) 由定义易证明, (6) 留给读者练习. 为证明 (3), 我们引入向量在向量上的投影 (或射影) 的概念.

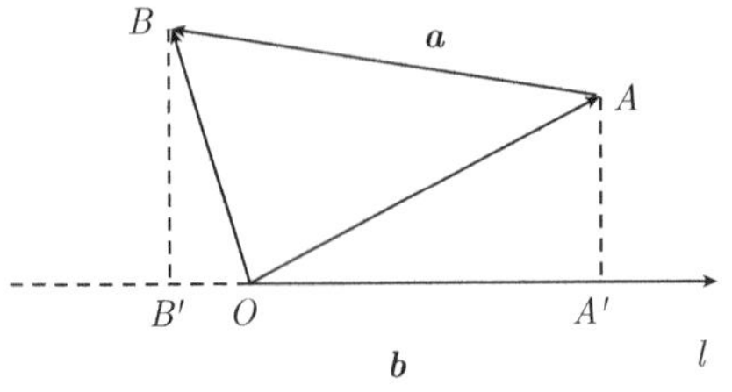

图 1.17

定义 1.4.2　设 $\boldsymbol{a}=\overrightarrow{AB}$, $\boldsymbol{b}$ 所在的直线为 l, 由 A,B 分别向 l 引垂线 (图 1.17), 其垂足分别为 A',B', 则向量 $\overrightarrow{A'B'}$ 称为向量 $\boldsymbol{a}$ 在 $\boldsymbol{b}$ 上的**投影向量** (projection vector) 或**射影向量**. 如果 $\overrightarrow{A'B'}=x\boldsymbol{b}^0$, 那么实数 x 称为向量 $\boldsymbol{a}$ 在 $\boldsymbol{b}$ 上的**射影**, 记为 $\mathrm{prj}_{\boldsymbol{b}}\boldsymbol{a}$.

从图 1.18 和图 1.19 易得出射影的性质.

(1) $\mathrm{prj}_{\boldsymbol{b}}\boldsymbol{a}=|\boldsymbol{a}|\cos\angle(\boldsymbol{a},\boldsymbol{b})$;

(2) $\mathrm{prj}_{\boldsymbol{b}}(\boldsymbol{a}+\boldsymbol{c})=\mathrm{prj}_{\boldsymbol{b}}\boldsymbol{a}+\mathrm{prj}_{\boldsymbol{b}}\boldsymbol{c}$;

(3) 对任意实数 λ, $\mathrm{prj}_b(\lambda\boldsymbol{a})=\lambda\mathrm{prj}_b\boldsymbol{a}$,

(4) 当 $\boldsymbol{a}\neq\boldsymbol{0}$, $\boldsymbol{b}\neq\boldsymbol{0}$ 时, $\boldsymbol{a}\cdot\boldsymbol{b}=|\boldsymbol{b}|\,\mathrm{prj}_{\boldsymbol{b}}\boldsymbol{a}=|\boldsymbol{a}|\,\mathrm{prj}_{\boldsymbol{a}}\boldsymbol{b}$.

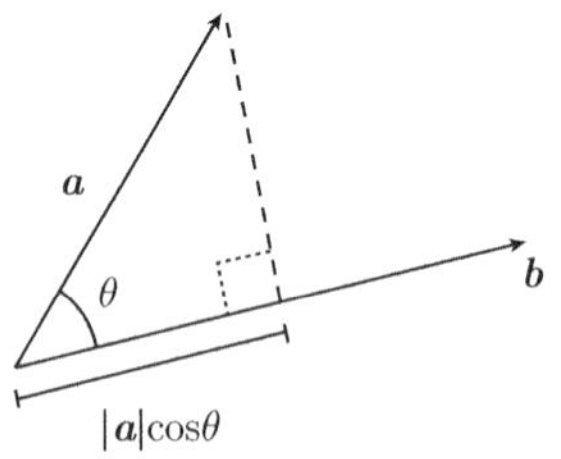

图 1.18

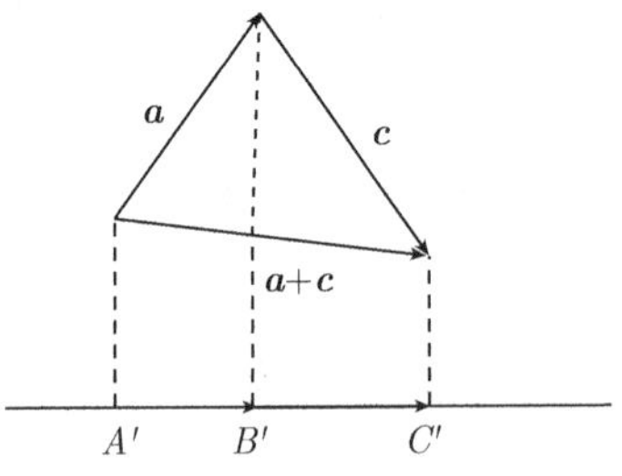

图 1.19

根据上面 (2), 可得到数量积的第三条运算规律.

(5′)**的证明**　如果 $\boldsymbol{a}\cdot\boldsymbol{b}=\boldsymbol{a}\cdot\boldsymbol{c}$ 且 $\boldsymbol{a}\neq\boldsymbol{0}$, 则根据分配律可以得出 $\boldsymbol{a}\cdot(\boldsymbol{b}-\boldsymbol{c})=0$; 进而 $\boldsymbol{a}\perp(\boldsymbol{b}-\boldsymbol{c})$. 这样可容许 $\boldsymbol{b}-\boldsymbol{c}\neq\boldsymbol{0}$, 因此 $\boldsymbol{b}\neq\boldsymbol{c}$.

例 1.4.1　证明三角形的三条高交于一点.

证　设 ΔABC 边 AB,CA 上的高交于点 O, 设 $\boldsymbol{a}=\overrightarrow{OA},\boldsymbol{b}=\overrightarrow{OB},\boldsymbol{c}=\overrightarrow{OC}$, 如图 1.20 所示. 由 $CO\perp BA$ 得 $\boldsymbol{c}\cdot(\boldsymbol{a}-\boldsymbol{b})=0$. 由 $BO\perp AC$ 得 $\boldsymbol{b}\cdot(\boldsymbol{c}-\boldsymbol{a})=0$. 以上两式相加得 $\boldsymbol{a}\cdot(\boldsymbol{c}-\boldsymbol{b})=0$. 所以 $OA\perp BC$, 即 ΔABC 中 BC 边上的高通过 O 点. 这证明了三角形的三高交于一点.

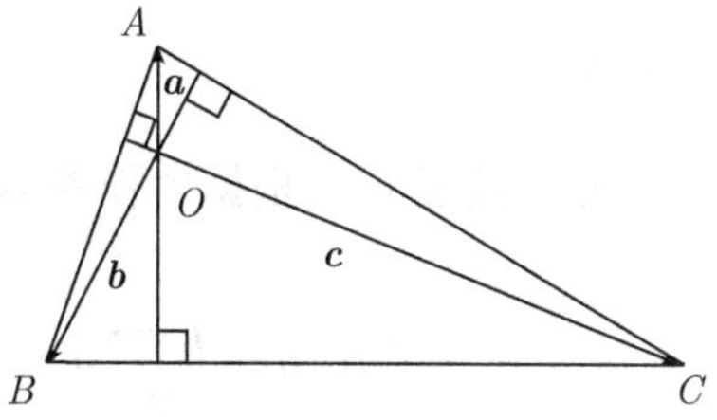

图 1.20

例 1.4.2　利用数量积导出三角形的余弦定理和中线长的公式.

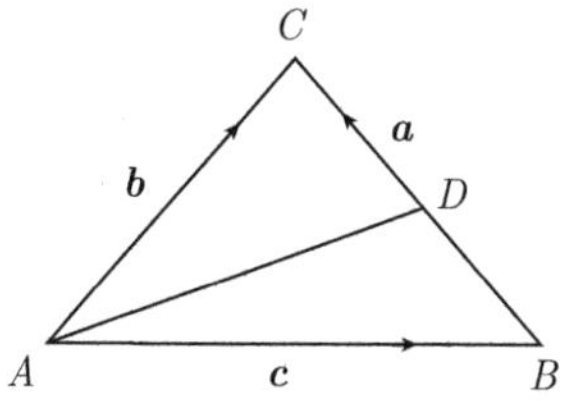

图 1.21

解　如图 1.21 所示, 在 ΔABC 中, 设 $\boldsymbol{a}=\overrightarrow{BC},\boldsymbol{b}=\overrightarrow{AC},\boldsymbol{c}=\overrightarrow{AB}$, D 为线段 BC 的中点. 记 $\boldsymbol{b}^2=\boldsymbol{b}\cdot\boldsymbol{b}$, 由 $\boldsymbol{b}=\boldsymbol{c}+\boldsymbol{a}$ 得

$$\begin{aligned}\boldsymbol{b}^2&=(\boldsymbol{c}+\boldsymbol{a})^2\\&=\boldsymbol{c}^2+\boldsymbol{a}^2+2\boldsymbol{c}\cdot\boldsymbol{a}\\&=\boldsymbol{c}^2+\boldsymbol{a}^2-2\,|\boldsymbol{c}|\,|\boldsymbol{a}|\cos\angle ABC.\end{aligned}$$

又 $\overrightarrow{AD}=\boldsymbol{b}-\dfrac{1}{2}\boldsymbol{a}=\boldsymbol{c}+\dfrac{1}{2}\boldsymbol{a}$, 则

$$\left|\overrightarrow{AD}\right|^2=\left(\boldsymbol{b}-\frac{1}{2}\boldsymbol{a}\right)^2=\boldsymbol{b}^2+\frac{1}{4}\boldsymbol{a}^2-\boldsymbol{a}\cdot\boldsymbol{b};$$

$$\left|\overrightarrow{AD}\right|^2=\left(\boldsymbol{c}+\frac{1}{2}\boldsymbol{a}\right)^2=\boldsymbol{c}^2+\frac{1}{4}\boldsymbol{a}^2+\boldsymbol{a}\cdot\boldsymbol{c}.$$

两式相加得

$$2\left|\overrightarrow{AD}\right|^2=\boldsymbol{b}^2+\boldsymbol{c}^2+\frac{1}{2}\boldsymbol{a}^2-\boldsymbol{a}\cdot(\boldsymbol{b}-\boldsymbol{c})=\boldsymbol{b}^2+\boldsymbol{c}^2+\frac{1}{2}\boldsymbol{a}^2-\boldsymbol{a}\cdot\boldsymbol{a}=\boldsymbol{b}^2+\boldsymbol{c}^2-\frac{1}{2}\boldsymbol{a}^2.$$

于是 $\left|\overrightarrow{AD}\right|=\dfrac{\sqrt{2}}{2}\sqrt{\boldsymbol{b}^2+\boldsymbol{c}^2-\dfrac{1}{2}\boldsymbol{a}^2}$.

由此还得到 $(\boldsymbol{a}\cdot\boldsymbol{b})^2=(|\boldsymbol{a}||\boldsymbol{b}|\cos C)^2=\left(\dfrac{\boldsymbol{a}^2+\boldsymbol{b}^2-\boldsymbol{c}^2}{2}\right)^2$.

1.4.2　用坐标计算数量积

下面证明, 在直角坐标系中, 两向量的数量积等于它们的对应坐标的乘积之和.

定理 1.4.2　(1) 取平面直角标架 $\{O;\boldsymbol{e}_1,\boldsymbol{e}_2\}$, 设 $\boldsymbol{a}=(a_1,a_2),\boldsymbol{b}=(b_1,b_2)$, 则

$\boldsymbol{a}\cdot\boldsymbol{b}=\sum\limits_{i=1}^{2}a_ib_i$;

(2) 取空间直角标架 $\{O;\boldsymbol{e}_1,\boldsymbol{e}_2,\boldsymbol{e}_3\}$, 设 $\boldsymbol{a}=(a_1,a_2,a_3),\boldsymbol{b}=(b_1,b_2,b_3)$, 则 $\boldsymbol{a}\cdot\boldsymbol{b}=\sum\limits_{i=1}^{3}a_ib_i$.

证　仅证 (2). 根据内积的运算规律,

$$\boldsymbol{a}\cdot\boldsymbol{b}=\left(\sum_{i=1}^{3}a_i\boldsymbol{e}_i\right)\cdot\left(\sum_{j=1}^{3}b_j\boldsymbol{e}_j\right)=\sum_{i,j=1}^{3}a_ib_j\boldsymbol{e}_i\cdot\boldsymbol{e}_j.$$

只要知道坐标向量 $\boldsymbol{e}_1,\boldsymbol{e}_2,\boldsymbol{e}_3$ 之间的内积 (9 个数, 实质上只有 6) 就可以求出任意两个向量的数量积. 因为 $\{O;\boldsymbol{e}_1,\boldsymbol{e}_2,\boldsymbol{e}_3\}$ 是直角标架, 则有

$$\boldsymbol{e}_i\cdot\boldsymbol{e}_j=\begin{cases}1, & i=j,\\ 0, & i\neq j.\end{cases}$$

于是 $\boldsymbol{a}\cdot\boldsymbol{b}=\sum\limits_{i=1}^{3}a_ib_i$.

因此, 在直角坐标系中, 向量 $\boldsymbol{a}=(a_1,a_2,a_3)$ 的模 $|\boldsymbol{a}|=\sqrt{\boldsymbol{a}\cdot\boldsymbol{a}}=\sqrt{a_1^2+a_2^2+a_3^2}$. 空间两点 $P_i(x_i,y_i,z_i),i=1,2$ 的距离公式 $\left|\overrightarrow{P_1P_2}\right|=\sqrt{(x_2-x_1)^2+(y_2-y_1)^2+(z_2-z_1)^2}$.

思考题　距离公式成立的前提条件是什么? 如果定义两点间的距离, 需要满足哪些公理化的条件?

1.4.3　方向角和方向余弦

在右手直角坐标系 $\{O;\boldsymbol{e}_1,\boldsymbol{e}_2,\boldsymbol{e}_3\}$ 中, 向量 $\boldsymbol{a}=(a_1,a_2,a_3)$ 与坐标向量 $\boldsymbol{e}_1,\boldsymbol{e}_2,\boldsymbol{e}_3$ 的交角称为向量 $\boldsymbol{a}$ 的**方向角**, 分别用 α,β,γ 来表示, 方向角的余弦 $\cos\alpha,\cos\beta,\cos\gamma$ 称为向量 $\boldsymbol{a}$ 的**方向余弦**. 因为

$$\cos\angle(\boldsymbol{a},\boldsymbol{e}_1)=\frac{\boldsymbol{a}\cdot\boldsymbol{e}_1}{|\boldsymbol{a}|\,|\boldsymbol{e}_1|}=\frac{a_1}{|\boldsymbol{a}|}=\frac{a_1}{\sqrt{a_1^2+a_2^2+a_3^2}}.$$

同理

$$\cos\beta=\frac{a_2}{\sqrt{a_1^2+a_2^2+a_3^2}},\quad \cos\gamma=\frac{a_3}{\sqrt{a_1^2+a_2^2+a_3^2}}.$$

由此可得 $\cos\alpha^2+\cos\beta^2+\cos\gamma^2=1$. 因而 $\boldsymbol{a}^0=(\cos\alpha,\cos\beta,\cos\gamma)$.

与方向余弦成比例的任一个数组 (λ,μ,v), 都称为向量 $\boldsymbol{a}$ 的一组**方向数**. 即如

$$\lambda:\mu:v=\cos\alpha:\cos\beta:\cos\gamma,$$

则 (λ,μ,v) 为 $\boldsymbol{a}$ 的一组方向数. 一个向量的方向余弦是唯一, 方向数有无数多组.

内积除了用于计算物理学中力做功的问题, 在计算机图形学中常用来进行方向性判断, 若两向量点积大于 0, 则它们的方向朝向相近; 如果小于 0, 则方向相反.

习 题

1. 设 $\boldsymbol{a}+\boldsymbol{b}+\boldsymbol{c}=\boldsymbol{0}, |\boldsymbol{a}|=3, |\boldsymbol{b}|=1, |\boldsymbol{c}|=4$, 求 $\boldsymbol{a}\cdot\boldsymbol{b}+\boldsymbol{b}\cdot\boldsymbol{c}+\boldsymbol{c}\cdot\boldsymbol{a}$.

2. 已知 $|\boldsymbol{a}|=3, |\boldsymbol{b}|=2, \angle(\boldsymbol{a},\boldsymbol{b})=\dfrac{\pi}{6}$, 求 $(3\boldsymbol{a}+2\boldsymbol{b})\cdot(2\boldsymbol{a}-5\boldsymbol{b})$.

3. 已知 $\boldsymbol{a}+3\boldsymbol{b}$ 与 $7\boldsymbol{a}-5\boldsymbol{b}$ 垂直, $\boldsymbol{a}-4\boldsymbol{b}$ 与 $7\boldsymbol{a}-2\boldsymbol{b}$ 垂直, 求 $\angle(\boldsymbol{a},\boldsymbol{b})$.

4. 下列等式是否正确? 说明理由 (习惯上把 $\boldsymbol{a}\cdot\boldsymbol{a}$ 记为 $\boldsymbol{a}^2$).

(1) $|\boldsymbol{a}|\,\boldsymbol{a}=\boldsymbol{a}^2$; (2) $\boldsymbol{a}(\boldsymbol{b}\cdot\boldsymbol{b})=\boldsymbol{a}\boldsymbol{b}^2$;

(3) $\boldsymbol{a}(\boldsymbol{a}\cdot\boldsymbol{b})=\boldsymbol{a}^2\boldsymbol{b}$; (4) $(\boldsymbol{a}\cdot\boldsymbol{b})^2=\boldsymbol{a}^2\boldsymbol{b}^2$;

(5) $(\boldsymbol{a}\cdot\boldsymbol{b})\boldsymbol{c}=\boldsymbol{a}(\boldsymbol{b}\cdot\boldsymbol{c})$; (6) $\boldsymbol{c}\cdot\boldsymbol{a}=\boldsymbol{c}\cdot\boldsymbol{b}, \boldsymbol{c}\neq\boldsymbol{0}\Rightarrow\boldsymbol{a}=\boldsymbol{b}$.

5. 证明: 对任意向量 $\boldsymbol{a},\boldsymbol{b}$ 都有

$$|\boldsymbol{a}+\boldsymbol{b}|^2+|\boldsymbol{a}-\boldsymbol{b}|^2=2\,|\boldsymbol{a}|^2+2\,|\boldsymbol{b}|^2.$$

当 $\boldsymbol{a}$ 与 $\boldsymbol{b}$ 不共线时, 说明此等式的几何意义.

6. 证明:

(1) 向量 $\boldsymbol{a}$ 垂直于向量 $(\boldsymbol{a}\cdot\boldsymbol{b})\boldsymbol{c}-(\boldsymbol{a}\cdot\boldsymbol{c})\boldsymbol{b}$;

(2) 设四个向量 $\boldsymbol{a}, \boldsymbol{b}, \boldsymbol{v}_1, \boldsymbol{v}_2$ 共面, 其中 $\boldsymbol{v}_1 \not\parallel \boldsymbol{v}_2$, 如果 $\boldsymbol{a}\cdot\boldsymbol{v}_i=\boldsymbol{b}\cdot\boldsymbol{v}_i, i=1,2$, 那么 $\boldsymbol{a}=\boldsymbol{b}$;

(3) 设 $\boldsymbol{a},\boldsymbol{b},\boldsymbol{c}$ 不共面, 如果向量 $\boldsymbol{r}$ 满足 $\boldsymbol{r}\cdot\boldsymbol{a}=\boldsymbol{r}\cdot\boldsymbol{b}=\boldsymbol{r}\cdot\boldsymbol{c}=0$, 则 $\boldsymbol{r}=\boldsymbol{0}$.

7. 证明: 三角形各边的垂直平分线交于一点, 且交点到三顶点的距离相等.

1.5 向 量 积

回顾力学中力矩的计算: 一个力 $\boldsymbol{f}$ 在棒的一端 P, 使棒绕其支点 O 转动产生力矩 $\boldsymbol{M}$, 它是一个向量, 其大小为

$$|M|=|\boldsymbol{f}|\left|\overrightarrow{OP}\right|\sin\angle(\boldsymbol{f},\overrightarrow{OP}),$$

而 $\boldsymbol{M}$ 的方向同时垂直于 $\overrightarrow{OP}$ 与 $\boldsymbol{f}$ 的方向, 具体按照右手法则确定: 让右手四指从 $\overrightarrow{OP}$ 弯向 $\boldsymbol{f}$(转角小于 π), 则大拇指的指向为 $\boldsymbol{M}$ 的方向 (图 1.22). 为了研究力矩的这类运算, 我们引入向量的向量积.

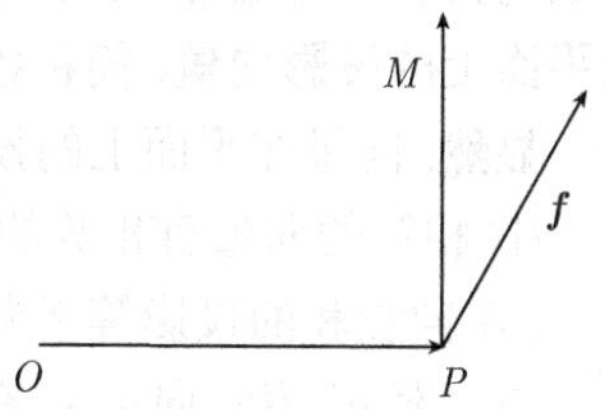

图 1.22

1.5.1 向量积的定义和性质

定义 1.5.1 两向量 $\boldsymbol{a}$ 与 $\boldsymbol{b}$ 的向量积是一个向量, 记做 $\boldsymbol{a}\times\boldsymbol{b}$, 它的长度定义为

$$|\boldsymbol{a}\times\boldsymbol{b}|=|\boldsymbol{a}|\,|\boldsymbol{b}|\sin\angle(\boldsymbol{a},\boldsymbol{b}),$$

其方向与 $\boldsymbol{a},\boldsymbol{b}$ 都垂直, 且使 $\{\boldsymbol{a},\boldsymbol{b},\boldsymbol{a}\times\boldsymbol{b}\}$ 成右手系 (图 1.23). **向量积**也称为**外积**或**叉积**(cross/vector product).

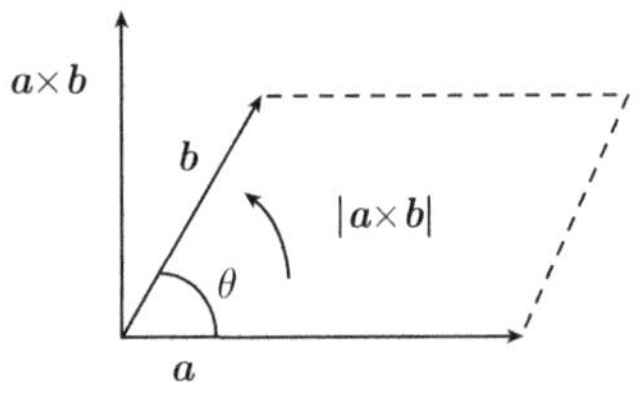

图 1.23

如果向量 $\boldsymbol{a},\boldsymbol{b}$ 中有一个为零向量, 则定义 $\boldsymbol{a}\times\boldsymbol{b}=\boldsymbol{0}$. 几何上, 向量积的模 $|\boldsymbol{a}\times\boldsymbol{b}|$ 等于以 $\boldsymbol{a},\boldsymbol{b}$ 为邻边的平行四边形的面积.

向量积满足以下性质.

定理 1.5.1　对于任意向量 $\boldsymbol{a},\boldsymbol{b},\boldsymbol{c}$ 和任意实数 λ, 有

(1) $\boldsymbol{a}\times\boldsymbol{b}=-(\boldsymbol{b}\times\boldsymbol{a})$ (反交换, Anticommutativity);

(2) $(\lambda\boldsymbol{a})\times\boldsymbol{b}=\lambda(\boldsymbol{a}\times\boldsymbol{b})$;

(3) $\boldsymbol{a}\times(\boldsymbol{b}+\boldsymbol{c})=\boldsymbol{a}\times\boldsymbol{b}+\boldsymbol{a}\times\boldsymbol{c}$ (左分配律);

$(\boldsymbol{a}+\boldsymbol{b})\times\boldsymbol{c}=\boldsymbol{a}\times\boldsymbol{c}+\boldsymbol{b}\times\boldsymbol{c}$ (右分配律);

(4) $\boldsymbol{a}//\boldsymbol{b}\Leftrightarrow\boldsymbol{a}\times\boldsymbol{b}=\boldsymbol{0}$, 特别地, $\boldsymbol{a}\times\boldsymbol{a}=\boldsymbol{0}$;

(5) $|\boldsymbol{a}\times\boldsymbol{b}|^2+|\boldsymbol{a}\cdot\boldsymbol{b}|^2=\boldsymbol{a}^2\boldsymbol{b}^2$.

证　(1)、(4)、(5) 由定义 1.5.1 即可得到.

(2) 当 $\boldsymbol{a}//\boldsymbol{b}$ 或 $\lambda=0$, (2) 是明显的. 当 $\boldsymbol{a},\boldsymbol{b}$ 不共线且 $\lambda\neq 0$ 时,

$$|(\lambda\boldsymbol{a})\times\boldsymbol{b}|=|\lambda\boldsymbol{a}|\,|\boldsymbol{b}|\sin\angle(\lambda\boldsymbol{a},\boldsymbol{b})=|\lambda|\,|\boldsymbol{a}|\,|\boldsymbol{b}|\sin\angle(\boldsymbol{a},\boldsymbol{b})=|\lambda|\,|\boldsymbol{a}\times\boldsymbol{b}|=|\lambda(\boldsymbol{a}\times\boldsymbol{b})|,$$

当 $\lambda>0$ 时, $\lambda\boldsymbol{a}$ 与 $\boldsymbol{a}$ 同向, 所以 $(\lambda\boldsymbol{a})\times\boldsymbol{b}$ 与 $\lambda(\boldsymbol{a}\times\boldsymbol{b})$ 同向; 当 $\lambda<0$ 时, $(\lambda\boldsymbol{a})\times\boldsymbol{b}$ 与 $\boldsymbol{a}\times\boldsymbol{b}$ 反向, 从而 $(\lambda\boldsymbol{a})\times\boldsymbol{b}$ 与 $\lambda(\boldsymbol{a}\times\boldsymbol{b})$ 同向, 故有

$$(\lambda\boldsymbol{a})\times\boldsymbol{b}=\lambda(\boldsymbol{a}\times\boldsymbol{b}).$$

为证明 (3), 我们引入向量在平面上的投影向量的概念. 以向量 $\boldsymbol{a}$ 的始点在平面上的投影作为始点, 以 $\boldsymbol{a}$ 的终点在平面上的投影为终点的向量 $\boldsymbol{a}'$ 称为**向量 $\boldsymbol{a}$ 在此平面上的投影向量**, 简称**投影**.

显然, 向量在平面上的投影向量有下面的性质.

(i) 相等的向量有相等的投影;

(ii) 向量和的投影等于向量投影的和 $(\boldsymbol{a}+\boldsymbol{b})'=\boldsymbol{a}'+\boldsymbol{b}'$(图 1.24);

(iii) 设 $\boldsymbol{a}'$ 表示向量 $\boldsymbol{a}$ 在与向量 $\boldsymbol{b}$ 垂直的平面上的投影 (图 1.25), 则 $\boldsymbol{a}\times\boldsymbol{b}=\boldsymbol{a}'\times\boldsymbol{b}$ 或 $\boldsymbol{b}\times\boldsymbol{a}=\boldsymbol{b}\times\boldsymbol{a}'$.

(3) 先证左分配律. 如果 $\boldsymbol{a}=\boldsymbol{0}$, 则结论是明显的. 其次只需证明当 $\boldsymbol{a}$ 为单位向量时 (3) 成立即可, 因为在一般情形下, 将由性质 (2) 得出. 因而设 $\boldsymbol{a}$ 为单位向量, 我们用 $\boldsymbol{b}'$ 和 $\boldsymbol{c}'$ 表示向量 $\boldsymbol{b}$ 和 $\boldsymbol{c}$ 在与向量 $\boldsymbol{a}$ 垂直的平面上的投影 (图 1.26). 这时向量 $\boldsymbol{a}\times\boldsymbol{b}'$, $\boldsymbol{a}\times\boldsymbol{c}'$ 和 $\boldsymbol{a}\times(\boldsymbol{b}'+\boldsymbol{c}')$ 可以相应地由向量 $\boldsymbol{b}'$, $\boldsymbol{c}'$, $\boldsymbol{b}'+\boldsymbol{c}'$ 绕 $\boldsymbol{a}$ 右转 90°

而得到. 因此

$$\boldsymbol{a}\times(\boldsymbol{b}'+\boldsymbol{c}')=\boldsymbol{a}\times\boldsymbol{b}'+\boldsymbol{a}\times\boldsymbol{c}',$$

而由于 $\boldsymbol{a}\times\boldsymbol{b}'=\boldsymbol{a}\times\boldsymbol{b}$, $\boldsymbol{a}\times\boldsymbol{c}'=\boldsymbol{a}\times\boldsymbol{c}$, $\boldsymbol{a}\times(\boldsymbol{b}'+\boldsymbol{c}')=\boldsymbol{a}\times(\boldsymbol{b}+\boldsymbol{c})$, 因此 $\boldsymbol{a}\times(\boldsymbol{b}+\boldsymbol{c})=\boldsymbol{a}\times\boldsymbol{b}+\boldsymbol{a}\times\boldsymbol{c}$.

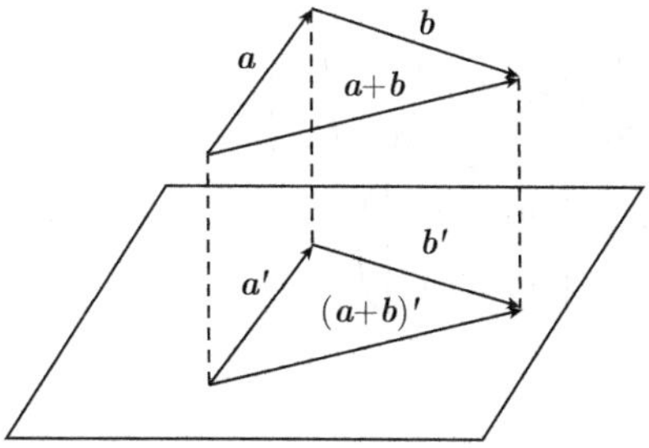

图 1.24

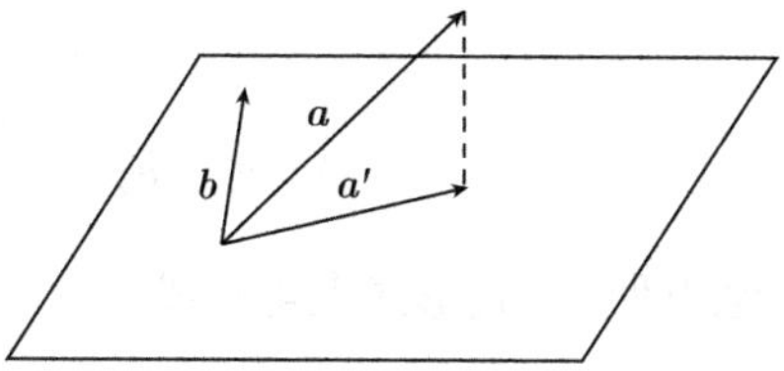

图 1.25

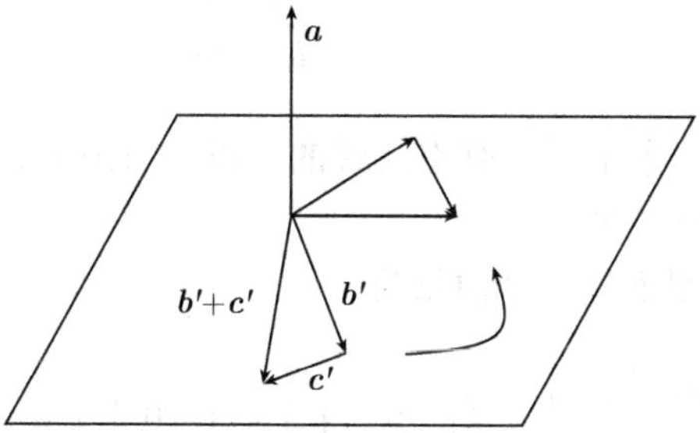

图 1.26

右分配律由性质 (1) 和左分配律立即得到.

1.5.2 用坐标计算向量积

定理 1.5.2 取右手直角坐标架 $\{O;\boldsymbol{e}_1,\boldsymbol{e}_2,\boldsymbol{e}_3\}$, 设向量 $\boldsymbol{a}=(a_1,a_2,a_3)$, $\boldsymbol{b}=(b_1,b_2,b_3)$, 则

$$\boldsymbol{a}\times\boldsymbol{b}=\left(\begin{vmatrix}a_2 & a_3\\ b_2 & b_3\end{vmatrix},\begin{vmatrix}a_3 & a_1\\ b_3 & b_1\end{vmatrix},\begin{vmatrix}a_1 & a_2\\ b_1 & b_2\end{vmatrix}\right).$$

证

$$\begin{aligned}\boldsymbol{a}\times\boldsymbol{b}&=\left(\sum_{i=1}^{3}a_i\boldsymbol{e}_i\right)\times\left(\sum_{j=1}^{3}b_j\boldsymbol{e}_j\right)\\&=(a_1b_2-a_2b_1)\boldsymbol{e}_1\times\boldsymbol{e}_2+(a_2b_3-a_3b_2)\boldsymbol{e}_2\times\boldsymbol{e}_3+(a_3b_1-a_1b_3)\boldsymbol{e}_3\times\boldsymbol{e}_1\\&=\begin{vmatrix}a_1 & a_2\\ b_1 & b_2\end{vmatrix}\boldsymbol{e}_1\times\boldsymbol{e}_2+\begin{vmatrix}a_2 & a_3\\ b_2 & b_3\end{vmatrix}\boldsymbol{e}_2\times\boldsymbol{e}_3+\begin{vmatrix}a_3 & a_1\\ b_3 & b_1\end{vmatrix}\boldsymbol{e}_3\times\boldsymbol{e}_1,\end{aligned}$$

只要知道坐标向量之间的向量积, 就可以求出 $\boldsymbol{a}\times\boldsymbol{b}$. 因为 $\{O;\boldsymbol{e}_1,\boldsymbol{e}_2,\boldsymbol{e}_3\}$ 是右手直角标架, 则有

$$\boldsymbol{e}_1\times\boldsymbol{e}_2=\boldsymbol{e}_3,\boldsymbol{e}_2\times\boldsymbol{e}_3=\boldsymbol{e}_1,\boldsymbol{e}_3\times\boldsymbol{e}_1=\boldsymbol{e}_2,$$

于是

$$\begin{aligned}\boldsymbol{a}\times\boldsymbol{b}&=\begin{vmatrix}a_2&a_3\\b_2&b_3\end{vmatrix}\boldsymbol{e}_1+\begin{vmatrix}a_3&a_1\\b_3&b_1\end{vmatrix}\boldsymbol{e}_2+\begin{vmatrix}a_1&a_2\\b_1&b_2\end{vmatrix}\boldsymbol{e}_3\\&=\left(\begin{vmatrix}a_2&a_3\\b_2&b_3\end{vmatrix},\begin{vmatrix}a_3&a_1\\b_3&b_1\end{vmatrix},\begin{vmatrix}a_1&a_2\\b_1&b_2\end{vmatrix}\right).\end{aligned}$$

为记忆方便, 上式形式上可写成

$$\boldsymbol{a}\times\boldsymbol{b}=\begin{vmatrix}\boldsymbol{e}_1&\boldsymbol{e}_2&\boldsymbol{e}_3\\a_1&a_2&a_3\\b_1&b_2&b_3\end{vmatrix}.$$

例 1.5.1　如果一个平面上有不共线的三点 $A(1,0,0)$, $B(1,1,1)$, $C(2,-2,3)$, 找一个向量垂直于这个平面.

解　取垂直于该平面的一个向量为

$$\overrightarrow{AB}\times\overrightarrow{AC}=\begin{vmatrix}\boldsymbol{e}_1&\boldsymbol{e}_2&\boldsymbol{e}_3\\0&1&1\\1&-2&3\end{vmatrix}=\left(\begin{vmatrix}1&1\\-2&3\end{vmatrix},\begin{vmatrix}1&0\\3&1\end{vmatrix},\begin{vmatrix}0&1\\1&-2\end{vmatrix}\right)=(5,1,-1).$$

例 1.5.2　设 O 为空间中任意一定点, A,B,C 三点共线 $\Leftrightarrow \overrightarrow{OA}\times\overrightarrow{OB}+\overrightarrow{OB}\times\overrightarrow{OC}+\overrightarrow{OC}\times\overrightarrow{OA}=\boldsymbol{0}$.

证　A,B,C 三点共线 $\Leftrightarrow \overrightarrow{AB}//\overrightarrow{AC}$, 而

$$\begin{aligned}\boldsymbol{0}&=\overrightarrow{AB}\times\overrightarrow{AC}=(\overrightarrow{OB}-\overrightarrow{OA})\times(\overrightarrow{OC}-\overrightarrow{OA})\\&=\overrightarrow{OB}\times\overrightarrow{OC}-\overrightarrow{OA}\times\overrightarrow{OC}-\overrightarrow{OB}\times\overrightarrow{OA}+\overrightarrow{OA}\times\overrightarrow{OA}\\&=\overrightarrow{OB}\times\overrightarrow{OC}+\overrightarrow{OC}\times\overrightarrow{OA}+\overrightarrow{OA}\times\overrightarrow{OB}.\end{aligned}$$

例 1.5.3　用向量法证明

(1) 三角形的正弦定理 $\dfrac{a}{\sin A}=\dfrac{b}{\sin B}=\dfrac{c}{\sin C}$;

(2) 三角形面积的海伦 (Heron) 公式 $\varDelta=\sqrt{p(p-a)(p-b)(p-c)}$, $\varDelta$ 为三角形的面积, 式中 $p=\dfrac{a+b+c}{2}$, a,b,c 为三角形三边的长.

证 (1) 设角 A,B,C 对应边表示的向量为 $\boldsymbol{a},\boldsymbol{b},\boldsymbol{c}$, 由向量外积的几何意义知三角形 $\triangle ABC$ 的面积

$$S_{\triangle ABC}=\frac{1}{2}|\boldsymbol{a}\times\boldsymbol{b}|=\frac{1}{2}|\boldsymbol{b}\times\boldsymbol{c}|=\frac{1}{2}|\boldsymbol{c}\times\boldsymbol{a}|,$$

于是 $|\boldsymbol{a}||\boldsymbol{b}|\sin C=|\boldsymbol{b}||\boldsymbol{c}|\sin A=|\boldsymbol{c}||\boldsymbol{a}|\sin B$, 故 $\dfrac{a}{\sin A}=\dfrac{b}{\sin B}=\dfrac{c}{\sin C}$.

(2)
$$\begin{aligned}\varDelta^2&=\frac{1}{4}|\boldsymbol{a}\times\boldsymbol{b}|^2=\frac{1}{4}(\boldsymbol{a}^2\boldsymbol{b}^2-(\boldsymbol{a}\cdot\boldsymbol{b})^2) &&\text{由性质 5}\\&=\frac{1}{4}\left(a^2b^2-\left(\frac{a^2+b^2-c^2}{2}\right)^2\right) &&\text{由余弦定理}\\&=\frac{1}{16}(2ab+a^2+b^2-c^2)(2ab-a^2-b^2+c^2) &&\text{由平方差公式}\\&=p(p-a)(p-b)(p-c).\end{aligned}$$

习　　题

1. 已知向量 $\boldsymbol{a},\boldsymbol{b},\boldsymbol{c}$, 下列等式中正确的是 (　　).

(A) $(\boldsymbol{a}+\boldsymbol{b})\cdot(\boldsymbol{a}-\boldsymbol{b})=|\boldsymbol{a}|^2-|\boldsymbol{b}|^2$;　(B) $\boldsymbol{a}\cdot(\boldsymbol{a}\cdot\boldsymbol{b})=|\boldsymbol{a}|^2\boldsymbol{b}$;

(C) $(\boldsymbol{a}+\boldsymbol{b})\times(\boldsymbol{a}-\boldsymbol{b})=\boldsymbol{a}\times\boldsymbol{a}-\boldsymbol{b}\times\boldsymbol{b}$;　(D) $(\boldsymbol{a}\cdot\boldsymbol{b})^2=|\boldsymbol{a}|^2|\boldsymbol{b}|^2$.

2. 若 $\boldsymbol{a}\times\boldsymbol{b}=\boldsymbol{a}-\boldsymbol{b}$, 则 (　　).

(A) $\boldsymbol{a}=\boldsymbol{b}$;　(B) $\boldsymbol{a}=\boldsymbol{0}$;　(C) $\boldsymbol{b}=\boldsymbol{0}$;　(D) $\boldsymbol{a}\perp\boldsymbol{b}$.

3. 以向量 $\boldsymbol{a}=2\boldsymbol{m}-\boldsymbol{n}$ 和 $\boldsymbol{b}=4\boldsymbol{m}-5\boldsymbol{n}$ 为平行四边形的邻边, 其中 $\boldsymbol{m},\boldsymbol{n}$ 是夹角为 $\dfrac{\pi}{4}$ 的单位向量, 求此平行四边形的面积.

4. 在直角坐标系中, 已知 $\boldsymbol{a}=(2,3,-1),\boldsymbol{b}=(1,-2,3)$, 求与 $\boldsymbol{a},\boldsymbol{b}$ 都垂直, 且满足如下条件之一的向量 $\boldsymbol{c}$,

(1) $\boldsymbol{c}$ 为单位向量; (2) $\boldsymbol{c}\cdot\boldsymbol{d}=10$, 其中 $\boldsymbol{d}=(2,1,-7)$.

5. 已知 BC 是梯形 $ABCD$ 的一腰, E 是 BC 的中点. 证明: ΔAED 的面积是梯形面积的一半.

6. 证明: 若 $\boldsymbol{a}\times\boldsymbol{b}=\boldsymbol{c}\times\boldsymbol{d}$, $\boldsymbol{a}\times\boldsymbol{c}=\boldsymbol{b}\times\boldsymbol{d}$, 则 $\boldsymbol{a}-\boldsymbol{d}$ 与 $\boldsymbol{b}-\boldsymbol{c}$ 共线.

1.6 混合积和双重向量积

1.6.1 混合积的定义和性质

考虑平行六面体 $ABCD-A'B'C'D'$(图 1.27) 的体积.

设 $\overrightarrow{AB}=\boldsymbol{a}$, $\overrightarrow{AD}=\boldsymbol{b}$, $\overrightarrow{AA'}=\boldsymbol{c}$, 则底面积为 $|\boldsymbol{a}\times\boldsymbol{b}|$, 高为 $\left|\overrightarrow{AH}\right|$, $\overrightarrow{AH}$ 是 $\boldsymbol{c}$ 在 $\boldsymbol{a}\times\boldsymbol{b}$ 上的射影, 因此

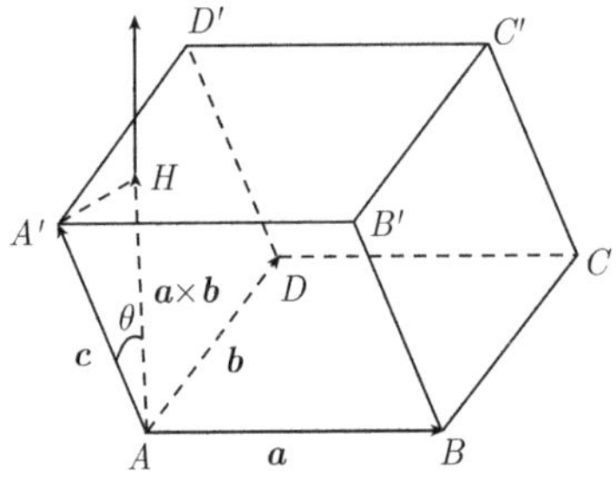

图 1.27 平行六面体

$$\left|\overrightarrow{AH}\right|=|\mathrm{prj}_{\boldsymbol{a}\times\boldsymbol{b}}\boldsymbol{c}|=|\boldsymbol{c}|\,|\cos\theta|,$$

则平行六面体的体积 $V=|\boldsymbol{a}\times\boldsymbol{b}|\,|\boldsymbol{c}|\,|\cos\theta|=|(\boldsymbol{a}\times\boldsymbol{b})\cdot\boldsymbol{c}|$.

定义 1.6.1 给定三个向量 $\boldsymbol{a},\boldsymbol{b},\boldsymbol{c}$, 如果向量 $\boldsymbol{a},\boldsymbol{b}$ 先作叉积, 再与向量 $\boldsymbol{c}$ 作点积, 则这样的运算 $(\boldsymbol{a}\times\boldsymbol{b})\cdot\boldsymbol{c}$ 称为**三向量的混合积** (scalar triple product), 简记为 $(\boldsymbol{a},\boldsymbol{b},\boldsymbol{c})$.

混合积有以下常用的性质.

命题 1.6.1 对于任意的向量 $\boldsymbol{a},\boldsymbol{b},\boldsymbol{c},\boldsymbol{d}$ 和实数 λ, 有

(1) 设 $(\boldsymbol{a},\boldsymbol{b},\boldsymbol{c})\neq 0$ 且 V 为 $\boldsymbol{a},\boldsymbol{b},\boldsymbol{c}$ 棱的平行六面体的体积, 则 $(\boldsymbol{a},\boldsymbol{b},\boldsymbol{c})=\delta V$, 其中 $\{\boldsymbol{a},\boldsymbol{b},\boldsymbol{c}\}$ 成右手系, $\delta=1$, 否则 $\delta=-1$;

(2) $(\boldsymbol{a}\times\boldsymbol{b})\cdot\boldsymbol{c}=\boldsymbol{a}\cdot(\boldsymbol{b}\times\boldsymbol{c})$;

(3) $(\boldsymbol{a},\boldsymbol{b},\boldsymbol{c})=-(\boldsymbol{b},\boldsymbol{a},\boldsymbol{c})$;

(4) $(\boldsymbol{a},\boldsymbol{b},\boldsymbol{c})=0\Leftrightarrow\boldsymbol{a},\boldsymbol{b},\boldsymbol{c}$ 共面, 特别地, $(\boldsymbol{a},\boldsymbol{a},\boldsymbol{b})=(\boldsymbol{a},\boldsymbol{b},\boldsymbol{a})=(\boldsymbol{a},\boldsymbol{b},\boldsymbol{b})=0$;

(5) $(\boldsymbol{a},\boldsymbol{b},\boldsymbol{c})=(\boldsymbol{b},\boldsymbol{c},\boldsymbol{a})=(\boldsymbol{c},\boldsymbol{a},\boldsymbol{b})$;

(6) $(\lambda\boldsymbol{a},\boldsymbol{b},\boldsymbol{c})=\lambda(\boldsymbol{a},\boldsymbol{b},\boldsymbol{c})$;

(7) $(\boldsymbol{a}+\boldsymbol{d},\boldsymbol{b},\boldsymbol{c})=(\boldsymbol{a},\boldsymbol{b},\boldsymbol{c})+(\boldsymbol{d},\boldsymbol{b},\boldsymbol{c})$.

式 (2) 表明三个有序向量的混合积中的外积和内积运算可交换, 因此混合积记作 $(\boldsymbol{a},\boldsymbol{b},\boldsymbol{c})$ 或 $(\boldsymbol{abc})$.

1.6.2 用坐标计算混合积

定理 1.6.1 在右手直角标架 $\{O;\boldsymbol{e}_1,\boldsymbol{e}_2,\boldsymbol{e}_3\}$ 中, 设向量 $\boldsymbol{a}=(a_1,a_2,a_3)$, $\boldsymbol{b}=(b_1,b_2,b_3)$, $\boldsymbol{c}=(c_1,c_2,c_3)$, 则

$$(\boldsymbol{a},\boldsymbol{b},\boldsymbol{c})=\begin{vmatrix}a_1&a_2&a_3\\b_1&b_2&b_3\\c_1&c_2&c_3\end{vmatrix}.$$

证 根据向量积和数量积的计算公式, 有

$$(\boldsymbol{a}\times\boldsymbol{b})\cdot\boldsymbol{c}=\left(\begin{vmatrix}a_1&a_2\\b_1&b_2\end{vmatrix}\boldsymbol{e}_1\times\boldsymbol{e}_2+\begin{vmatrix}a_2&a_3\\b_2&b_3\end{vmatrix}\boldsymbol{e}_2\times\boldsymbol{e}_3+\begin{vmatrix}a_3&a_1\\b_3&b_1\end{vmatrix}\boldsymbol{e}_3\times\boldsymbol{e}_1\right)\cdot\left(\sum_{i=1}^{3}c_i\boldsymbol{e}_i\right)$$

$$= \left(c_3 \begin{vmatrix} a_1 & a_2 \\ b_1 & b_2 \end{vmatrix} + c_1 \begin{vmatrix} a_2 & a_3 \\ b_2 & b_3 \end{vmatrix} + c_2 \begin{vmatrix} a_3 & a_1 \\ b_3 & b_1 \end{vmatrix} \right) \cdot (\boldsymbol{e}_1, \boldsymbol{e}_2, \boldsymbol{e}_3)$$

$$= \begin{vmatrix} a_1 & a_2 & a_3 \\ b_1 & b_2 & b_3 \\ c_1 & c_2 & c_3 \end{vmatrix} (\boldsymbol{e}_1, \boldsymbol{e}_2, \boldsymbol{e}_3),$$

因为 $\{O; \boldsymbol{e}_1, \boldsymbol{e}_2, \boldsymbol{e}_3\}$ 是右手直角标架, 则 $(\boldsymbol{e}_1, \boldsymbol{e}_2, \boldsymbol{e}_3) = 1$, 从而结论成立.

推论 1.6.1 在仿射坐标系下, 设向量 $\boldsymbol{a} = (a_1, a_2, a_3)$, $\boldsymbol{b} = (b_1, b_2, b_3)$, $\boldsymbol{c} = (c_1, c_2, c_3)$, 则

$$\boldsymbol{a}, \boldsymbol{b}, \boldsymbol{c} \text{ 共面} \Leftrightarrow \begin{vmatrix} a_1 & a_2 & a_3 \\ b_1 & b_2 & b_3 \\ c_1 & c_2 & c_3 \end{vmatrix} = 0.$$

证 由定理 1.6.1 的证明以及命题 1.6.1 的 (4) 直接可得.

这样, 三阶行列式的几何意义：三阶行列式的绝对值等于其三个行 (或列) 向量在右手直角坐标系中构成的平行六面体的体积.

例 1.6.1 在右手直角坐标系中, 已知四面体 $ABCD$ 顶点坐标分别为 $A(0,0,0)$, $B(6,0,6)$, $C(4,3,0)$, $D(2,-1,3)$, 求它的体积.

解 因为四面体 $ABCD$ 的体积 V 等于以 AB, AC 和 AD 为棱的平行六面体体积的六分之一, 因此

$$V = \frac{1}{6}\left|(\overrightarrow{AB}, \overrightarrow{AC}, \overrightarrow{AD})\right|.$$

又 $\overrightarrow{AB} = (6,0,6), \overrightarrow{AC} = (4,3,0), \overrightarrow{AD} = (2,-1,3)$, 所以

$$(\overrightarrow{AB}, \overrightarrow{AC}, \overrightarrow{AD}) = \begin{vmatrix} 6 & 0 & 6 \\ 4 & 3 & 0 \\ 2 & -1 & 3 \end{vmatrix} = -6,$$

从而 $V = \frac{1}{6}\left|(\overrightarrow{AB}, \overrightarrow{AC}, \overrightarrow{AD})\right| = 1$.

例 1.6.2 证明: 对任意四个向量 $\boldsymbol{a}, \boldsymbol{b}, \boldsymbol{c}, \boldsymbol{d}$ 有 $(\boldsymbol{b}, \boldsymbol{c}, \boldsymbol{d})\boldsymbol{a} + (\boldsymbol{c}, \boldsymbol{a}, \boldsymbol{d})\boldsymbol{b} + (\boldsymbol{a}, \boldsymbol{b}, \boldsymbol{d})\boldsymbol{c} + (\boldsymbol{b}, \boldsymbol{a}, \boldsymbol{c})\boldsymbol{d} = \boldsymbol{0}$.

证 根据推论 1.2.1 得, 空间中的任意四个向量线性相关, 因此存在不全为 0 的实数 $k_i, i = 1,2,3,4$ 使得

$$k_1\boldsymbol{a} + k_2\boldsymbol{b} + k_3\boldsymbol{c} + k_4\boldsymbol{d} = \boldsymbol{0}.$$

不妨设 $k_1 \neq 0$, 则 $\boldsymbol{a} = -\frac{1}{k_1}(k_2\boldsymbol{b} + k_3\boldsymbol{c} + k_4\boldsymbol{d})$, 这个等式两边分别和 $\boldsymbol{b} \times \boldsymbol{c}$ 作内积得

$$(\boldsymbol{a}, \boldsymbol{b}, \boldsymbol{c}) = -\frac{k_4}{k_1}(\boldsymbol{b}, \boldsymbol{c}, \boldsymbol{d}),$$

类似得 $(\boldsymbol{a},\boldsymbol{b},\boldsymbol{d})=\dfrac{k_3}{k_1}(\boldsymbol{b},\boldsymbol{c},\boldsymbol{d})$, $(\boldsymbol{a},\boldsymbol{c},\boldsymbol{d})=-\dfrac{k_2}{k_1}(\boldsymbol{b},\boldsymbol{c},\boldsymbol{d})$, 于是

$$\begin{aligned}(\boldsymbol{c},\boldsymbol{a},\boldsymbol{d})\boldsymbol{b}+(\boldsymbol{a},\boldsymbol{b},\boldsymbol{d})\boldsymbol{c}+(\boldsymbol{b},\boldsymbol{a},\boldsymbol{c})\boldsymbol{d}&=\frac{k_2}{k_1}(\boldsymbol{b},\boldsymbol{c},\boldsymbol{d})\boldsymbol{b}+\frac{k_3}{k_1}(\boldsymbol{b},\boldsymbol{c},\boldsymbol{d})\boldsymbol{c}+\frac{k_4}{k_1}(\boldsymbol{b},\boldsymbol{c},\boldsymbol{d})\boldsymbol{d}\\&=\frac{(\boldsymbol{b},\boldsymbol{c},\boldsymbol{d})}{k_1}(k_2\boldsymbol{b}+k_3\boldsymbol{c}+k_4\boldsymbol{d})\\&=-(\boldsymbol{b},\boldsymbol{c},\boldsymbol{d})\boldsymbol{a}.\end{aligned}$$

1.6.3　双重向量积的定义和计算

定义 1.6.2　给定三个向量 $\boldsymbol{a},\boldsymbol{b},\boldsymbol{c}$, 如果向量 $\boldsymbol{a},\boldsymbol{b}$ 先作叉积, 再与向量 $\boldsymbol{c}$ 作叉积, 则这样的运算 $(\boldsymbol{a}\times\boldsymbol{b})\times\boldsymbol{c}$ 或 $\boldsymbol{c}\times(\boldsymbol{a}\times\boldsymbol{b})$ 称为**三向量的双重向量积** (vector triple product).

定理 1.6.2　对任意向量 $\boldsymbol{a},\boldsymbol{b},\boldsymbol{c}$, 有 $\boldsymbol{a}\times(\boldsymbol{b}\times\boldsymbol{c})=(\boldsymbol{a}\cdot\boldsymbol{c})\boldsymbol{b}-(\boldsymbol{a}\cdot\boldsymbol{b})\boldsymbol{c}$.

证　双重向量积 $\boldsymbol{a}\times(\boldsymbol{b}\times\boldsymbol{c})$ 同时垂直于 $\boldsymbol{a}$ 和 $\boldsymbol{b}\times\boldsymbol{c}$, 这意味着与 $\boldsymbol{b},\boldsymbol{c}$ 共面. 若 $\boldsymbol{b},\boldsymbol{c}$ 共线或 $\boldsymbol{a}=\boldsymbol{0}$, 容易验证结论成立; 若 $\boldsymbol{b},\boldsymbol{c}$ 不共线且 $\boldsymbol{a}\neq\boldsymbol{0}$, 则 $\boldsymbol{a}\times(\boldsymbol{b}\times\boldsymbol{c})=k_1\boldsymbol{b}+k_2\boldsymbol{c}$, 它垂直于 $\boldsymbol{a}$, 则 $k_1\boldsymbol{a}\cdot\boldsymbol{b}+k_2\boldsymbol{a}\cdot\boldsymbol{c}=\boldsymbol{0}$, 因此

$$\frac{k_1}{\boldsymbol{a}\cdot\boldsymbol{c}}=\frac{k_2}{-\boldsymbol{a}\cdot\boldsymbol{b}}=\lambda.$$

于是 $\boldsymbol{a}\times(\boldsymbol{b}\times\boldsymbol{c})=\lambda((\boldsymbol{a}\cdot\boldsymbol{c})\boldsymbol{b}-(\boldsymbol{a}\cdot\boldsymbol{b})\boldsymbol{c})$. 因为

$$\boldsymbol{a}^2\boldsymbol{b}^2-(\boldsymbol{a}\cdot\boldsymbol{b})^2=(\boldsymbol{a}\times\boldsymbol{b})^2=(\boldsymbol{b}\times\boldsymbol{a})\cdot(\boldsymbol{b}\times\boldsymbol{a})=\boldsymbol{b}\cdot(\boldsymbol{a}\times(\boldsymbol{b}\times\boldsymbol{a}))$$

而 $\boldsymbol{a}\times(\boldsymbol{b}\times\boldsymbol{a})=\lambda((\boldsymbol{a}\cdot\boldsymbol{a})\boldsymbol{b}-(\boldsymbol{a}\cdot\boldsymbol{b})\boldsymbol{a})$, 代入得 $\lambda=1$.

例 1.6.3　证明: $\boldsymbol{a},\boldsymbol{b},\boldsymbol{c}$ 不共面 $\Leftrightarrow$ $\boldsymbol{a}\times\boldsymbol{b},\boldsymbol{b}\times\boldsymbol{c},\boldsymbol{c}\times\boldsymbol{a}$ 不共面.

分析　原命题等价于 $\boldsymbol{a},\boldsymbol{b},\boldsymbol{c}$ 共面 $\Leftrightarrow$ $\boldsymbol{a}\times\boldsymbol{b},\boldsymbol{b}\times\boldsymbol{c},\boldsymbol{c}\times\boldsymbol{a}$ 共面. 假设 $\boldsymbol{a},\boldsymbol{b},\boldsymbol{c}$ 两两不共线, 设它们所在平面为 π_1, 则 $\boldsymbol{a}\times\boldsymbol{b},\boldsymbol{b}\times\boldsymbol{c},\boldsymbol{c}\times\boldsymbol{a}$ 均垂直于 π_1, 因而共面; 反之, 假设 $\boldsymbol{a}\times\boldsymbol{b},\boldsymbol{b}\times\boldsymbol{c},\boldsymbol{c}\times\boldsymbol{a}$ 两两不共线, 设它们所在平面为 π_2, 则 $\boldsymbol{a},\boldsymbol{b},\boldsymbol{c}$ 均垂直于 π_2, 因而共面. 其他较平凡的情形类似讨论. 为了避免复杂的讨论, 我们给出下面两种证法.

证法 1(双重向量积公式)　因为

$$\begin{aligned}[(\boldsymbol{a}\times\boldsymbol{b})\times(\boldsymbol{b}\times\boldsymbol{c})]\cdot(\boldsymbol{c}\times\boldsymbol{a})&=([(\boldsymbol{a}\times\boldsymbol{b})\cdot\boldsymbol{c}]\boldsymbol{b}-[(\boldsymbol{a}\times\boldsymbol{b})\cdot\boldsymbol{b}]\boldsymbol{c})\cdot(\boldsymbol{c}\times\boldsymbol{a})\\&=([(\boldsymbol{a}\times\boldsymbol{b})\cdot\boldsymbol{c}]\boldsymbol{b})\cdot(\boldsymbol{c}\times\boldsymbol{a})\\&=[(\boldsymbol{a}\times\boldsymbol{b})\cdot\boldsymbol{c}][\boldsymbol{b}\cdot(\boldsymbol{c}\times\boldsymbol{a})]\\&=[(\boldsymbol{a}\times\boldsymbol{b})\cdot\boldsymbol{c}]^2,\end{aligned}$$

所以 $(\boldsymbol{a}\times\boldsymbol{b})\cdot\boldsymbol{c}=0\Leftrightarrow[(\boldsymbol{a}\times\boldsymbol{b})\times(\boldsymbol{b}\times\boldsymbol{c})]\cdot(\boldsymbol{c}\times\boldsymbol{a})=0$.

证法 2(用线性相关性证明)

必要性 若 $\boldsymbol{a},\boldsymbol{b},\boldsymbol{c}$ 共面, 则存在不全为零的 k_1,k_2,k_3 使得 $k_1\boldsymbol{a}+k_2\boldsymbol{b}+k_3\boldsymbol{c}=\boldsymbol{0}$, 分别在两边同时叉乘上 $\boldsymbol{a},\boldsymbol{b},\boldsymbol{c}$ 得

$$k_2\boldsymbol{b}\times\boldsymbol{a}+k_3\boldsymbol{c}\times\boldsymbol{a}=\boldsymbol{0},\tag{1.6.1}$$

$$k_1\boldsymbol{a}\times\boldsymbol{b}+k_3\boldsymbol{c}\times\boldsymbol{b}=\boldsymbol{0},\tag{1.6.2}$$

$$k_1\boldsymbol{a}\times\boldsymbol{c}+k_2\boldsymbol{b}\times\boldsymbol{c}=\boldsymbol{0}.\tag{1.6.3}$$

式 (1.6.1) 和式 (1.6.2) 两式相加得

$$(k_1-k_2)(\boldsymbol{a}\times\boldsymbol{b})+(-k_3)(\boldsymbol{b}\times\boldsymbol{c})+k_3(\boldsymbol{c}\times\boldsymbol{a})=\boldsymbol{0}.$$

式 (1.6.1), 式 (1.6.2) 和式 (1.6.3) 三式相加得

$$(k_1-k_2)(\boldsymbol{a}\times\boldsymbol{b})+(k_2-k_3)(\boldsymbol{b}\times\boldsymbol{c})+(k_3-k_1)(\boldsymbol{c}\times\boldsymbol{a})=\boldsymbol{0}.$$

假设 $\boldsymbol{a}\times\boldsymbol{b},\boldsymbol{b}\times\boldsymbol{c},\boldsymbol{c}\times\boldsymbol{a}$ 不共面, 则由以上两式得 $k_1=k_2=k_3=0$, 这与题设矛盾. 因而它们共面.

充分性 若 $\boldsymbol{a}\times\boldsymbol{b},\boldsymbol{b}\times\boldsymbol{c},\boldsymbol{c}\times\boldsymbol{a}$ 共面, 则存在不全为零的 m_1,m_2,m_3 使得

$$m_1(\boldsymbol{a}\times\boldsymbol{b})+m_2(\boldsymbol{b}\times\boldsymbol{c})+m_3(\boldsymbol{c}\times\boldsymbol{a})=\boldsymbol{0}.$$

不妨设 $m_1\neq 0$, 两边点乘上 $\boldsymbol{c}$ 得 $m_1(\boldsymbol{a}\times\boldsymbol{b})\cdot\boldsymbol{c}=0$, 由于 $m_1\neq 0$ 得 $(\boldsymbol{a}\times\boldsymbol{b})\cdot\boldsymbol{c}=0$, 因而 $\boldsymbol{a},\boldsymbol{b},\boldsymbol{c}$ 共面.

习 题

1. 下列命题中正确的是 ( ).

(A) 若 $\boldsymbol{a}\neq\boldsymbol{0}$, $\boldsymbol{a}\cdot\boldsymbol{b}=\boldsymbol{a}\cdot\boldsymbol{c}$, 则 $\boldsymbol{b}=\boldsymbol{c}$; (B) 若 $\boldsymbol{a}\times\boldsymbol{b}=\boldsymbol{0}$, 则 $\angle(\boldsymbol{a},\boldsymbol{b})$ 必为 0 或 π;

(C) 若 $\boldsymbol{a},\boldsymbol{b}$ 共线, 则 $\boldsymbol{b}=\lambda\boldsymbol{a}$; (D) 若 $\boldsymbol{a}\times\boldsymbol{b}+\boldsymbol{b}\times\boldsymbol{c}+\boldsymbol{c}\times\boldsymbol{a}=\boldsymbol{0}$, 则 $\boldsymbol{a},\boldsymbol{b},\boldsymbol{c}$ 共面.

2. 设均 $\boldsymbol{a},\boldsymbol{b},\boldsymbol{c}$ 为非零向量, $\boldsymbol{a}$ 与非零向量 $(\boldsymbol{c}\cdot\boldsymbol{a})\boldsymbol{b}-(\boldsymbol{a}\cdot\boldsymbol{b})\boldsymbol{c}$ 的关系是 ( ).

(A) 不平行也不垂直; (B) 平行不相等; (C) 垂直; (D) 相等.

3. 在右手直角坐标系中, 一个四面体的顶点为 $A(1,2,0),B(-1,3,4),C(-1,-2,-3)$, $D(0,-1,3)$, 求它的体积.

4. 已知直角坐标系内 A,B,C,D 四点坐标, 判别它们是否共面? 如果不共面, 求以它们为顶点的四面体体积和从顶点 D 所引出的高的长.

(1) $A(1,0,1)$, $B(4,4,6)$, $C(2,2,3)$, $D(10,14,17)$;

(2) $A(2,3,1)$, $B(4,1,-2)$, $C(6,3,7)$, $D(-5,4,8)$.

5. 在右手直角坐标系中, 已知向量 $\boldsymbol{a}=(1,2,0),\boldsymbol{b}=(-1,3,4),\boldsymbol{c}=(-1,-2,-3)$, 试求以此三向量为棱的四面体的体积. (提示: $\frac{1}{6}|(\boldsymbol{abc})|$)

6. 对任意向量 $\boldsymbol{a},\boldsymbol{b},\boldsymbol{c},\boldsymbol{d}$ 和任意的实数 λ,μ, 试证.

(1) $(\boldsymbol{a}+\lambda\boldsymbol{b}+\mu\boldsymbol{c},\boldsymbol{b},\boldsymbol{c})=(\boldsymbol{a},\boldsymbol{b},\boldsymbol{c})$;

(2) $(\boldsymbol{a}+\boldsymbol{b},\boldsymbol{b}+\boldsymbol{c},\boldsymbol{c}+\boldsymbol{a})=2(\boldsymbol{a},\boldsymbol{b},\boldsymbol{c})$;

(3) $(\boldsymbol{a}-\boldsymbol{d},\boldsymbol{b}-\boldsymbol{d},\boldsymbol{c}-\boldsymbol{d})=(\boldsymbol{abc})-(\boldsymbol{abd})+(\boldsymbol{acd})-(\boldsymbol{bcd})$;

(4) $(\boldsymbol{a}+\boldsymbol{b})\cdot((\boldsymbol{a}+\boldsymbol{b})\times\boldsymbol{c})=\boldsymbol{a}\cdot(\boldsymbol{b}\times\boldsymbol{c})+\boldsymbol{b}\cdot(\boldsymbol{a}\times\boldsymbol{c})$;

(5) $(\boldsymbol{a},\boldsymbol{b},\boldsymbol{c}\times\boldsymbol{d})+(\boldsymbol{b},\boldsymbol{c},\boldsymbol{a}\times\boldsymbol{d})+(\boldsymbol{c},\boldsymbol{a},\boldsymbol{b}\times\boldsymbol{d})=\boldsymbol{0}$.

7. 如果 $\boldsymbol{a}=\boldsymbol{p}\times\boldsymbol{n},\boldsymbol{b}=\boldsymbol{q}\times\boldsymbol{n},\boldsymbol{c}=\boldsymbol{r}\times\boldsymbol{n}$, 证明: $\boldsymbol{a},\boldsymbol{b},\boldsymbol{c}$ 共面.

补充材料: 极坐标与方程

极坐标

在数学中, 极坐标系是一个二维坐标系. 利用极坐标系, 平面上任意一点可由一个距离和一个角度所确定.

具体地, 在平面上取一个定点 O, 自点 O 引一条射线 OX, 同时确定一个单位长度和计算角度的正方向 (通常取逆时针方向为正方向), 这样就建立了一个**极坐标系**, 其中 O 称为**极点**, 射线 OX 称为**极轴**.

对于平面上任意一点 M, ρ 表示线段 OM 的长度, 用 θ 表示从 OX 到 OM 的角度, ρ 叫做点 M 的**极径**, θ 叫做点 M 的**极角**, 有序数对 (ρ,θ) 就叫做 M 的**极坐标**.

由极径的意义可知 $\rho\geqslant 0$, 当极角 θ 的取值范围是 $[0,2\pi)$ 时, 平面上的点 (除去极点) 就与极坐标 (ρ,θ) 建立一一对应的关系. 我们约定极点的极坐标是 $(0,\theta)$, θ 是任意角.

在极坐标系中, 极径 ρ 允许取负值, 极角 θ 也可取任意的正角或负角. 当 $\rho<0$ 时, 点 $M(\rho,\theta)$ 位于极角终边的反向延长线上, 且 $OM=|\rho|$. $M(\rho,\theta)$ 也可表示为 $(\rho,\theta+2k\pi)$ 或 $(-\rho,\theta+(2k+1)\pi)$, 其中 $k\in\mathbf{Z}$.

如图 1.28 所示, 在极坐标系中, 点 A, B, C 的极坐标分别为 $A(1,0)$, $B\left(4,\frac{\pi}{2}\right)$, $C\left(5,\frac{4}{3}\pi\right)$.

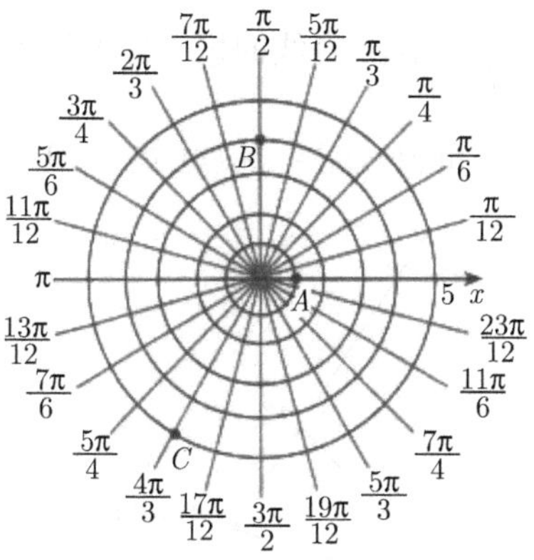

图 1.28　极坐标

极坐标与直角坐标的互化

从极坐标可以算出直角坐标

$$\begin{cases} x = \rho\cos\theta, \\ y = \rho\sin\theta. \end{cases}$$

从直角坐标, 也可以计算出极坐标：

$$\begin{cases} \rho = \sqrt{x^2+y^2}, \\ \tan\theta = \dfrac{y}{x}. \end{cases}$$

θ 的取值范围为 $[0, 2\pi)$, 根据点所在具体位置确定.

平面曲线的极坐标方程

极坐标系的应用领域十分广泛, 包括物理、工程、航海以及机器人领域. 在两点间的关系用夹角和距离很容易表示时, 极坐标系便显得尤为有用; 而在平面直角坐标系中, 这样的关系就只能使用三角函数来表示.

用极坐标系描述的曲线方程称作**极坐标方程**, 通常表示为 ρ 是自变量 θ 的函数. 对于很多类型的曲线, 极坐标方程是最简单的表达形式, 甚至对于某些曲线来说, 只有极坐标方程能够表示.

下面将简单介绍平面上的三类常见曲线 (直线、圆、圆锥曲线) 和四种特殊曲线 (玫瑰线、蚶线、螺线、卡西尼卵形线) 的极坐标方程与图形.

(1) 平面上直线

直线的一般方程为：$a\rho\cos\theta + b\rho\sin\theta + c = 0$.

设直线 l 经过点 $M(\rho_0, \theta_0)$, 且极轴到此直线的角为 α, 如图 1.29. 由正弦定理

知 $\dfrac{OP}{\sin\angle OMP}=\dfrac{OM}{\sin\angle OPM}$. 因此, 直线的极坐标方程还可写为

$$\rho\sin(\theta-\alpha)=\rho_0\sin(\theta_0-\alpha).$$

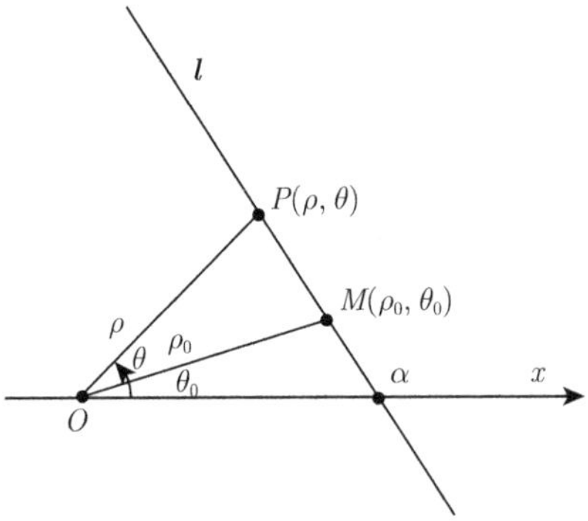

图 1.29　极坐标下的直线

特别地, 当 $\theta=\alpha(\rho\geqslant 0)$ 表示以极点为起点的一条射线; $\theta=\alpha(\rho\in\mathbb{R})$ 表示过极点的一条直线; 过点 $A(a,0)(a>0)$, 且垂直于极轴的直线 l 的极坐标方程 $\rho\cos\theta=a$ (表 1.2).

表 1.2　直线与圆的极坐标方程

曲线	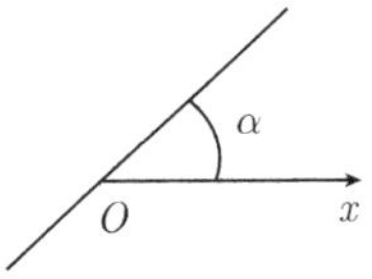	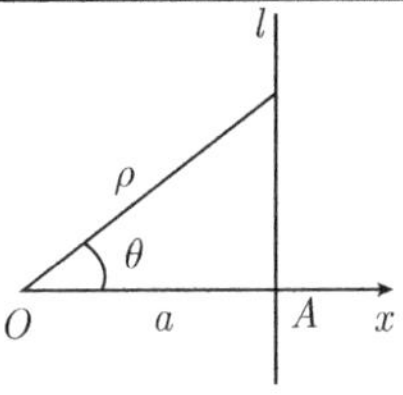	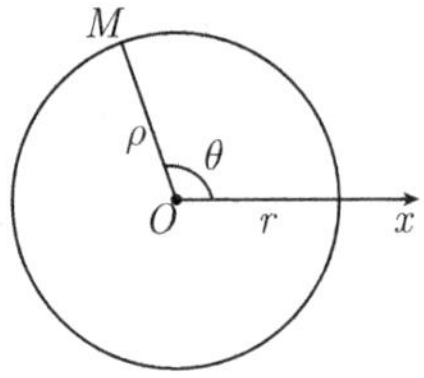	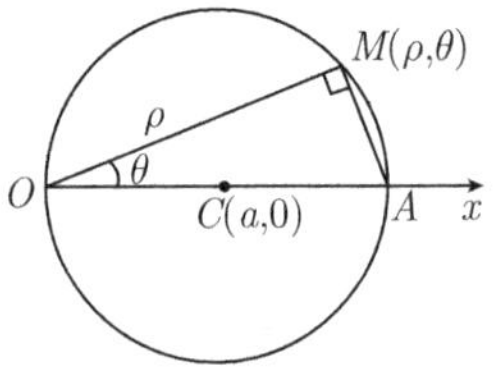
方程	$\theta=\alpha(\rho\in\mathbf{R})$	$\rho\cos\theta=a(a>0)$	$\rho=r$	$\rho=2a\cos\theta$

(2) 圆

以极点为圆心, r 为半径的圆的极坐标方程是 $\rho=r$;

设圆心的极坐标为 $M(\rho_0,\theta_0)$, 圆的半径为 r, 如图 1.30. 由余弦定理知 $|\overrightarrow{MP}|^2=|\overrightarrow{OM}|^2+|\overrightarrow{OP}|^2-2|\overrightarrow{OM}||\overrightarrow{OP}|\cos\angle POM$. 故圆的极坐标方程可写为

$$\rho^2-2\rho_0\rho\cos(\theta-\theta_0)+\rho_0^2-r^2=0.$$

特别地, 以极点为圆心, 半径为 r 的圆的极坐标方程是 $\rho=r$; 以点 $C(a,0)(a>0)$ 为圆心, a 为半径的圆的极坐标方程是 $\rho=2a\cos\theta$.

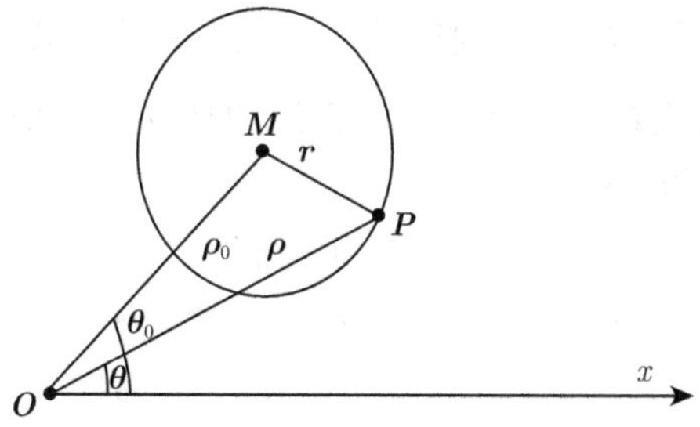

图 1.30　极坐标下的圆

(3) 圆锥曲线(conic section)

在数学中, 圆锥曲线是一条平面曲线. 圆锥曲线的三种类型为双曲线, 抛物线和椭圆. 圆形可看成椭圆的特殊情况. 从几何的角度, 圆锥曲线是一个平面与二次锥面的交线. 从代数的角度, 圆锥曲线的方程是一个二元二次方程. 从焦点 —— 准线的观点, 圆锥曲线 (双曲线, 抛物线和椭圆) 可统一定义为: 与一个定点 (焦点) 的距离和一条定直线 (准线) 的距离之比等于常数 e 的点的轨迹. 在极坐标系中, 圆锥曲线有一个焦点在极点, 如果有另一个焦点的话它在极轴上, 圆锥曲线的方程为

$$\rho=\frac{ep}{1-e\cos\theta},$$

其中 e 叫离心率, p 为焦点到准线的距离. 当 $e=0$ 时, 方程表示极点; 当 $0<e<1$ 时, 方程表示椭圆; 当 $e=1$ 时, 表示抛物线; 当 $e>1$ 时, 表示双曲线, 若 $\rho>0$, 方程只表示双曲线右支, 若允许 $\rho<0$, 方程就表示整个双曲线.

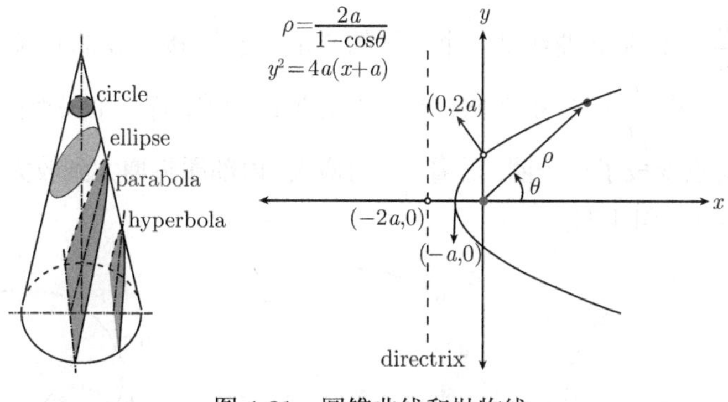

图 1.31　圆锥曲线和抛物线

(4) 玫瑰曲线 (rose curve)

玫瑰曲线的极坐标方程 $\rho=\cos(k\theta)$ 或 $\rho=\sin(k\theta)$, 其中 $k=\dfrac{n}{d}$. 玫瑰线的形态由参数值 k 确定, 包括花瓣数和曲线闭合周期. 考虑方程 $\rho=\sin(k\theta)$. 当 k 为整数时, 如果 k 是奇数, 那么玫瑰线的花瓣数是 k, 闭合周期是 π; 当 k 是偶数的

时候, 玫瑰线的花瓣数是 $2k$, 闭合周期是 2π. 当 $k=\dfrac{n}{d}$ 为既约分数时, 如果 n 或 d 中有一个是偶数时, 那么花瓣数是 $2n$, 闭合周期是 $2d\pi$; 如果 n 和 d 都是奇数时, 花瓣数为 n, 闭合周期为 $d\pi$.

图 1.32　玫瑰曲线

(5) 蚶线 (limacon)

蚶线通常是一种的心形, 它由在定圆外滚动的动圆 (半径与定圆相同) 的直径所在直线上的点的轨迹形成. 蚶线的极坐标方程 $\rho=a+b\cos\theta$. 曲线的形状由 $\dfrac{b}{a}$ 确定. 如果 $\dfrac{b}{a}<1$, 那么曲线是一个平滑的心形, 当 $\dfrac{b}{a}$ 接近 0 的时候, 曲线的形状将近似圆形; 如果 $\dfrac{b}{a}=1$, 那么曲线是一个心形的形状, 有一个尖点; 如果 $\dfrac{b}{a}>1$, 那么曲线中尖点变成了一个圈, 随着 $\dfrac{b}{a}$ 的增大, 内部圈将增大到较大外圈的大小, 曲线将近似圆形 (图 1.33).

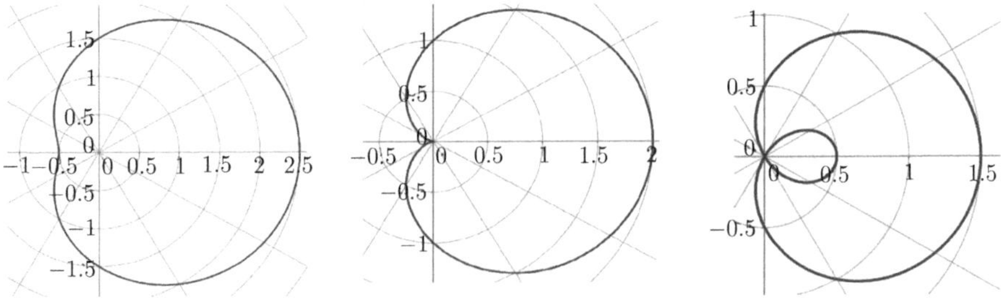

$\rho=1.5+\cos\theta$　　$\rho=1+\cos\theta$　　$\rho=0.5+\cos\theta$

图 1.33　蚶线

(6) 螺线

阿基米德螺线(**Archimedean spiral**)的极坐标方程为 $\rho = a\theta + b$, 其中 a, b 为实数. 连续的线圈之间的距离为一个恒定值 $2\pi a$. 当 $a > 0$ 时, 所对图形的螺旋呈逆时针方向, 当 $a < 0$ 时, 所对图形的螺旋呈顺时针方向. 且旋转的方向都朝外.

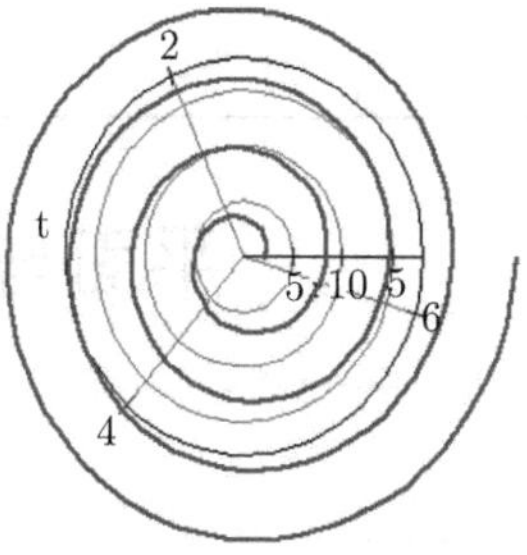

$\rho = \theta + 2 (0 < t < 8\pi)$

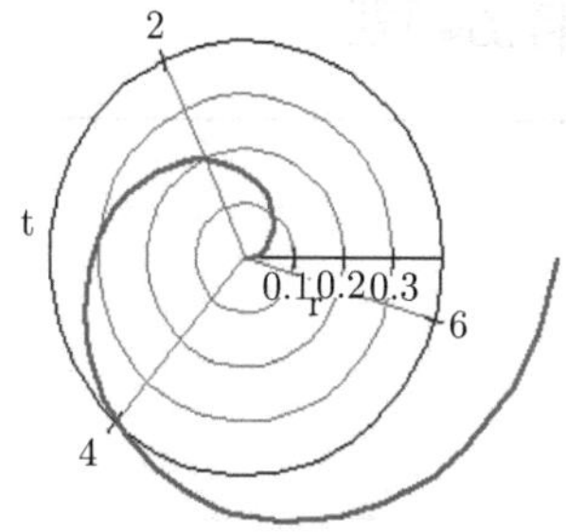

$\rho = 0.1\theta$

图 1.34 阿基米德螺线

与阿基米德螺线相似的是对数螺线, 它的极坐标方程为 $\rho = ab^{\theta}\,(a > 0, b > 1)$, 对数螺旋的连续线圈之间的距离不像阿基米德螺旋一样恒定. 随着螺旋的增大, 连续线圈之间的距离就更大. 在自然界, 你可能已经注意到一些海洋生物的贝壳形状像对数螺旋, 尤其是鹦鹉螺.

(7) 卡西尼卵形线卡西尼卵形线方程为 $\rho^4 + a^4 - 2\rho^2 a^2 \cos(2\theta) = b^4$, 它的特例双纽线 (伯努利双纽线) 方程为 $\rho^2 = 2a^2\cos(2\theta)$.

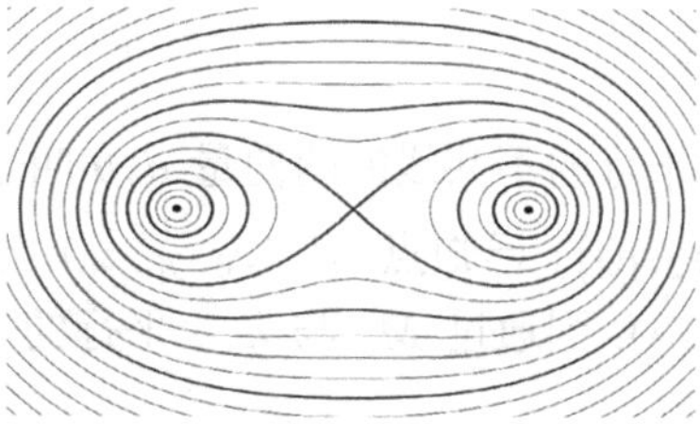

图 1.35 卡西尼卵形线 $b = 0.6a, 0.8a, a, 1.2a, 1.4a, 1.6a$

第2章

平面与直线

平面 (plane) 和直线 (line) 是空间中最简单的二维曲面和一维曲线. 本章用向量法和坐标法, 通过共面和共线的特征, 分别建立平面和直线方程, 并研究它们之间的位置关系与度量关系.

2.1 平面方程

2.1.1 平面的点位式方程

定义 2.1.1 与平面平行的不共线的两向量 $\boldsymbol{a}, \boldsymbol{b}$ 叫平面的一组**方位向量**.

取仿射标架 $\{O; \boldsymbol{e}_1, \boldsymbol{e}_2, \boldsymbol{e}_3\}$, 已知点 $M_0(x_0, y_0, z_0)$ 与两个不共线的向量 $\boldsymbol{a} = (X_1, Y_1, Z_1)$, $\boldsymbol{b} = (X_2, Y_2, Z_2)$, 则通过 M_0 与 $\boldsymbol{a}, \boldsymbol{b}$ 平行的平面 Π 就唯一被确定, 下求平面 Π 的方程.

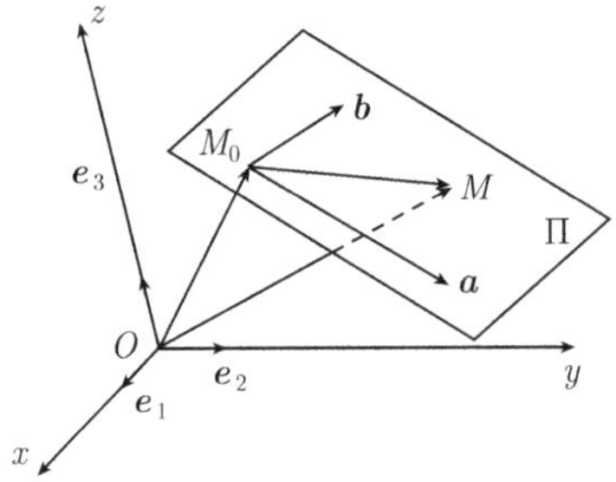

图 2.1

任取一点 $M(x, y, z) \in \Pi$(图 2.1), 于是三向量 $\overrightarrow{M_0M}, \boldsymbol{a}, \boldsymbol{b}$ 共面. 又 $\boldsymbol{a}, \boldsymbol{b}$ 不共线, 共面的条件可写成 $\overrightarrow{M_0M} = u\boldsymbol{a} + v\boldsymbol{b}$, 而 $\overrightarrow{M_0M} = \overrightarrow{OM} - \overrightarrow{OM_0}$, 上式改写成

$$\overrightarrow{OM} = \overrightarrow{OM_0} + u\boldsymbol{a} + v\boldsymbol{b},$$

该方程称为平面 Π 的**点位式向量参数方程**, 其中 u, v 为参数.

代入坐标得

$$\begin{cases} x = x_0 + X_1 u + X_2 v, \\ y = y_0 + Y_1 u + Y_2 v, \\ z = z_0 + Z_1 u + Z_2 v, \end{cases}$$

此方程称为平面 Π 的**点位式坐标参数方程**.

2.1.2 平面的一般方程

由三向量共面当且仅当其混合积为零, 由推论 1.6.1, 平面 Π 的方程还可表示为

$$(\overrightarrow{M_0M}, \boldsymbol{a}, \boldsymbol{b}) = \begin{vmatrix} x - x_0 & y - y_0 & z - z_0 \\ X_1 & Y_1 & Z_1 \\ X_2 & Y_2 & Z_2 \end{vmatrix} = 0,$$

展开得

$$Ax + By + Cz + D = 0. \tag{2.1.1}$$

其中 $A = \begin{vmatrix} Y_1 & Z_1 \\ Y_2 & Z_2 \end{vmatrix}, B = \begin{vmatrix} Z_1 & X_1 \\ Z_2 & X_2 \end{vmatrix}, C = \begin{vmatrix} X_1 & Y_1 \\ X_2 & Y_2 \end{vmatrix}, D = -(Ax_0 + By_0 + Cz_0)$, 方程 (2.1.1) 称为**平面的一般方程**.

由于 $\boldsymbol{a} = (X_1, Y_1, Z_1)$ 与 $\boldsymbol{b} = (X_2, Y_2, Z_2)$ 不共线, 因此 A, B, C 不全为零, 这说明空间任一平面都可用三元一次方程来表示.

命题 2.1.1 在仿射坐标系下, 向量 $\boldsymbol{v} = (X, Y, Z) // \Pi \Leftrightarrow AX + BY + CZ = 0$.

证 由于 $\boldsymbol{v}, \boldsymbol{a}, \boldsymbol{b}$ 共面, 根据推论 1.6.1 直接可得.

在直角坐标系下, 由于 $\boldsymbol{a} \times \boldsymbol{b} = (A, B, C)$, 于是向量 (A, B, C) 垂直于平面 Π 的方位向量.

定理 2.1.1 空间取定一个仿射标架, 则任一平面的方程是三元一次方程; 反过来, 任意一个三元一次方程都表示一个平面.

证 定理前半部分结论由平面一般方程直接可得, 现证后半部分. 任给一个三元一次方程 (2.1.1), 不妨设 $A \neq 0$, 取点 $M_0\left(-\dfrac{D}{A}, 0, 0\right)$, 取不共线的两个向量 $\boldsymbol{a} = (B, -A, 0)$ 和 $\boldsymbol{b} = (C, 0, -A)$, 那么由点 M_0 和两个不共线的向量 $\boldsymbol{a}, \boldsymbol{b}$ 所决定的平面为

$$\begin{vmatrix} x + \dfrac{D}{A} & y & z \\ B & -A & 0 \\ C & 0 & -A \end{vmatrix} = A^2\left(x + \frac{D}{A}\right) + ABy + ACz = 0, \quad A \neq 0.$$

即是方程 (2.1.1), 说明它表示一个平面.

例 2.1.1　在右手直角坐标系下, 求通过不共线的三点 $M_1(x_1, y_1, z_1)$, $M_2(x_2, y_2, z_2)$ 和 $M_3(x_3, y_3, z_3)$ 的平面方程.

解　已知平面 Π 上不共线三点 $M_i(i=1,2,3)$, 取 $\overrightarrow{M_1M_2}, \overrightarrow{M_1M_3}$ 为方位向量, 得平面方程为

$$\begin{vmatrix} x-x_1 & y-y_1 & z-z_1 \\ x_2-x_1 & y_2-y_1 & z_2-z_1 \\ x_3-x_1 & y_3-y_1 & z_3-z_1 \end{vmatrix}=0.$$

特别地, 若 $M_i(i=1,2,3)$ 是 Π 与坐标轴的交点, 即 $M_1(a,0,0)$, $M_2(0,b,0)$, $M_3(0,0,c)$, 其中 $abc \neq 0$, 则平面的方程可化简

$$\frac{x}{a}+\frac{y}{b}+\frac{z}{c}=1,$$

此方程称为平面的**截距式方程**, 其中 a, b, c 称为平面在三坐标轴上的截距.

例 2.1.2　在右手直角坐标系下, 求经过两点 $M_1(2,-1,1), M_2(3,-2,1)$ 且平行于 z 轴的平面的方程.

解法 1　所求的平面过点 M_1 且平行于 $\overrightarrow{M_2M_1}=\{-1,1,0\}$ 和 $\boldsymbol{e}_3=(0,0,1)$, 故所求平面方程为

$$\begin{vmatrix} x-2 & y+1 & z-1 \\ -1 & 1 & 0 \\ 0 & 0 & 1 \end{vmatrix}=0,$$

即 $x+y-1=0$.

讨论　平面平行于 x 轴、y 轴、z 轴的充要条件是什么, 平面通过原点的充要条件是什么?

解法 2　设所求平面的方程为 $Ax+By+D=0$, 因为 M_1, M_2 在平面上, 所以 M_1, M_2 的坐标满足上述方程. 故有

$$\begin{cases} 2A-B+D=0, \\ 3A-2B+D=0, \end{cases}$$

由此得 $A=B=-D$. 因此所求的方程为 $x+y-1=0$.

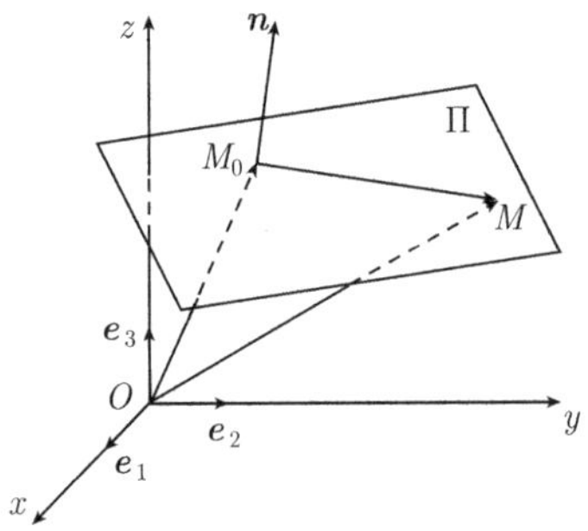

图 2.2

2.1.3　平面的点法式方程

如图 2.2 所示, 取空间右手直角坐标系, 已知 $M_0(x_0, y_0, z_0)$ 和非零向量 $\boldsymbol{n}(A,B,C)$, 则过 M_0 且与 $\boldsymbol{n}$ 垂直的平面也被唯一确定, 称 $\boldsymbol{n}$ 为**平面的法向量**(normal vector). 下面求该平面的方程.

任取平面上一点 $M(x,y,z)$, 由 $\overrightarrow{M_0M}\perp \boldsymbol{n}$, 有 $\overrightarrow{M_0M}\cdot\boldsymbol{n}=0$, 则

$$A(x-x_0)+B(y-y_0)+C(z-z_0)=0,$$

该方程称为**平面的点法式方程**. 于是平面一般方程中的系数 A,B,C 有简明的几何意义, 它们就是该平面的某个法向量的分量.

注　平面的点法式方程与点位式方程的联系是, 平面两方位向量的外积可作为该平面的法向量.

例 2.1.3　已知两点 $M_1(1,-2,3)$ 与 $M_2(3,0,-1)$, 求线段 M_1M_2 的垂直平分面 Π 的方程.

解　因为向量 $\overrightarrow{M_1M_2}=(2,2,-4)=2(1,1,-2)$ 垂直于平面, 取平面的一个法向量为 $\boldsymbol{n}=(1,1,-2)$, 又平面 Π 通过线段 M_1M_2 的中点 $M_0(2,-1,1)$, 代入平面的点法式方程得

$$(x-2)+(y+1)-2(z-1)=0,$$

化简得 $x+y-2z+1=0$.

例 2.1.4　设平面 Π 不过原点 O, 求自原点指向该平面的单位法向量.

解　设平面 Π 的方程为 $Ax+By+Cz+D=0$, 那么, 它的单位法向量为 $\dfrac{\pm1}{\sqrt{A^2+B^2+C^2}}(A,B,C)$, 下面只需确定如何选取 “$\pm$”. 不妨设该平面方程中 $A\neq0$, 则点 $M_0\left(\dfrac{-D}{A},0,0\right)$ 在该平面上. 设自原点指向该平面的单位法向量为 $\boldsymbol{n}^0$, 则 $\angle(\boldsymbol{n}^0,\overrightarrow{OM}_0)\in\left[0,\dfrac{\pi}{2}\right)$, 于是 $\boldsymbol{n}^0\cdot\overrightarrow{OM}_0>0$, 再结合题意 $D\neq0$, 得

$$\boldsymbol{n}^0=\begin{cases}\dfrac{1}{\sqrt{A^2+B^2+C^2}}(A,B,C), & D<0,\\ \dfrac{-1}{\sqrt{A^2+B^2+C^2}}(A,B,C), & D>0.\end{cases}$$

讨论　确定平面有哪几种方式? 是否均可寻找一点和两个方位向量.

习　题

1. 在直角坐标系中, 求满足下面条件的平面.

(1) 过点 $(3,1,-2)$ 和 z 轴;　　(2) 过点 $(-1,-5,4)$ 且平行于平面 $3x-2y+5=0$;

(3) 过点 $M_1(3,-5,1)$ 和 $M_2(4,1,2)$ 且垂直于平面 $x-8y+3z-1=0$;

(4) 过点 $(1,0,-2)$ 并与平面 $\pi_1: 2x+y-z-2=0$ 和 $\pi_2: x-y-z-3=0$ 均垂直.

2. 已知四点 $A(5,1,3)$, $B(1,6,2)$, $C(5,0,4)$, $D(4,0,6)$. 求通过直线 AB 且平行于直线 CD 的平面, 并求通过直线 AB 且与 ΔABC 平面垂直的平面.

3. 化一般方程 $x+2y-z+4=0$ 为截距式与参数式方程.

2.2　直 线 方 程

2.2.1　直线的点向式方程

定义 2.2.1　取仿射标架 $\{O;\boldsymbol{e}_1,\boldsymbol{e}_2,\boldsymbol{e}_3\}$, 已知点 $M_0(x_0,y_0,z_0)$ 和非零向量 $\boldsymbol{v}=(X,Y,Z)$, 则过点 M_0 且平行于向量 $\boldsymbol{v}$ 的直线 $\boldsymbol{l}$ 被唯一确定. 向量 $\boldsymbol{v}$ 称为直线 l 的**方向向量**(direction vector).

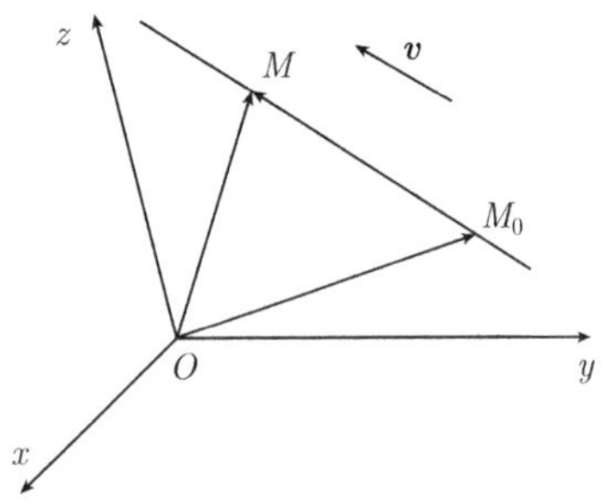

图 2.3

显然, 任一与直线 l 平行的非零向量均可作为直线 l 的方向向量, 下面建立直线 l 的方程.

如图 2.3 所示, 任取一点 $M(x,y,z)\in l$, 因 $\overrightarrow{M_0M}//\boldsymbol{v}$, 有 $\overrightarrow{M_0M}=t\boldsymbol{v},t\in\mathbf{R}$, 得到

$$\overrightarrow{OM}=\overrightarrow{OM_0}+tv,$$

该方程称为**直线的点向式向量参数方程**, 其中 t 为参数.

代入坐标得

$$\begin{cases}x=x_0+Xt,\\y=y_0+Yt,\\z=z_0+Zt,\end{cases}$$

该方程称为**直线的点向式坐标参数方程.**

消去参数, 就得**直线的点向式方程**(也称为**直线的标准方程**)

$$\frac{x-x_0}{X}=\frac{y-y_0}{Y}=\frac{z-z_0}{Z}.$$

注　(1) 若 X,Y,Z 中有一个为零, 如 $Z=0$, 标准方程则应理解为

$$\begin{cases}\dfrac{x-x_0}{X}=\dfrac{y-y_0}{Y},\\z-z_0=0;\end{cases}$$

(2) 若 X,Y,Z 中有两个为零, 如 $Y=0$, $Z=0$, 标准方程则应理解为

$$\begin{cases}y-y_0=0,\\z-z_0=0;\end{cases}$$

(3) 若向量 $\boldsymbol{v}$ 的方向角为 α,β,γ, 则其方向余弦为 $\cos\alpha,\cos\beta,\cos\gamma$, 此时直线的方向向量可取

$$\boldsymbol{v}=(\cos\alpha,\cos\beta,\cos\gamma).$$

例 2.2.1 求通过空间不同两点 $M_1(x_1,y_1,z_1)$ 和 $M_2(x_2,y_2,z_2)$ 的直线方程.

解 取 M_1 为定点, $\overrightarrow{M_1M_2}$ 为方向向量, 就得到直线的两点式方程

$$\frac{x-x_1}{x_2-x_1}=\frac{y-y_1}{y_2-y_1}=\frac{z-z_1}{z_2-z_1}.$$

2.2.2 直线的一般方程

空间直线 l 可看成两平面 π_1 和 π_2 的交线. 事实上, 若两个相交的平面 π_1 和 π_2 的方程分别为

$$\pi_1: A_1x+B_1y+C_1z+D_1=0,$$

$$\pi_2: A_2x+B_2y+C_2z+D_2=0,$$

那么空间直线 l 上的任何一点的坐标同时满足这两个平面方程, 即应满足方程组

$$\begin{cases} A_1x+B_1y+C_1z+D_1=0, \\ A_2x+B_2y+C_2z+D_2=0. \end{cases}$$

反过来, 如果点不在直线 l 上, 那么它的坐标不满足上述方程组. 因此, l 可用两平面方程的联立方程组表示, 该方程组称为**直线的一般方程**.

由于过空间一直线的平面有无限多个, 任选两个互异平面, 将它们的方程联立起来, 就可得到空间直线的一般方程.

下面讨论在直角坐标系下, 直线的标准方程和一般方程之间的互化.

例 2.2.2 将直线 l 的一般方程

$$\begin{cases} x+y+z+1=0, \\ 2x-y+3z+4=0 \end{cases}$$

化为标准方程和参数方程.

解法 1(取点和外积求直线的点向式方程) 令 $y=0$, 得一点 $M_0(1,0,-2)\in l$, 这两平面的法向量分别为 $\boldsymbol{n}_1=(1,1,1)$ 和 $\boldsymbol{n}_2=(2,-1,3)$. 取直线的一个方向向量为 $\boldsymbol{v}=\boldsymbol{n}_1\times\boldsymbol{n}_2=(4,-1,-3)$, 则该直线的点向式方程为

$$\frac{x-1}{4}=\frac{y}{-1}=\frac{z+2}{-3}.$$

令 $\dfrac{x-1}{4}=\dfrac{y}{-1}=\dfrac{z+2}{-3}=t$, 则得直线的参数方程为

$$\begin{cases} x=1+4t, \\ y=-t, \qquad (t\in\mathbf{R}) \\ z=-2-3t. \end{cases}$$

解法 2(消元法凑成直线的点向式方程)　从一般方程中消去 y, 得 $4z=-3x-5$. 求得 $3x+4z+5=0$, 消去 x 得 $-3y+z+2=0$, 求得 $z=3y-2$, 于是得

$$\frac{x+5/3}{-4}=\frac{y-2/3}{1}=\frac{z}{3}.$$

例 2.2.3　求点 $P(2,0,-1)$ 关于直线 $\begin{cases} x-y-4z+12=0, \\ 2x+y-2z+3=0 \end{cases}$ 的对称点.

解　取该直线的方向向量

$$\boldsymbol{v}=(1,-1,-4)\times(2,1,-2)=(6,-6,3)//(2,-2,1),$$

则过点 P 且垂直于已知直线的平面为 $2(x-2)-2y+(z+1)=0$, 即 $2x-2y+z-3=0$. 该平面与已知直线的交点为 $(1,1,3)$, 设 $P'(x,y,z)$ 为 P 的对称点, 则

$$1=\frac{2+x}{2},1=\frac{0+y}{2},3=\frac{-1+z}{2},$$

所以 $x=0,y=2,z=7$, 即 $P'(0,2,7)$.

讨论　在高中 $x+y=0$ 表示直线的方程, 而在本节中 $x+y=0$ 表示平行于 z 轴的平面方程, 为什么同一个方程表示不同对象?

习　　题

1. 求满足下列条件的直线.

(1) 过点 $M(2,-3,-5)$ 且与平面 $6x-3y-5z+2=0$ 垂直;

(2) 点 $M(1,0,-2)$ 且与两直线 $\dfrac{x-1}{1}=\dfrac{y}{1}=\dfrac{z+1}{-1}$ 和 $\dfrac{x}{1}=\dfrac{y-1}{-1}=\dfrac{z+1}{0}$ 都垂直;

(3) 过点 $M(1,-5,3)$ 且与 x,y,z 三轴分别成 $60^\circ,45^\circ,120^\circ$;

(4) 过点 $P(1,0,-2)$, 且与平面 $3x-y+2z-1=0$ 平行, 与直线 $\dfrac{x-1}{4}=\dfrac{y-3}{-2}=\dfrac{z}{1}$ 相交.

2. 化下列直线的一般方程为标准方程.

(1) $\begin{cases} 2x+y-z+1=0, \\ 3x-y-2z-3=0; \end{cases}$　　(2) $\begin{cases} x+z-6=0, \\ 2x-4y-z+6=0. \end{cases}$

3. 求满足下列条件的平面.

(1) 过点 $(-2,1,3)$, 且通过两平面 $2x-7y+4z-3=0$ 与 $3x-5y+4z+11=0$ 的交线;

(2) 过直线 $\begin{cases} 2x+y-2z+1=0, \\ x+2y-z-2=0, \end{cases}$ 且与平面 $x+y+z-1=0$ 垂直;

(3) 过直线 $\dfrac{x-1}{2}=\dfrac{y+2}{-3}=\dfrac{z-2}{2}$ 且与平面 $3x+2y-z-5=0$ 垂直;

(4) 过点 $(4,-1,2)$ 且与直线 $\dfrac{x-2}{-1}=\dfrac{y+4}{3}=\dfrac{z+1}{1}$ 垂直;

(5) 过直线 $\dfrac{x-2}{1}=\dfrac{y+3}{-5}=\dfrac{z+1}{-1}$ 且与直线 $\begin{cases}2x-y-z-3=0,\\ x+2y-z-5=0\end{cases}$ 平行的平面.

2.3 线、面间的位置关系

2.3.1 两平面的位置关系

空间两个平面的相关位置有三种情况: 相交、平行和重合.

在直角坐标系下, 设两平面的方程为

$$\pi_1:\ A_1x+B_1y+C_1z+D_1=0,$$

$$\pi_2:\ A_2x+B_2y+C_2z+D_2=0,$$

设它们的法向量分别为 $\boldsymbol{n}_1=(A_1,B_1,C_1)$ 和 $\boldsymbol{n}_2=(A_2,B_2,C_2)$.

两平面平行或相交决定于法向量是否共线, 如图 2.4 所示, 我们有下面的命题.

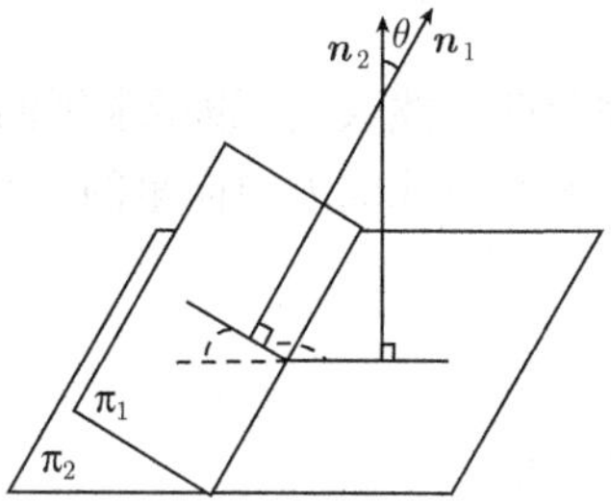

图 2.4

命题 2.3.1 给定空间平面 π_1 和 π_2, 则

(1) 平面 π_1 和 π_2 相交 $\Leftrightarrow \boldsymbol{n}_1 \not\parallel \boldsymbol{n}_2$;

(2) 平面 π_1 和 π_2平行 $\Leftrightarrow \dfrac{A_1}{A_2}=\dfrac{B_1}{B_2}=\dfrac{C_1}{C_2}\neq\dfrac{D_1}{D_2}$;

(3) 平面 π_1 和 π_2 重合 $\Leftrightarrow \dfrac{A_1}{A_2}=\dfrac{B_1}{B_2}=\dfrac{C_1}{C_2}=\dfrac{D_1}{D_2}$.

2.3.2 两直线的位置关系

空间两直线的相关位置有异面与共面两种情况, 共面时又有相交、平行和重合三种情形.

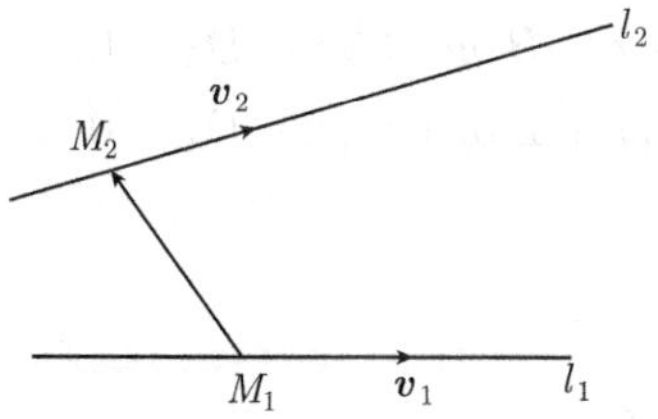

图 2.5

给定两直线

$$l_i:\dfrac{x-x_i}{X_i}=\dfrac{y-y_i}{Y_i}=\dfrac{z-z_i}{Z_i},\quad i=1,2,$$

直线 l_1 由点 $M_1(x_1,y_1,z_1)$ 和方向向量 $\boldsymbol{v}_1=(X_1,Y_1,Z_1)$ 决定; 直线 l_2 由点 $M_2(x_2,y_2,z_2)$ 和方向向量 $\boldsymbol{v}_2=(X_2,Y_2,Z_2)$ 决定. 如图 2.5 所示, 两直线的相关位置受三个向量 $\overrightarrow{M_1M_2},\boldsymbol{v}_1,\boldsymbol{v}_2$ 的位置关系所决定.

命题 2.3.2　给定空间直线 l_1 和 l_2, 则

(1) l_1 和 l_2 异面 $\Leftrightarrow \left(\overrightarrow{M_1M_2}, \boldsymbol{v}_1, \boldsymbol{v}_2\right) \neq 0$;

(2) l_1 和 l_2 相交 $\Leftrightarrow \left(\overrightarrow{M_1M_2}, \boldsymbol{v}_1, \boldsymbol{v}_2\right) = 0$ 且 $\boldsymbol{v}_1$ 和 $\boldsymbol{v}_2$ 不共线;

(3) l_1 和 l_2 平行 $\Leftrightarrow \boldsymbol{v}_1 // \boldsymbol{v}_2$, 但不与 $\overrightarrow{M_1M_2}$ 平行;

(4) l_1 和 l_2 重合 $\Leftrightarrow \boldsymbol{v}_1 // \boldsymbol{v}_2 // \overrightarrow{M_1M_2}$.

例 2.3.1　证明: 两直线 $\dfrac{x-1}{3} = \dfrac{y+2}{-3} = \dfrac{z-5}{4}$ 与 $\begin{cases} x = 3t+7, \\ y = 2t+2, \\ z = -2t+1 \end{cases}$ 共面, 并求通过这两条直线的平面方程.

解　因为点 $M_1(1,-2,5)$, $M_2(7,2,1)$ 与向量 $\boldsymbol{v}_1 = (3,-3,4)$ 和 $\boldsymbol{v}_2 = (3,2,-2)$ 分别为两直线上的点和方向向量, 又

$$\left(\overrightarrow{M_1M_2}, \boldsymbol{v}_1, \boldsymbol{v}_2\right) = \begin{vmatrix} 7-1 & 2+2 & 1-5 \\ 3 & -3 & 4 \\ 3 & 2 & -2 \end{vmatrix} = \begin{vmatrix} 6 & 4 & -4 \\ 3 & -3 & 4 \\ 3 & 2 & -2 \end{vmatrix} = 0,$$

因此两直线共面. 设所求平面为 $A(x-1)+B(y+2)+C(z-5)=0$, 根据平面的法向量和直线的方向向量的关系有

$$\begin{cases} 3A-3B+4C=0, \\ 3A+2B-2C=0. \end{cases}$$

从而取

$$(A,B,C)=(3,-3,4)\times(3,2,-2)=\left(\begin{vmatrix} -3 & 4 \\ 2 & -2 \end{vmatrix}, \begin{vmatrix} 4 & 3 \\ -2 & 3 \end{vmatrix}, \begin{vmatrix} 3 & -3 \\ 3 & 2 \end{vmatrix}\right)=(-2,18,15),$$

故所求平面方程为

$$-2(x-1)+18(y+2)+15(z-5)=0,$$

化简即为 $2x-18y-15z+37=0$.

例 2.3.2　设两直线

$$l_1: \begin{cases} A_1x+B_1y+C_1z+D_1=0, \\ A_2x+B_2y+C_2z+D_2=0 \end{cases} \quad 与 \quad l_2: \begin{cases} A_3x+B_3y+C_3z+D_3=0, \\ A_4x+B_4y+C_4z+D_4=0 \end{cases}$$

交于一点，证明:

$$\begin{vmatrix} A_1 & B_1 & C_1 & D_1 \\ A_2 & B_2 & C_2 & D_2 \\ A_3 & B_3 & C_3 & D_3 \\ A_4 & B_4 & C_4 & D_4 \end{vmatrix} = 0.$$

证 由于两直线 l_1, l_2 交于一点, 所以方程组

$$\begin{cases} A_1x + B_1y + C_1z + D_1 = 0, \\ A_2x + B_2y + C_2z + D_2 = 0, \\ A_3x + B_3y + C_3z + D_3 = 0, \\ A_4x + B_4y + C_4z + D_4 = 0 \end{cases}$$

有解 (x_0, y_0, z_0), 则齐次方程组

$$\begin{cases} A_1x + B_1y + C_1z + D_1w = 0, \\ A_2x + B_2y + C_2z + D_2w = 0, \\ A_3x + B_3y + C_3z + D_3w = 0, \\ A_4x + B_4y + C_4z + D_4w = 0 \end{cases}$$

有非零解 $(x_0, y_0, z_0, 1)$, 由齐次线性方程组有解的条件得到

$$\begin{vmatrix} A_1 & B_1 & C_1 & D_1 \\ A_2 & B_2 & C_2 & D_2 \\ A_3 & B_3 & C_3 & D_3 \\ A_4 & B_4 & C_4 & D_4 \end{vmatrix} = 0.$$

2.3.3 直线与平面的位置关系

直线与平面的相关位置有直线与平面相交, 直线与平面平行和直线在平面上三种情形.

在直角坐标系下, 设直线 l 与平面 Π 的方程分别为

$$l: \begin{cases} x = x_0 + tX, \\ y = y_0 + tY, \\ z = z_0 + tZ, \end{cases} \qquad \Pi: Ax + By + Cz + D = 0.$$

定理 2.3.1 给定直线 l 与平面 Π, l 的方向向量为 $\boldsymbol{v}$, $P_0(x_0, y_0, z_0) \in l$, 平面 Π 的法向量为 $\boldsymbol{n}$, 则

(1) 直线 l 与平面 Π 相交于一点 $\Leftrightarrow \boldsymbol{v} \cdot \boldsymbol{n} \neq 0$;

(2) 直线 l 与平面 Π 平行 $\Leftrightarrow \boldsymbol{v} \cdot \boldsymbol{n} = 0$ 且 $P_0(x_0, y_0, z_0) \notin \Pi$;

(3) 直线 l 在平面 Π 上 $\Leftrightarrow \boldsymbol{v} \cdot \boldsymbol{n} = 0$ 且 $P_0(x_0, y_0, z_0) \in \Pi$.

证 为了求解它们是否相交, 联立它们的方程, 将直线 l 方程代入平面方程

$$(AX + BY + CZ)t = -(Ax_0 + By_0 + Cz_0 + D),$$

当且仅当 $AX+BY+CZ\neq 0$ 时, 联立方程有唯一解

$$t=-\frac{Ax_0+By_0+Cz_0+D}{AX+BY+CZ},$$

这时直线 l 与平面 Π 有唯一公共点; 当且仅当

$$AX+BY+CZ=0$$

且

$$Ax_0+By_0+Cz_0+D\neq 0,$$

联立方程无解, 则直线 l 与平面 Π 没有公共点; 当且仅当

$$AX+BY+CZ=0$$

且

$$Ax_0+By_0+Cz_0+D=0,$$

联立方程有无数多解, 此时直线 l 落在平面 Π 上.

例 2.3.3　求通过点 $P(1,1,1)$ 且与两直线

$$l_1:\frac{x}{1}=\frac{y}{2}=\frac{z}{3},\quad l_2:\frac{x-1}{2}=\frac{y-2}{1}=\frac{z-3}{4}$$

都相交的直线方程.

解法 1(两直线共面求直线的点向式方程)　设所求直线 l 的一个方向向量为 $\boldsymbol{v}=(X,Y,Z)$, 又因为 $P(1,1,1)\in l$, 则直线 l 的方程为

$$\frac{x-1}{X}=\frac{y-1}{Y}=\frac{z-1}{Z}$$

注意到 $M_1(0,0,0)\in l_1$, $\boldsymbol{v}_1=(1,2,3)$ 为 l_1 的一个方向向量, $\overrightarrow{M_1P}=(1,1,1)$. 又因为 l 与 l_1 相交, 所以

$$\left(\overrightarrow{M_1P},\boldsymbol{v}_1,\boldsymbol{v}\right)=\begin{vmatrix}1&1&1\\1&2&3\\X&Y&Z\end{vmatrix}=0$$

且

$$X:Y:Z\neq 1:2:3,$$

即 $X-2Y+Z=0$ 且 $X:Y:Z\neq 1:2:3$. 同理, $M_2(1,2,3)\in l_2$, $\boldsymbol{v}_2=(2,1,4)$ 为 l_2 的一个方向向量, $\overrightarrow{M_2P}=(0,-1,-2)$. 因为 l 与 l_2 相交, 所以

$$\left(\overrightarrow{M_2P},\boldsymbol{v},\boldsymbol{v}_2\right)=\begin{vmatrix}0&-1&-2\\2&1&4\\X&Y&Z\end{vmatrix}=0$$

且

$$X:Y:Z\neq 2:1:4,$$

即 $X+2Y-Z=0$ 且 $X:Y:Z\neq 2:1:4$, 所以

$$\begin{cases} X-2Y+Z=0,\\ X+2Y-Z=0,\end{cases}$$

且

$$\begin{cases} X:Y:Z\neq 1:2:3,\\ X:Y:Z\neq 2:1:4.\end{cases}$$

解得

$$X:Y:Z=\begin{vmatrix}-2 & 1\\ 2 & -1\end{vmatrix}:\begin{vmatrix}1 & 1\\ -1 & 1\end{vmatrix}:\begin{vmatrix}1 & -2\\ 1 & 2\end{vmatrix}=0:2:4=0:1:2,$$

故所求直线为 $\dfrac{x-1}{0}=\dfrac{y-1}{1}=\dfrac{z-1}{2}$.

解法 2(构造两相交平面求直线的一般方程)　设所求直线为 l. 由题意, $P(1,1,1)\in l$, $P_1(0,0,0)\in l_1$, $\boldsymbol{v}_1=(1,2,3)//l_1$, $P_2(1,2,3)\in l_2$, $\boldsymbol{v}_2=(2,1,4)//l_2$. 设 l_1 与 l 决定的平面为 π_1, 取 $\boldsymbol{v}_1$ 与 $\overrightarrow{P_1P}$ 作为方位向量, 且 $P_1(0,0,0)\in l_1\subset\pi_1$, 故

$$\pi_1:\begin{vmatrix} x & y & z\\ 1 & 2 & 3\\ 1 & 1 & 1\end{vmatrix}=x-2y+z=0.$$

设 l_2 与 l 决定的平面为 π_2, 取 $\boldsymbol{v}_2$ 与 $\overrightarrow{P_2P}$ 作为方位向量, 且 $P(1,1,1)\in l_2\subset\pi_2$, 故

$$\pi_2:\begin{vmatrix} x-1 & y-1 & z-1\\ 2 & 1 & 4\\ 0 & -1 & -2\end{vmatrix}=x+2y-z-2=0.$$

因为 $1:(-2):1\neq 1:2:(-1)$, 所以 π_1 与 π_2 相交, 所以 l 的方程为

$$l:\begin{cases} x-2y+z-0,\\ x+2y-z-2=0.\end{cases}$$

例 2.3.4　求过点 $M_0(0,0,-2)$, 与平面 $\Pi:3x-y+2z-1=0$ 平行, 且与直线

$$l_1:\ \frac{x-1}{4}=\frac{y-3}{-2}=\frac{z}{1}$$

相交的直线 l 的方程.

解法 1(两直线共面求直线的点向式方程)　设 l 的一个方向向量为 $\boldsymbol{v}=(X,Y,Z)$, 由 $\boldsymbol{v}//\Pi$ 得 $3X-Y+2Z=0$. 又因为 l 过 $M_0(0,0,-2)$ 与 l_1 相交, 所以

$$\begin{vmatrix} 1-0 & 3-0 & 0-(-2) \\ 4 & -2 & 1 \\ X & Y & Z \end{vmatrix} = 7X + 7Y - 14Z = 0,$$

即 $X+Y-2Z=0$. 解得 $X:Y:Z=0:2:1$. 因此直线 l 的方程为 $\dfrac{x}{0}=\dfrac{y}{2}=\dfrac{z+2}{1}$.

解法 2(设交点求直线的两点式方程)　设 l 与 l_1 的交点为 $M_1(4t+1,-2t+3,t)$. 则

$$\overrightarrow{M_0M_1}=(4t+1,-2t+3,t+2)//\Pi.$$

所以 $3(4t+1)-(-2t+3)+2(t+2)=0$, 解得 $t=-\dfrac{1}{4}$, 故 $M_1\left(0,\dfrac{7}{2},-\dfrac{1}{4}\right)$. 取 l 的方向向量

$$\overrightarrow{M_0M_1}=\left(0,\frac{7}{2},\frac{7}{4}\right)//(0,2,1),$$

因此直线 l 方程为 $\dfrac{x}{0}=\dfrac{y}{2}=\dfrac{z+2}{1}$.

解法 3(构造两相交平面求直线的一般方程)　过点 $M_0(0,0,-2)$ 且平行于 $\Pi: 3x-y+2z-1=0$ 的平面

$$\pi_1: 3(x-0)-(y-0)+2(z+2)=3x-y+2z+4=0.$$

又由点 $M_0(0,0,-2)$ 和直线 l_1: $\dfrac{x-1}{4}=\dfrac{y-3}{-2}=\dfrac{z}{1}$ 确定的平面为

$$\pi_2: \begin{vmatrix} x & y & z+2 \\ 1 & 3 & 2 \\ 4 & -2 & 1 \end{vmatrix} = 7x+7y-14(z+2)=0,$$

即 $x+y-2z-4=0$. 所以直线 l 的方程为 $\begin{cases} 3x-y+2z+4=0, \\ x+y-2z-4=0. \end{cases}$

讨论　求解直线方程有哪些方法?

习　　题

1. 判断下列各对直线的位置关系.

(1) $\dfrac{x+1}{3}=\dfrac{y-1}{3}=\dfrac{z-2}{1}, \dfrac{x}{-1}=\dfrac{y-6}{2}=\dfrac{z+5}{3}$;

(2) $\begin{cases} x+y+z=0, \\ y+z+1=0; \end{cases}$ $\begin{cases} x+z+1=0, \\ x+y+1=0. \end{cases}$

2. 直线方程 $\begin{cases} A_1x+B_1y+C_1z+D_1=0, \\ A_2x+B_2y+C_2z+D_2=0 \end{cases}$ 的系数满足什么条件才能使

(1) 直线与 x 轴相交;　(2) 直线与 x 轴平行;　(3) 直线与 x 轴重合.

3. 判别下列直线与平面的相关位置关系.

(1) $\frac{x}{3}=\frac{y}{-2}=\frac{z}{7}$ 与 $3x-2y+7z=8$;

(2) $\begin{cases}5x-3y+2z-5=0,\\2x-y-z-1=0\end{cases}$ 与 $4x-3y+7z-7=0$;

(3) 直线 $\begin{cases}x=t,\\y=-2t+9,\\z=9t-4\end{cases}$ 与 $3x-4y+7z=0$.

4. 确定直线 $\begin{cases}A_1x+B_1y+C_1z=0,\\A_2x+B_2y+C_2z=0\end{cases}$ 和平面 $(A_1+A_2)x+(B_1+B_2)y+(C_1+C_2)z=0$ 的相互位置.

5. 确定 k,m 的值, 使

(1) 直线 $\frac{x-1}{4}=\frac{y+2}{3}=\frac{z}{1}$ 与平面 $kx+3y-5z+1=0$ 平行;

(2) 直线 $\begin{cases}x=2t+2,\\y=-4t-5,\\z=3t-1\end{cases}$ 与平面 $kx+my+6z-7=0$ 垂直.

6. 求与直线 $l_1: \frac{x+2}{8}=\frac{y+1}{7}=\frac{z}{1}$ 平行, 且与两直线 $l_2: \frac{x+13}{2}=\frac{y-5}{3}=\frac{z}{1}$ 和 $l_3: \frac{x-10}{5}=\frac{y+7}{4}=\frac{z}{1}$ 都相交的直线.

7. 求过点 $M_0(4,0,-1)$ 且与两直线 $l_1: \frac{x-1}{2}=\frac{y+3}{4}=\frac{z-5}{5}$ 和 $l_2: \frac{x}{5}=\frac{y-2}{-1}=\frac{z+1}{2}$ 都相交的直线.

8. 在直角坐标系中, 已知平面 $\Pi: 2x+y-3z+1=0$ 和直线 $l': \frac{x}{1}=\frac{y+5}{5}=\frac{z+2}{3}$, 求一直线 l 同时满足: (1) 落在 Π 上; (2) 通过 l' 与 Π 的交点; (3) 与 l' 垂直.

9. 一直线在平面 $x+y+z=1$ 上, 且与直线 $\begin{cases}y=1,\\z=-1\end{cases}$ 垂直相交, 求它的方程.

10. 设 M_2 是点 $M_1(4,3,10)$ 关于 $l_0: \begin{cases}9x-2y-2z+1=0,\\4x-7y+4z-2=0\end{cases}$ 的对称点, 求过 M_2 且与 l_0 平行的直线.

11. 已知直线 $l_1: \begin{cases}cy+bz-bc=0,\\x=0\end{cases}$ 与 $l_2: \begin{cases}ax-az-ac=0\\y=0\end{cases}$, 其中 $abc\neq 0$. 证明: l_1,l_2 为异面直线.

2.4 点、线、面间的距离

本节我们将在直角坐标系下, 进一步讨论点、直线、平面间的距离、夹角等度量关系.

2.4.1　点到直线的距离

定义 2.4.1　一点与空间直线上的点之间的最短距离叫做该**点到直线的距离**.

在空间直角坐标系下, 给定直线 l 和直线外一点 $M_0(x_0,y_0,z_0)$, $M_1(x_1,y_1,z_1)$ 为 l 上一点, $\boldsymbol{v}=(X,Y,Z)$ 为 l 的方向向量.

以向量 $\boldsymbol{v}$ 和 $\overrightarrow{M_1M_0}$ 为邻边构成的平行四边形的面积为 $\left|\boldsymbol{v}\times\overrightarrow{M_1M_0}\right|$. 显然, 点 M_0 到直线 l 的距离 d 就是该平行四边形的对应于以 $|\boldsymbol{v}|$ 为底的高, 如图 2.6 所示, 于是

$$d=\frac{\left|\boldsymbol{v}\times\overrightarrow{M_1M_0}\right|}{|\boldsymbol{v}|}$$

$$=\frac{\sqrt{\begin{vmatrix} y_0-y_1 & z_0-z_1 \\ Y & Z \end{vmatrix}^2+\begin{vmatrix} z_0-z_1 & x_0-x_1 \\ Z & X \end{vmatrix}^2+\begin{vmatrix} x_0-x_1 & y_0-y_1 \\ X & Y \end{vmatrix}^2}}{\sqrt{X^2+Y^2+Z^2}}.$$

2.4.2　点到平面的距离

定义 2.4.2　一点与平面的点之间的最短距离称为该**点到平面的距离** (distance from a point to a plane).

给定平面 Π 和平面外一点 M_0, 显然, 通过该点 M_0 向平面 Π 引垂线得垂足 Q, 该点到垂足的距离 $\left|\overrightarrow{QM_0}\right|$ 即为该点到平面的距离 (图 2.7). 设平面上任意点 P, 利用内积得到向量 $\left|\overrightarrow{PM_0}\right|$ 在平面 Π 的单位法向量 $\boldsymbol{n}^0$ 上的射影可以计算点面之间的距离.

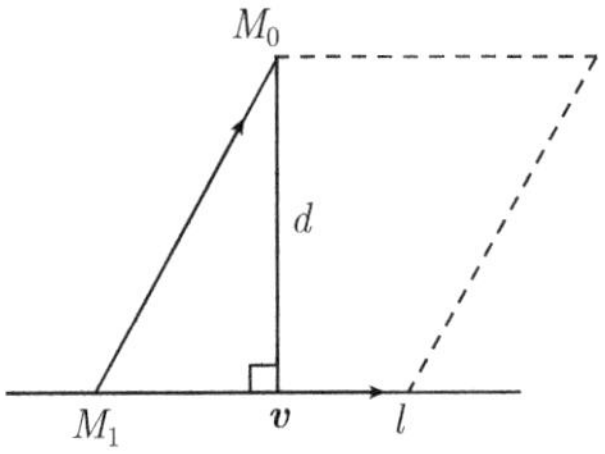

图 2.6

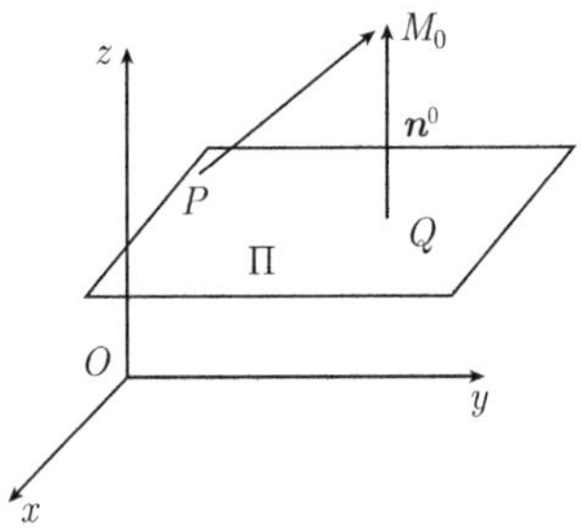

图 2.7

定理 2.4.1　点 $M_0(x_0,y_0,z_0)$ 到平面 $\Pi: Ax+By+Cz+D=0$ 的距离

$$d=\frac{|Ax_0+By_0+Cz_0+D|}{\sqrt{A^2+B^2+C^2}}.$$

证 设 $P(x,y,z)\in\Pi$, 则

$$
\begin{aligned}
d&=\left|\mathrm{prj}_{\boldsymbol{n}^0}\overrightarrow{PM_0}\right|=\left|\frac{1}{\sqrt{A^2+B^2+C^2}}(A,B,C)\cdot(x_0-x,y_0-y,z_0-z)\right|\\
&=\left|\frac{Ax_0+By_0+Cz_0-(Ax+By+Cz)}{\sqrt{A^2+B^2+C^2}}\right|\\
&=\frac{|Ax_0+By_0+Cz_0+D|}{\sqrt{A^2+B^2+C^2}}.
\end{aligned}
$$

2.4.3 两直线间的距离

定义 2.4.3 空间两直线上的点之间的最短距离叫做这**两条直线之间的距离**.

显然, 相交或重合的直线间的距离等于零, 两平行直线间的距离等于其中一直线上的任意一点到另一直线的距离. 下面讨论两条异面直线间的距离.

定义 2.4.4 与两条异面直线都垂直相交的直线叫**两异面直线的公垂线**. 公垂线夹在两异面直线间的线段叫**公垂线段**.

可证明两异面直线的公垂线存在且唯一 (留作习题).

引理 2.4.1 两异面直线间的距离等于它们公垂线段的长.

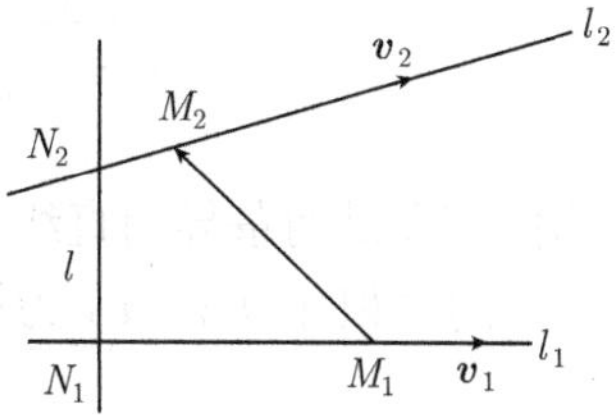

图 2.8

证 如图 2.8 所示, 设 l_1 和 l_2 与它们的公垂线 l 的交点分别为 N_1 和 N_2, 而 M_1 和 M_2 分别为 l_1 和 l_2 上任意的点, 由于向量 $\overrightarrow{M_1M_2}$ 在公垂线 l 上的投影向量为 $\overrightarrow{N_1N_2}$, 则

$$
\left|\overrightarrow{N_1N_2}\right|=\left|\mathrm{prj}_l\overrightarrow{M_1M_2}\right|=\left|\overrightarrow{M_1M_2}\right|\cos\angle(l,\overrightarrow{M_1M_2})\leqslant\left|\overrightarrow{M_1M_2}\right|.
$$

定理 2.4.2 设两异面直线 l_1 和 l_2 分别过点 $M_1(x_1,y_1,z_1)$ 和 $M_2(x_2,y_2,z_2)$, 方向向量分别为 $\boldsymbol{v}_1=(X_1,Y_1,Z_1)$ 和 $\boldsymbol{v}_2=(X_2,Y_2,Z_2)$. 则 l_1 和 l_2 之间的距离

$$
d=\left|\frac{\begin{vmatrix}x_2-x_1&y_2-y_1&z_2-z_1\\X_1&Y_1&Z_1\\X_2&Y_2&Z_2\end{vmatrix}}{\sqrt{\begin{vmatrix}Y_1&Z_1\\Y_2&Z_2\end{vmatrix}^2+\begin{vmatrix}Z_1&X_1\\Z_2&X_2\end{vmatrix}^2+\begin{vmatrix}X_1&Y_1\\X_2&Y_2\end{vmatrix}^2}}\right|.
$$

令 $\boldsymbol{v}_1\times\boldsymbol{v}_2=(X,Y,Z)$, 则 l_1 和 l_2 公垂线 l 的一般方程为

$$\begin{cases}\begin{vmatrix}x-x_1 & y-y_1 & z-z_1\\ X_1 & Y_1 & Z_1\\ X & Y & Z\end{vmatrix}=0,\\ \begin{vmatrix}x-x_2 & y-y_2 & z-z_2\\ X_2 & Y_2 & Z_2\\ X & Y & Z\end{vmatrix}=0.\end{cases}$$

证　如图 2.8 所示, 设 l_1 和 l_2 与它们的公垂线 l 的交点分别为 N_1 和 N_2, 则 l_1 和 l_2 之间的距离

$$\begin{aligned}d&=\left|\overrightarrow{N_2N_1}\right|=\left|\mathrm{prj}_l\overrightarrow{M_1M_2}\right|=\left|\mathrm{prj}_{\boldsymbol{v}_1\times\boldsymbol{v}_2}\overrightarrow{M_1M_2}\right|\\&=\frac{\left|(\overrightarrow{M_1M_2},\boldsymbol{v}_1,\boldsymbol{v}_2)\right|}{|\boldsymbol{v}_1\times\boldsymbol{v}_2|},\end{aligned}$$

其几何意义是两条异面直线 l_1 和 l_2 之间的距离等于以 $\overrightarrow{M_1M_2},\boldsymbol{v}_1,\boldsymbol{v}_2$ 为棱的平行六面体的体积除以 $\boldsymbol{v}_1,\boldsymbol{v}_2$ 为棱的平行四边形的面积 (图 2.9).

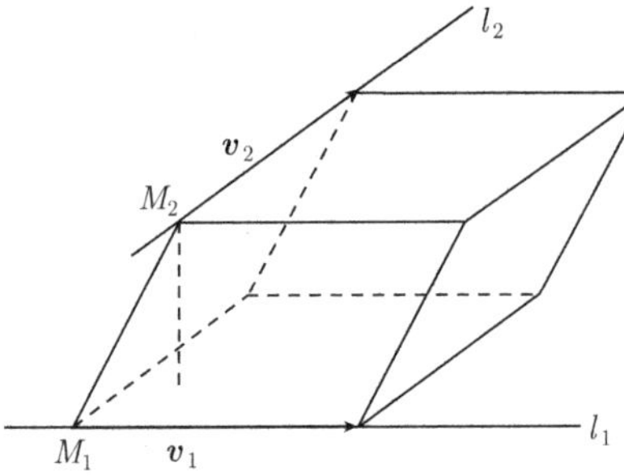

图 2.9

下面求两异面直线 l_1 和 l_2 的公垂线的方程.

如图 2.8 所示, 公垂线 l 的方向向量取 $\boldsymbol{v}_1\times\boldsymbol{v}_2=(X,Y,Z)$, 而公垂线 l 可看作两个平面的交线, 其中一个平面通过点 M_1, 以 $\boldsymbol{v}_1$ 和 $\boldsymbol{v}_1\times\boldsymbol{v}_2$ 为方位向量, 另一个平面通过点 M_2, 以 $\boldsymbol{v}_2$ 和 $\boldsymbol{v}_1\times\boldsymbol{v}_2$ 为方位向量. 因此可得公垂线的一般方程.

例 2.4.1　已知两直线

$$l_1:\frac{x}{1}=\frac{y}{-1}=\frac{z+1}{0},\ l_2:\frac{x-1}{1}=\frac{y-1}{1}=\frac{z-1}{0},$$

证明: l_1,l_2 为异面直线, 并求 l_1,l_2 间的距离与它们的公垂线.

解 (1) $M_1(0,0,-1)\in l_1$, $\boldsymbol{v}_1=(1,-1,0)$ 为 l_1 的一个方向向量, $M_2(1,1,1)\in l_2$, $\boldsymbol{v}_2=(1,1,0)$ 为 l_2 的一个方向向量, $\overrightarrow{M_1M_2}=(1,1,2)$. 因为 $\left|(\overrightarrow{M_1M_2},\boldsymbol{v}_1,\boldsymbol{v}_2)\right|=$ $\begin{vmatrix}1&1&2\\1&-1&0\\1&1&0\end{vmatrix}=4\neq 0$, 所以 l_1 与 l_2 为异面直线;

(2) 因为 $\boldsymbol{v}_1\times\boldsymbol{v}_2=(0,0,2)$, 则 $d=\dfrac{\left|(\overrightarrow{M_1M_2},\boldsymbol{v}_1,\boldsymbol{v}_2)\right|}{|\boldsymbol{v}_1\times\boldsymbol{v}_2|}=\dfrac{4}{2}=2$;

(3) 公垂线 l 的方程为

$$\begin{cases}\begin{vmatrix}x&y&z+1\\1&-1&0\\0&0&2\end{vmatrix}=0,\\[2ex]\begin{vmatrix}x-1&y-1&z-1\\1&1&0\\0&0&2\end{vmatrix}=0,\end{cases}$$

化简得 $x=0,y=0$, 即为 z 轴.

讨论 两平面之间的距离以及直线与平面之间的距离的定义和计算.

例 2.4.2 求两平面

$$\pi_1: 2x-2y+z-3=0,$$

$$\pi_2: 4x-4y+2z+5=0$$

之间的距离.

解 易见 π_1 平行于 π_2. 在 π_1 上任取一点, 求该点到 π_2 的距离即为二平面之间的距离.

在 π_1 的方程中, 令 $x=0,y=0$, 解得 $z=3$, 于是点 $P_1(0,0,3)\in\pi_1$. 用公式得点 P_1 到 π_2 的距离

$$d=\frac{|4\times 0-4\times 0+2\times 3+5|}{\sqrt{4^2+(-4)^2+2^2}}=\frac{11}{6},$$

这就是 π_1 与 π_2 的距离.

习 题

1. (1) 求点 $A(3,4,2)$ 到直线 $\dfrac{x-1}{6}=\dfrac{y-2}{6}=\dfrac{z-3}{7}$ 距离;

(2) 求点 $B(3,2,-1)$ 到直线 $\begin{cases} x+y+z-4=0, \\ 2x-y-z+1=0 \end{cases}$ 的距离.

2. 设从坐标原点到平面 $\dfrac{x}{a}+\dfrac{y}{b}+\dfrac{z}{c}=1$ 的距离为 p, 求证:$\dfrac{1}{a^2}+\dfrac{1}{b^2}+\dfrac{1}{c^2}=\dfrac{1}{p^2}$.

3. 求通过直线 $\dfrac{x+1}{0}=\dfrac{y+\frac{2}{3}}{2}=\dfrac{z}{-3}$ 且与点 $M(4,1,2)$ 距离等于 3 的平面.

4. 求下列各对直线之间的距离.

(1) $\dfrac{x+1}{-1}=\dfrac{y-1}{3}=\dfrac{z+5}{2}, \dfrac{x}{3}=\dfrac{y-6}{-9}=\dfrac{z+5}{-6}$;

(2) $\dfrac{x}{2}=\dfrac{y+2}{-2}=\dfrac{z-1}{-1}, \dfrac{x-1}{4}=\dfrac{y-3}{2}=\dfrac{z+1}{-1}$;

(3) $\begin{cases} x+y-z+1=0, \\ x+y=0 \end{cases}$ 与 $\begin{cases} x-2y+3z-6=0, \\ 2x-y+3z-6=0. \end{cases}$

5. 证明下列各对直线异面, 并求公垂线的方程和公垂线段的长.

(1) $x-1=\dfrac{y}{-3}=\dfrac{z}{3}$ 与 $\dfrac{x}{2}=\dfrac{y}{1}=\dfrac{z}{-2}$;

(2) $\dfrac{x+2}{1}=\dfrac{y}{0}=\dfrac{z-2}{-1}$ 与 $\dfrac{x-3}{1}=\dfrac{y+2}{5}=\dfrac{z-7}{1}$;

(3) $\begin{cases} x+y-1=0, \\ z=0 \end{cases}$ 与 $\begin{cases} x-z+1=0, \\ 2y+z-2=0. \end{cases}$

6. 已知平面 $\Pi: mx+my-nz-n=0$.

(1) 试说明无论 m,n 取何值, 平面 Π 总过一条定直线 l_1, 并证明点 $M_1(0,0,-1)$ 在直线 l_1 上;

(2) 写出直线 l_1 的标准方程, 并证明 l_1 与 $l_2: \dfrac{x-1}{1}=\dfrac{y-1}{1}=\dfrac{z-1}{0}$ 异面;

(3) 求 l_1 与 l_2 之间的距离 d 及公垂线 l 的方程.

7. 判定点 $M_1(1,-2,1)$ 和 $M_2(2,-3,1)$ 是否在平面 $\Pi: 3x-2y+z-4=0$ 的同侧.

8. 判别点 $M(2,-1,1)$ 和 $N(1,2,-3)$ 在由下列相交平面所构成的同一个二面角内, 还是在相邻二面角内, 或是在对顶的二面角内.

(1) $\pi_1: 3x-y+2z-3=0$ 与 $\pi_2: x-2y-z+4=0$;

(2) $\pi_1: 2x-y+5z-1=0$ 与 $\pi_2: 3x-2y+6z-1=0$.

9. 证明: 两异面直线 l_1, l_2 的公垂线存在唯一.

2.5　线、面间的夹角

两直线相交或异面, 直线与平面相交, 两平面相交都涉及角度问题, 均可利用向量的内积与其夹角的关系求得这些角度.

2.5.1　直线与直线的夹角

两条直线的夹角规定为它们的方向向量的夹角或其补角.

设直线 l_i 的方向向量为 $\boldsymbol{v}_i=(X_i,Y_i,Z_i)\,(i=1,2)$, 则 l_1 和 l_2 的夹角

$$\angle(l_1,\ l_2)=\angle(\boldsymbol{v}_1,\boldsymbol{v}_2)\ 或\ \pi-\angle(\boldsymbol{v}_1,\ \boldsymbol{v}_2).$$

这样 l_1 和 l_2 的夹角的余弦为

$$\cos\angle(l_1,\ l_2)=\pm\cos\angle(\boldsymbol{v}_1,\boldsymbol{v}_2)=\pm\frac{\boldsymbol{v}_1\cdot\boldsymbol{v}_2}{|\boldsymbol{v}_1|\,|\boldsymbol{v}_2|}=\pm\frac{X_1X_2+Y_1Y_2+Z_1Z_2}{\sqrt{X_1^2+Y_1^2+Z_1^2}\cdot\sqrt{X_2^2+Y_2^2+Z_2^2}}.$$

2.5.2 直线与平面的夹角

直线与平面的夹角规定为直线和它在平面上的射影所构成的夹角, 取值范围为 $\left[0,\dfrac{\pi}{2}\right]$.

设 $\boldsymbol{v}=(X,Y,Z)$ 是直线 l 的方向向量, $\boldsymbol{n}=(A,B,C)$ 是平面 Π 的法向量 (图 2.10), 令 $\angle(l,\Pi)=\varphi$, $\angle(\boldsymbol{v},\boldsymbol{n})=\theta$. 就有

$$\varphi=\begin{cases}\dfrac{\pi}{2}-\theta, & \theta\in\left[0,\dfrac{\pi}{2}\right];\\ \theta-\dfrac{\pi}{2}, & \theta\in\left(\dfrac{\pi}{2},\pi\right].\end{cases}$$

因而

$$\sin\varphi=|\cos\theta|=\frac{|\boldsymbol{n}\cdot\boldsymbol{v}|}{|\boldsymbol{n}|\cdot|\boldsymbol{v}|}=\frac{|AX+BY+CZ|}{\sqrt{A^2+B^2+C^2}\sqrt{X^2+Y^2+Z^2}}.$$

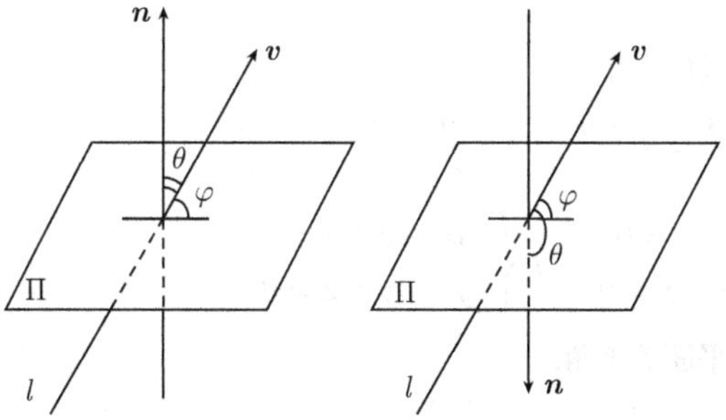

图 2.10

例 2.5.1 在直角坐标系中, 求平面 $\Pi: 2x+3y+z+1=0$ 与直线 $l:\begin{cases}x+y-z=0,\\2x-2y+3z-1=0\end{cases}$ 的夹角.

解 平面 Π 的一个法向量为 $\boldsymbol{n}=(2,3,1)$, l 的一个方向向量为

$$\boldsymbol{v}=\left(\begin{vmatrix}1&-1\\-2&3\end{vmatrix},-\begin{vmatrix}1&-1\\2&3\end{vmatrix},\begin{vmatrix}1&1\\2&-2\end{vmatrix}\right)=(1,-5,-4),$$

$$\sin\angle(l,\Pi)=\frac{|\boldsymbol{n}\cdot\boldsymbol{v}|}{|\boldsymbol{n}|\,|\boldsymbol{v}|}=\frac{17}{14\sqrt{3}}=\frac{17\sqrt{3}}{42},$$

所以

$$\angle(l,\Pi)=\arcsin\frac{17\sqrt{3}}{42}.$$

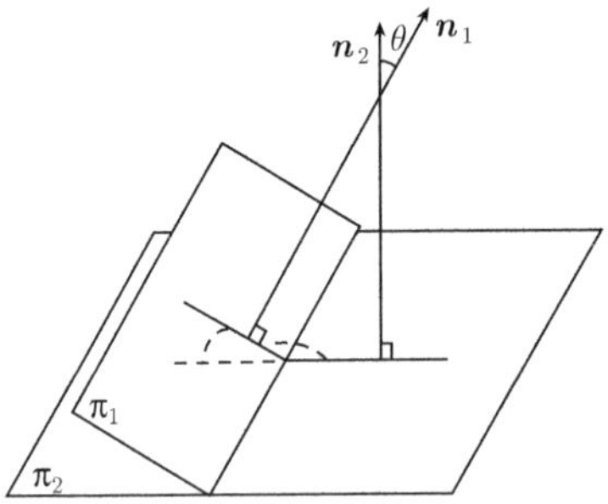

图 2.11

2.5.3　平面与平面的夹角

直角坐标系下, 两平面 π_1 与 π_2 的法向量分别为 $\boldsymbol{n}_1=(A_1,B_1,C_1)$; $\boldsymbol{n}_2=(A_2,B_2,C_2)$.

两平面 π_1 与 π_2 的二面角用 $\angle(\pi_1,\pi_2)$ 来表示, 两平面的法向量 $\boldsymbol{n}_1$ 与 $\boldsymbol{n}_2$ 的夹角记为 $\theta=\angle(\boldsymbol{n}_1,\boldsymbol{n}_2)$ (图 2.11), 显然有 $\angle(\pi_1,\pi_2)=\theta$ 或 $\pi-\theta$. 因此

$$\begin{aligned}\cos\angle(\pi_1,\pi_2)&=\pm\cos\theta=\pm\frac{\boldsymbol{n}_1\cdot\boldsymbol{n}_2}{|\boldsymbol{n}_1|\,|\boldsymbol{n}_2|}\\&=\pm\frac{A_1A_2+B_1B_2+C_1C_2}{\sqrt{A_1^2+B_1^2+C_1^2}\sqrt{A_2^2+B_2^2+C_2^2}}.\end{aligned}$$

习　　题

1. 求下列各对直线的夹角.

(1) $\dfrac{x-1}{-1}=\dfrac{y-3}{1}=\dfrac{z+4}{2}$ 与 $\dfrac{x-1}{-2}=\dfrac{y}{4}=\dfrac{z-1}{-3}$;

(2) $\begin{cases}x+y+z-1=0,\\x+y+2z+1=0\end{cases}$ 与 $\begin{cases}3x+y+1=0,\\y+3z+2=0.\end{cases}$

2. 求下列直线与平面的夹角.

(1) $l:\dfrac{x-1}{2}=\dfrac{y}{1}=\dfrac{z+1}{-1}$ 与 $\Pi:x-2y+4z-1=0$;

(2) $l:\begin{cases}x-y-z+2=0,\\2x-3y+3=0\end{cases}$ 与 $\Pi:2x-z+1=0$.

3. 验证直线 l: $\dfrac{x}{-1}=\dfrac{y-1}{1}=\dfrac{z-1}{2}$ 与平面 Π: $2x+y-z-3=0$ 相交, 并求出它们的交点和夹角.

4. 求下列各组平面的夹角.

(1) $x+y-11=0$, $3x+8=0$;

(2) $2x-3y+6z-12=0$, $x+2y+2z-7=0$.

2.6 平 面 束

定义 2.6.1 空间中过同一直线 l 的所有平面的集合称为**有轴平面束**(sheaf of planes), 如图 2.12 所示. l 称为这平面束的**轴**.

定义 2.6.2 空间中平行于一定平面的所有平面的集合称为**平行平面束**(parallel planes).

有轴和平行平面束统称为**平面束**.

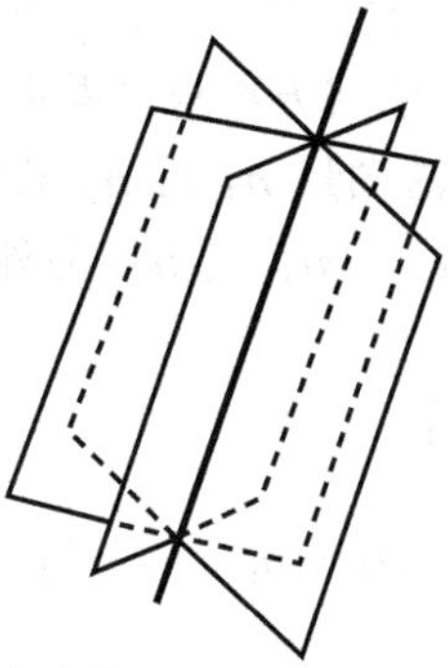

图 2.12 有轴平面束

定理 2.6.1 如果两个平面

$$\pi_1 : A_1x + B_1y + C_1z + D_1 = 0,$$

$$\pi_2 : A_2x + B_2y + C_2z + D_2 = 0$$

交于一条直线 l, 那么以直线 l 为轴的有轴平面束的方程是

$$\lambda(A_1x + B_1y + C_1z + D_1) + \mu(A_2x + B_2y + C_2z + D_2) = 0, \tag{2.6.1}$$

其中 λ 和 μ 是不全为零的任意实数.

证法 1 显然, 取 $\lambda = 1, \mu = 0$, 方程 (2.6.1) 即为 π_1; 取 $\lambda = 0, \mu = 1$, 方程 (2.6.1) 即为 π_2. 方程 (2.6.1) 表示过 l 的平面. 事实上, 方程 (2.6.1) 可改写为

$$(\lambda A_1 + \mu A_2)x + (\lambda B_1 + \mu B_2)y + (\lambda C_1 + \mu C_2)z + \lambda D_1 + \mu D_2 = 0.$$

上式中 x, y, z 的系数不全为零. 若不然, 则有

$$-\mu : \lambda = A_1 : A_2 = B_1 : B_2 = C_1 : C_2,$$

这与 π_1 和 π_2 相交矛盾.

一般地, 任取直线 l 外一点 $M_0(x_0, y_0, z_0)$, 则通过 l 且过 M_0 的平面设为方程 (2.6.1), 则有

$$\lambda(A_1x_0 + B_1y_0 + C_1z_0 + D_1) + \mu(A_2x_0 + B_2y_0 + C_2z_0 + D_2) = 0,$$

不妨取

$$\lambda = -(A_2x_0 + B_2y_0 + C_2z_0 + D_2), \mu = A_1x_0 + B_1y_0 + C_1z_0 + D_1.$$

因而过 l 的任一平面 Π, 均可表示为方程 (2.6.1) 形式.

证法 2 [1]　利用平面的点法式方程求平面束. 过交线 l 的任意平面设为 Π, 其法向量 $\boldsymbol{n}$ 与平面 π_1 与 π_2 的法向量 $\boldsymbol{n}_1$ 与 $\boldsymbol{n}_2$ 共面, 而 $\boldsymbol{n}_1$, $\boldsymbol{n}_2$ 不共线, 因此存在不全为 0 的实数 λ 和 μ 使得 $\boldsymbol{n} = \lambda\boldsymbol{n}_1 + \mu\boldsymbol{n}_2$; 另外, 任取一点 $M_0 \in l$, 由 $M_0 \in \Pi$ 得平面 Π 的方程为 (2.6.1).

命题 2.6.1　如果两个平面

$$\pi_1 : A_1x + B_1y + C_1z + D_1 = 0, \quad \pi_2 : A_2x + B_2y + C_2z + D_2 = 0$$

为平行平面, 即 $A_1 : A_2 = B_1 : B_2 = C_1 : C_2$, 那么方程

$$\lambda(A_1x + B_1y + C_1z + D_1) + \mu(A_2x + B_2y + C_2z + D_2) = 0$$

表示平行平面束, 平面束中任一平面都和平面 π_1 或 π_2 平行. 式中 λ 和 μ 是不全为零的任意实数, 且

$$-\mu : \lambda \neq A_1 : A_2 = B_1 : B_2 = C_1 : C_2.$$

推论 2.6.1　所有平行于平面 π: $Ax + By + Cz + D = 0$ 的平面方程可表为

$$Ax + By + Cz + \lambda = 0, \quad \lambda \in \mathbf{R}.$$

例 2.6.1　求通过直线 $\begin{cases} 2x + y - 2z + 1 = 0, \\ x + 2y - z - 2 = 0 \end{cases}$ 且与平面 $x + y + z - 1 = 0$ 垂直的平面方程.

解　设所求平面方程为

$$l(2x + y - 2z + 1) + m(x + 2y - z - 2) = 0,$$

即

$$(2l + m)x + (l + 2m)y + (-2l - m)z + (l - 2m) = 0.$$

因为所求平面与平面 $x+y+z-1=0$ 垂直, 从而两者的法向量垂直, 所以

$$(2l+m)\cdot 1+(l+2m)\cdot 1+(-2l-m)\cdot 1=0,$$

得 $l:m=2:-1$ 得, 所求平面方程为 $2(2x+y-2z+1)-(x+2y-z-2)=0$, 即

$$3x-3z+4=0.$$

例 2.6.2 求通过直线 $\begin{cases} x+5y+z=0, \\ x-z+4=0 \end{cases}$ 且与平面 $x-4y-8z+12=0$ 成 $\dfrac{\pi}{4}$ 角的平面.

解 设所求的平面为 $\mu(x+5y+z)+\lambda(x-z+4)=0$, 则

$$\pm\frac{(\mu+\lambda)+5\mu\times(-4)+(\mu-\lambda)\times(-8)}{\sqrt{(\mu+\lambda)^2+(5\mu)^2+(\mu-\lambda)^2}\sqrt{1^2+(-4)^2+(-8)^2}}=\frac{\sqrt{2}}{2}.$$

从而得 $\mu:\lambda=0:1$ 或 $-4:3$. 因此所求平面为

$$x-z+4=0 \text{ 或 } x+20y+7z-12=0.$$

例 2.6.3 求与平面 $3x+y-z+4=0$ 平行, 且在 z 轴的截距等于 -6 的平面的方程.

解 设所求的平面是

$$3x+y-z+t=0,$$

则由于点 $(0,0,-6)$ 在平面上, 得 $t=-6$, 因此所求的平面方程为 $3x+y-z-6=0$.

例 2.6.4 求通过直线 $l_1:\begin{cases} 3x-4y+5z-10=0, \\ 2x+2y-3z-4=0 \end{cases}$ 且与直线 $l_2: x=2y=3z$ 平行的平面方程.

解 通过直线 l_1 的平面方程可设为

$$\lambda(3x-4y+5z-10)+\mu(2x+2y-3z-4)=0,$$

由于平面与直线 l_2 平行, 所以

$$6(3\lambda+2\mu)+3(-4\lambda+2\mu)+2(5\lambda-3\mu)=0,$$

即

$$4\lambda+3\mu=0,$$

故平面方程为

$$x-20y+27z-14=0.$$

习　　题

1. 试证直线 $l:\dfrac{x-2}{-1}=\dfrac{y-1}{4}=\dfrac{z}{3}$ 在平面 $\Pi: 3x-3y+5z=3$ 上.

2. 求通过平面 $4x-y+3z-1=0$ 和 $x+5y-z+2=0$ 的交线且满足下列条件之一的平面.

(1) 与 y 轴平行;　　(2) 与平面 $2x-y+5z-3=0$ 垂直.

3. 求满足下列条件的平面.

(1) 过点 $P(2,0,-1)$, 且又通过直线 $\dfrac{x+1}{2}=\dfrac{y}{-1}=\dfrac{z-2}{3}$;

(2) 通过直线 $\dfrac{x-2}{1}=\dfrac{y+3}{-5}=\dfrac{z+1}{-1}$ 且与直线 $\begin{cases}2x-y-z-3=0,\\ x+2y-z-5=0\end{cases}$ 平行;

(3) 通过直线 $\dfrac{x-1}{2}=\dfrac{y+2}{-3}=\dfrac{z-2}{2}$ 且与平面 $3x+2y-z-5=0$ 垂直.

4. 求与平面 $x-2y+3z-4=0$ 平行且满足下列条件之一的平面.

(1) y 轴上截距为 -3;　　(2) 原点距离为 1.

5. 设一平面与平面 $x+3y+2z=0$ 平行, 且与三坐标平面围成的四面体体积为 6, 求这平面的方程.

6. 求平面束 $(x+3y-5)+\lambda(x-y-2z+4)=0$ 在 x,y 两轴上截距相等的平面.

7. 求通过直线 $\dfrac{x+1}{0}=\dfrac{y+2}{2}=\dfrac{z}{-3}$ 且与点 $P(4,1,2)$ 的距离等于 3 的平面.

8. 求直线 $l_1:\begin{cases}2x-4y+z=0,\\ 3x-y-9=0\end{cases}$ 在平面 $\Pi: 4x-y+z=1$ 内的射影直线的方程.

9. 设两直线

$$l_1:\begin{cases}A_1x+B_1y+C_1z+D_1=0,\\ A_2x+B_2y+C_2z+D_2=0\end{cases}\quad 与\ l_2:\begin{cases}A_3x+B_3y+C_3z+D_3=0,\\ A_4x+B_4y+C_4z+D_4=0\end{cases}$$

共面, 证明:

$$\begin{vmatrix}A_1 & B_1 & C_1 & D_1\\ A_2 & B_2 & C_2 & D_2\\ A_3 & B_3 & C_3 & D_3\\ A_4 & B_4 & C_4 & D_4\end{vmatrix}=0.$$

阅读材料：几何学*

数学发展到现在, 已经成为科学世界中拥有 100 多个主要分支学科的庞大的“共和国”. 大体说来, 数学中研究数的部分属于代数学的范畴; 研究形的部分, 属于几何学的范畴; 沟通形与数且涉及极限运算的部分, 属于分析学的范围, 这三大类数学构成了整个数学的本体与核心. 在这一核心的周围, 由于数学通过数与形这两

* 摘自：卢介景编著. 数学史海揽胜. 北京：煤炭工业出版社. 1989 年 3 月.

个概念, 与其他科学互相渗透, 而出现了许多边缘学科和交叉学科. 本节简要介绍数学三大核心领域中几何学分支的有关历史发展情况.

初等几何

在希腊语中, “几何学” 是由 “地” 与 “测量” 合并而来的, 本来有测量土地的含义, 意译就是 “测地术”. “几何学” 这个名词, 系我国明代数学家根据读音译出的, 沿用至今.

现在的初等几何主要是指欧几里得几何, 它是讨论图形 (点、线、面、角、圆等) 在运动下的不变性质的科学. 例如, 欧氏几何中的两点之间的距离, 两条直线相交的夹角大小, 半径是 r 的某一圆的面积等都是一些运动不变量.

初等几何作为一门课程来讲, 安排在初等代数之后; 然而在历史上, 几何学的发展曾优先于代数学, 它主要被认为是古希腊人的贡献.

几何学舍弃了物质所有的其他性质, 只保留了空间形式和关系作为自己研究的对象, 因此它是抽象的. 这种抽象决定了几何的思维方法, 就是必须用推理的方法, 从一些结论导出另一些新结论. 定理是用演绎的方式来证明的, 这种论证几何学的代表作, 便是公元前 3 世纪欧几里得的《原本》, 它从定义与公理出发, 演绎出各种几何定理.

现在中学《平面三角》中关于三角函数的理论是 15 世纪才发展完善起来的, 但是它的一些最基本的概念, 却早在古代研究直角三角形时便已形成. 因此, 可把三角学划在初等几何这一标题下.

古代埃及、巴比伦、中国、希腊都研究过有关球面三角的知识. 公元前 2 世纪, 希帕恰斯制作了弦表, 可以说是三角的创始人. 后来印度人制作了正弦表; 阿拉伯的阿尔 · 巴塔尼用计算 $\sin\theta$ 值的方法来解方程, 他还与阿布尔 · 沃法共同导出了正切、余切、正割、余割的概念; 赖蒂库斯作了较精确的正弦表, 并把三角函数与圆弧联系起来.

由于直角三角形是最简单的直线形, 又具有很重要的实用价值, 所以各文明古国都极重视它的研究. 我国《周髀算经》一开始就记载了周朝初年 (约公元前 1100 年) 的周公与学者商高的对话, 其中就谈到 “勾三股四弦五”, 即勾股定理的特殊形式; 还记载了在周公之后的陈子, 曾用勾股定理和相似图形的比例关系, 推算过地球与太阳的距离和太阳的直径, 同时为勾股定理作的图注达几十种之多. 在国外, 传统称勾股定理为毕达哥拉斯定理, 认为它的第一个一致性的证明源于毕氏学派 (公元前 6 世纪), 虽然巴比伦人在此以前 1000 多年就发现了这个定理. 到现在, 勾股定理至少有 370 种证明.

19 世纪以来, 人们关于三角形和圆的初等综合几何, 又进行了深入的研究. 至今这一研究领域仍然没有到头, 不少资料已引申到四面体及伴随的点、线、面、球.

射影几何

射影几何学是一门讨论在把点射影到直线或平面上的时候，图形的不变性质的一门几何学. 幻灯片上的点、线，经过幻灯机的照射投影，在银幕上的图画中都有相对应的点线，这样一组图形经过有限次透视以后，变成另一组图形，这在数学上就叫做射影对应. 射影几何学在航空、摄影和测量等方面都有广泛的应用.

射影几何是迪沙格和帕斯卡在 1639 年开辟的. 迪沙格发表了一本关于圆维曲线的很有独创性的小册子，从开普勒的连续性原理开始，导出了许多关于对合、调和变换、透射、极轴、极点以及透视的基本原理，这些课题是今天学习射影几何这门课程的人所熟悉的. 年仅 16 岁的帕斯卡得出了一些新的、深奥的定理，并于 9 年后写了一份内容很丰富的手稿. 18 世纪后期，蒙日提出了二维平面上的适当投影表达三维对象的方法，因而从提供的数据能快速算出炮兵阵地的位置，避开了冗长的、麻烦的算术运算.

射影几何真正独立的研究是由彭赛勒开创的. 1822 年，他发表了《论图形的射影性质》一文，给该领域的研究以巨大的推动作用. 他的许多概念被斯坦纳进一步发展. 1847 年，斯陶特发表了《位置几何学》一书，使射影几何最终从测量基础中解脱出来.

后来证明，采用度量适当的射影定义，能在射影几何的范围内研究度量几何学. 将一个不变二次曲线添加到平面上的射影几何中，就能得到传统的非欧几何学. 在 19 世纪晚期和 20 世纪初期，对射影几何学作了多种公设处理，并且有限射影几何也被发现. 事实证明，逐渐地增添和改变公设，就能从射影几何过渡到欧几里得几何，其间经历了许多其他重要的几何学.

解析几何

解析几何即坐标几何，包括平面解析几何和立体解析几何两部分. 解析几何通过平面直角坐标系和空间直角坐标系，建立点与实数对之间的一一对应关系，从而建立起曲线或曲面与方程之间的一一对应关系，因而就能用代数方法研究几何问题，或用几何方法研究代数问题.

在初等数学中，几何与代数是彼此独立的两个分支；在方法上，它们也基本是互不相关的. 解析几何的建立，不仅由于在内容上引入了变量的研究而开创了变量数学，而且在方法上也使几何方法与代数方法结合起来.

在迪沙格和帕斯卡开辟了射影几何的同时，笛卡儿和费马开始构思现代解析几何的概念. 这两项研究之间存在一个根本区别：前者是几何学的一个分支，后者是几何学的一种方法.

1637 年，笛卡儿发表了《方法论》及其三个附录，他对解析几何的贡献，就在第三个附录《几何学》中，他提出了几种由机械运动生成的新曲线. 在《平面和立体轨迹导论》中, 费马解析地定义了许多新的曲线. 在很大程度上, 笛卡儿从轨迹开始, 然后求它的方程; 费马则从方程出发, 然后来研究轨迹. 这正是解析几何基本原则的两个相反的方面, “解析几何” 的名称是以后才定下来的.

这门课程达到现在课本中熟悉的形式, 是 100 多年以后的事. 像今天这样使用坐标、横坐标、纵坐标这几个术语, 是莱布尼兹于 1692 年提出的. 1733 年, 年仅 18 岁的克雷洛出版了《关于双重曲率曲线的研究》一书, 这是最早的一部空间解析几何著作. 1748 年, 欧拉写的《无穷分析概要》, 可以说是符合现代意义的第一部解析几何学教程. 1788 年, 拉格朗日开始研究有向线段的理论. 1844 年, 格拉斯曼提出了多维空间的概念, 并引入向量的记号. 于是多维解析几何出现了.

解析几何在近代的发展, 产生了无穷维解析几何和代数几何等一些分支. 普通解析几何只不过是代数几何的一部分, 而代数几何的发展同抽象代数有着密切的联系.

非欧几何

非欧几何有三种不同的含义：狭义的, 单指罗氏 (罗巴切夫斯基) 几何; 广义的, 泛指一切和欧氏 (欧几里得) 几何不同的几何; 通常意义的, 指罗氏几何和黎曼几何.

欧几里得的第 5 公设 (平行公设) 在数学史上占有特殊的地位, 它与前 4 条公设相比, 性质显得太复杂了. 它在《原本》中第一次应用是在证明第 29 个定理时, 而且此后似乎总是尽量避免使用它. 因此人们怀疑第 5 公设的公理地位, 并探索用其他公理来证明它, 以使它变为一条定理. 在三千多年的时间中, 进行这种探索并有案可查的就达两千人以上, 其中包括许多知名的数学家, 但他们都失败了.

罗巴切夫斯基于 1826 年, 鲍耶于 1832 年发表了划时代的研究结果, 开创了非欧几何. 在这种几何中, 他们假设 “过不在已知直线上的一点, 可以引至少两条直线平行于已知直线”, 用以代替第 5 公设, 同时保留了欧氏几何的其他公设.

1854 年, 黎曼推出了另一种非欧几何. 在这种几何中, 他假设 “过已知直线外一点, 没有和已知直线平行的直线可引”, 用以代替第 5 公设, 同时保留了欧氏几何的其他公设. 1871 年, 克莱因把这 3 种几何：罗巴切夫斯基–鲍耶的、欧几里得的和黎曼的分别定名为双曲几何、抛物几何和椭圆几何.

非欧几何的发现不仅最终解决了平行公设的问题 —— 平行公设被证明是独立于欧氏几何的其他公设的, 而且把几何学从其传统模型中解放出来, 打开了创造了许多不同体系的几何的道路.

1854 年, 黎曼发表了《关于作为几何学基础的假设》的讲演. 他指出：每种不同的 (两个无限靠近的点的) 距离公式决定了最终产生的空间和几何的性质. 1872 年, 克莱因建立了各种几何系统按照不同变换群不变量的分类方法.

19 世纪以后, 几何空间概念发展的另一方向, 是按照所研究流形的微分几何原则的分类, 每一种几何都对应着一种定理系统. 1899 年, 希尔伯特发表了《几何基础》一书, 提出了完备的几何公理体系, 建立了欧氏几何的严密的基础, 并给出了证明一个公理体系的相容性 (无矛盾性)、独立性和完备性的普遍原则. 按照他的观点, 不同的几何空间乃是从属于不同几何公理要求的元素集合. 欧氏几何和非欧几何, 在大量的几何系统中, 只不过是极其特殊的情形罢了.

拓扑学

1736 年, 欧拉发表论文, 讨论哥尼斯堡七桥问题. 他还提出球面三角形剖分图形顶点、边、面之间关系的欧拉公式, 这可以说是拓扑学的开端.

庞加莱于 1895 ～ 1904 年建立了拓扑学, 采用代数组合的方法研究拓扑性质. 他把欧拉公式推广为欧拉–庞加莱公式, 与此有关的理论现在称为同调理论和同伦理论. 以后的拓扑学主要按照庞加莱的设想发展.

拓扑学开始是几何学的一个分支, 在 20 世纪它得到了极大的推广. 1906 年, 弗雷歇发表博士论文, 把函数作为一个 “点” 来看, 把函数收敛描绘成点的收敛, 这就把康托的点集论和分析学的抽象化联系起来了. 他在函数所构成的集合中引入距离的概念, 构成距离空间, 展开了线性距离空间的理论. 在这个基础上, 产生了点集拓扑学. 在豪斯道夫的《点集论纲要》一书中, 出现了更一般的点集拓扑学的完整想法. 第二次世界大战后, 把分析引进拓扑, 发展了微分拓扑.

现在的拓扑学可以粗略地定义为对于连续性的数学研究. 任何事物的集合都能在某种意义上构成拓扑空间, 拓扑学的概念和理论已基本组成为数学的基础理论之一, 渗入到各个分支, 并且成功地应用于电磁学和物理学的研究.

第3章

常见曲面

本章将介绍柱面、锥面、旋转曲面、二次曲面和直纹面, 包括定义、方程、图形和性质. 首先给出柱面、锥面和旋转曲面的定义, 以及建立曲面方程的一般方法, 对一些特殊情形, 给出了判定曲面类型的定理; 其次给出二次曲面 (椭球面、双曲面与抛物面) 的标准方程和性质, 通过平行截割法描绘了这些方程的图形; 然后, 给出了直纹面的定义和证明直纹面的两种方法; 最后, 给出了曲面围成区域简图的一般画法.

3.1 曲面与空间曲线

本节给出了曲面的方程、曲线的方程的定义, 以及它们的一般方程和参数方程. 并以球面、柱面和维维安尼曲线 (Viviani curve) 为例作详细阐述. 无特别说明, 本章用的坐标系都是直角坐标系.

3.1.1 曲面的方程

空间曲面 S 一般可以被描述为三元函数 $F(x,y,z)$ 的零点集, 即 $S=\{(x,y,z)|\,F(x,y,z)=0\}$.

定义 3.1.1 在三维空间中取定一个坐标系, 如果空间曲面 S 和方程 $F(x,y,z)=0$ 同时满足下列关系.

(1) 对 $\forall\, M_0(x_0,y_0,z_0)\in S$, 都有 $F(x_0,y_0,z_0)=0$;

(2) 三元有序数组 (x_0,y_0,z_0) 满足方程 $F(x,y,z)=0$, 则点 $M_0(x_0,y_0,z_0)\in S$, 则称 $F(x,y,z)=0$ 是**曲面S的一般方程**, 称曲面 S 为**方程$F(x,y,z)=0$的图形**.

定义 3.1.2 如果函数 $F(x,y,z)$ 是多项式, 称方程 $F(x,y,z)=0$ 的曲面为

代数曲面(algebraic surface), 否则称为**超越曲面**(transcendental surface). 多项式 $F(x,y,z)$ 的次数称为**代数曲面的次数**(degree).

解析几何主要研究平面和二次曲面. 高次曲面是代数几何的研究对象, 而超越曲面则是微分几何的研究对象.

例 3.1.1　球心在点 (x_0,y_0,z_0) 半径为 r 的球面方程为 $(x-x_0)^2+(y-y_0)^2+(z-z_0)^2=r^2$, 其中 (x,y,z) 为球面上任意一点.

如果曲面 S 上点的坐标可以表示成关于参数 u,v 的函数, 则曲面可作为点的集合

$$S=\{(f_1(u,v),f_2(u,v),f_3(u,v))\,|(u,v)\in D\},$$

其中 D 为 uv 平面上的区域.

定义 3.1.3　如果空间曲面 S 和方程组

$$\begin{cases} x=f_1(u,v),\\ y=f_2(u,v), \qquad (u,v)\in D,\\ z=f_3(u,v), \end{cases} \tag{3.1.1}$$

同时满足下列关系.

(1) 对 $\forall M_0(x_0,y_0,z_0)\in S$, 存在有序数组 $(u_0,v_0)\in D$ 满足 $x_0=f_1(u_0,v_0)$, $y_0=f_2(u_0,v_0)$, $z_0=f_3(u_0,v_0)$;

(2) 对于每对有序数组 $(u_0,v_0)\in D$, 由方程组 (3.1.1) 确定的点 $M_0(x_0,y_0,z_0)\in S$, 那么称方程组 (3.1.1) 为**曲面S的参数方程**, 称 u,v 为曲面 S 的**参数**.

例 3.1.2　求球心在原点, 半径为 r 的球面 S^2(sphere) 的参数方程.

解　如图 3.1 所示, 设 $M(x,y,z)$ 是球面 S^2 上任意一点, 令 $P(x,y,0)$ 为 M 在 xOy 平面上的投影, 则 $\overrightarrow{OP}=(x,y,0)$. 设 φ 是 xOy 平面上由 x 轴正向到 $\overrightarrow{OP}$ 的有向角 (相对于 xOy 平面上的右手系), 设 $\overrightarrow{OP}$ 到 $\overrightarrow{OM}$ 的有向角为 θ, M 在 xOy 面上方时 θ 为正, 下方时 θ 为负. 则该**球面的参数方程**为

$$\begin{cases} x=r\cos\theta\cos\varphi,\\ y=r\cos\theta\sin\varphi, \quad (\varphi,\theta)\in[-\pi,\pi)\times\left[-\dfrac{\pi}{2},\dfrac{\pi}{2}\right],\\ z=r\sin\theta, \end{cases}$$

这里 φ,θ 分别称为**经度**和**纬度**. 球面与 z 轴的两交点 $\{S,N\}$ 称为**极点**. 当 $(\varphi,\theta)\in[-\pi,\pi)\times\left(-\dfrac{\pi}{2},\dfrac{\pi}{2}\right)$ 时, 球面 S^2 上的点集 $S^2\backslash\{S,N\}$ 与参数定义域中的点 (φ,θ) 一一对应.

定义 3.1.4　除了原点之外, 空间的每一点 $M(x,y,z)$ 都在某个以原点为球心, 半径为 $\rho=\sqrt{x^2+y^2+z^2}$ 的球面上. 于是除了 z 轴上的点之外, 空间中的任一点通过下面的关系式

$$\begin{cases} x = \rho\cos\theta\cos\varphi, \\ y = \rho\cos\theta\sin\varphi, \\ z = \rho\sin\theta \end{cases}$$

一一对应于有序三元实数组 (ρ,φ,θ), 其中 $(\rho,\varphi,\theta)\in(0,\infty)\times[-\pi,\pi)\times\left(-\dfrac{\pi}{2},\dfrac{\pi}{2}\right)\subset\mathbf{R}^3$. 有序数组 (ρ,φ,θ) 称为点 M 的**球面坐标**或**空间极坐标**.

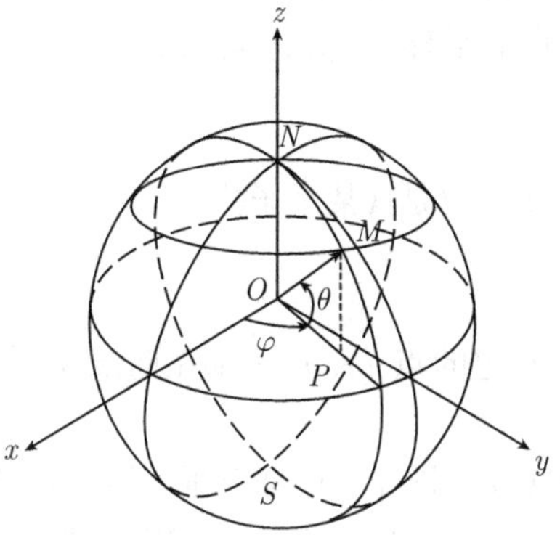

图 3.1 球面

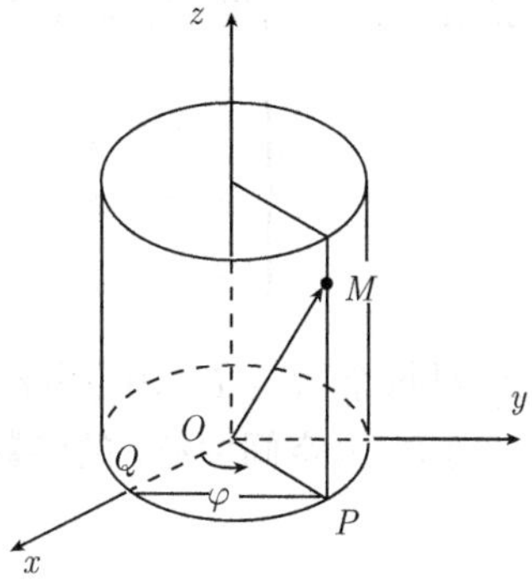

图 3.2 圆柱面

例 3.1.3 求以 z 轴为对称轴, 到对称轴距离为 r 的圆柱面方程.

解 如图 3.2 所示, 设圆柱面上任意一点 M, 在 xOy 坐标面上的射影为 P, 设 xOy 坐标面上由 x 轴正向到 $\overrightarrow{OP}$ 的有向角为 φ, P 在 x 轴上的射影为 Q, 则该圆柱面的参数方程为

$$\begin{cases} x = r\cos\varphi, \\ y = r\sin\varphi, \\ z = u, \end{cases} \qquad (\varphi,u)\in[-\pi,\pi)\times(-\infty,+\infty).$$

消去参数 φ, u 得圆柱面的一般方程 $x^2+y^2=r^2$.

讨论 类似球面坐标, 如何定义柱面坐标呢?

例 3.1.4 在同一个直角标架所决定的直角坐标系、球坐标系与柱坐标系中, 求直角坐标为 $(1,-1,1)$ 的点的球面坐标和柱面坐标.

解 将 $x=1, y=-1, z=1$ 代入球面的参数方程, 反解得 $(\rho,\varphi,\theta)=\left(\sqrt{3},-\dfrac{\pi}{4},\arcsin\dfrac{1}{\sqrt{3}}\right)$; 代入圆柱面的参数方程, 反解得 $(r,\varphi,u)=\left(\sqrt{2},-\dfrac{\pi}{4},1\right)$.

3.1.2 空间曲线的方程

空间曲线可看作两曲面的交线.

定义 3.1.5　给定空间曲线 Γ, 如果 (1)Γ 上每点的坐标 (x,y,z) 都满足方程组

$$\begin{cases} F(x,y,z)=0, \\ G(x,y,z)=0; \end{cases} \tag{3.1.2}$$

(2) 任何满足 (3.1.2) 的有序数组 (x,y,z) 都是曲线 Γ 上某个点的坐标, 则称方程组 (3.1.2) 为**空间曲线Γ的一般方程**, 称曲线 Γ 为**方程组**(3.1.2)**的图形**.

定义 3.1.6　如果 (1) 曲线 Γ 上任一点的坐标 (x,y,z) 均通过

$$\begin{cases} x=\varphi_1(t), \\ y=\varphi_2(t), \qquad t\in I, \quad I\text{是}\mathbf{R}\text{某个子集} \\ z=\varphi_3(t), \end{cases} \tag{3.1.3}$$

确定; (2) 对每个 $t\in I$, 由方程组 (3.1.3) 确定的点 (x,y,z) 都在曲线 Γ 上, 则称方程组 (3.1.3) 为**空间曲线Γ的参数方程**.

例 3.1.5　设 $a>0$, 求球面 $x^2+y^2+z^2=4a^2$ 和圆柱面 $(x-a)^2+y^2=a^2$ 交线 (维维安尼曲线)[2,3] 的参数方程, 如图 3.3 所示.

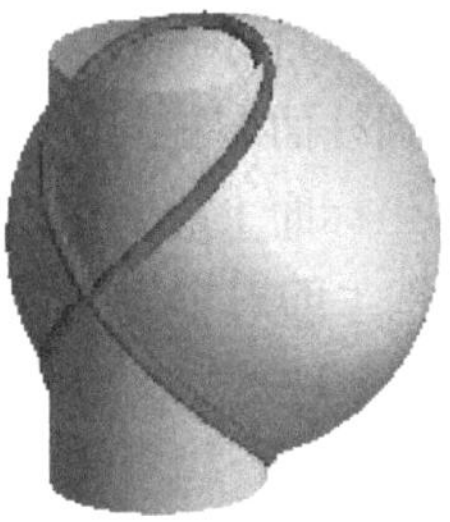

图 3.3　维维安尼曲线

解　将 z 看成参数, 直接求解 x 和 y 得

$$x=2a-\frac{z^2}{2a}, \quad y=\pm\frac{z}{2}\sqrt{4-\frac{z^2}{a^2}}$$

利用三角函数, 得到该曲线的参数方程为

$$\begin{cases} x=a(1+\cos 2t), \\ y=a\sin 2t, \qquad t\in[0,2\pi). \\ z=2a\sin t, \end{cases}$$

其他一些著名的曲面, 如环面、Dini 曲面、莫比乌斯带、螺旋面等; 空间曲线, 如圆锥螺线、球面摆线等, 详见网站 [4,5].

习　题

1. 求球面 $x^2+y^2+z^2+2x-4z-4=0$ 中心和半径.

2. 在同一个直角标架所决定的直角坐标系、球坐标系与柱坐标系中, (1) 求球面 $x^2+y^2+z^2=9$ 在球坐标系里的方程; (2) 求直角坐标为 $(1,1,1)$ 的点的球面坐标和柱面坐标.

3. 如果空间一点 M 在圆柱面 $x^2+y^2=a^2$ 上以恒定角速度 ω 绕 z 轴旋转, 同时又以恒定线速度 v 沿平行于 z 轴的正方向上升, 则点 M 的轨迹叫做**圆柱螺旋线**, 试建立其参数方程.

4. 方程组 $\begin{cases} x^2+y^2=1, \\ 2x+3z=6 \end{cases}$ 表示圆柱面和平面的相交线, 它是怎样的曲线?

5. 求下列圆的圆心及半径.

(1) $\begin{cases} x^2+y^2+z^2=4, \\ x+y+z-3=0; \end{cases}$ (2) $\begin{cases} x^2+y^2+z^2=5, \\ x^2+y^2+z^2+x+2y+3z-7=0. \end{cases}$

6. 证明: 曲线 $\begin{cases} x=\dfrac{t}{1+t^2+t^4}, \\ y=\dfrac{t^2}{1+t^2+t^4}, \\ z=\dfrac{t^3}{1+t^2+t^4}, \end{cases}$ $t\in\mathbf{R}$ 在一球面上, 并求此球面方程.

7. 证明: 曲线 $\begin{cases} x=(a+b\sin kt)\cos t, \\ y=(a+b\sin kt)\sin t, \\ z=b\cos kt, \end{cases}$ $t\in\mathbf{R}$ 在环面上, 并求此环面方程.

8. 将空间曲线 $\varGamma$: $\begin{cases} x^2+y^2+z^2=\dfrac{9}{2}, \\ x+z=1 \end{cases}$ 表示成参数方程.

9. 求中心在 $C(3,-5,2)$ 且与平面 $2x-y-3z+11=0$ 相切的球面方程.

3.2 柱面与投影曲线

前一节表明, 作为点的几何轨迹的曲面可用关于点的坐标的方程来表示; 反之, 变量 x,y,z 间的方程通常表示一个曲面. 空间解析几何关于曲面的研究有下面两个基本问题.

(1) 已知一曲面作为点的几何轨迹时, 建立曲面的方程;

(2) 已知坐标 x,y,z 间的一个方程时, 研究该方程所表示的曲面的性质和形状.

针对问题 (1), 在 3.2 节和 3.3 节分别定义了柱面、锥面和旋转曲面, 并给出建立它们的方程的一般方法, 同时给出这三类特殊曲面依据方程形式的判定方法; 针对问题 (2), 在 3.4 节, 3.5 节和 3.6 节分别介绍二次曲面的图形和性质.

3.2.1 柱面的定义和方程

定义 3.2.1 空间一条直线 l 沿着一条定曲线 $\varGamma$ 相交且平行移动形成的轨迹叫做**柱面**(cylindrical surface). l 称为柱面的**母线**, l 的方向向量 $\boldsymbol{v}$ 叫做柱面的**方向**, $\varGamma$ 称为**准线**.

对于一个柱面, 它的准线和母线都不唯一, 但是母线的方向是唯一的 (平面除外), 与每一条母线都相交的曲线均可作为柱面的准线.

例 3.2.1 柱面的准线方程为

$$\Gamma : \begin{cases} x^2+y^2+z^2=1, \\ 2x^2+2y^2+z^2=2, \end{cases}$$

母线的方向向量 $\boldsymbol{v}=(-1,0,1)$, 求这柱面的方程.

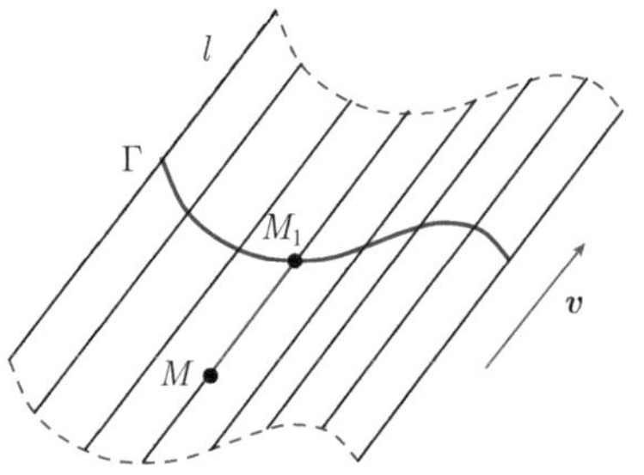

图 3.4 柱面

解 如图 3.4 所示, 设 $M(x,y,z)$ 为该柱面上任意点, 过 M 的母线与准线交于点 $M_1(x_1,y_1,z_1)$, 则有

$$x=x_1-t, y=y_1, z=z_1+t; \quad \text{由} \quad \overrightarrow{MM_1}//v$$

$$\begin{cases} x_1^2+y_1^2+z_1^2=1, \\ 2x_1^2+2y_1^2+z_1^2=2. \end{cases} \quad \text{由} \quad M_1 \in \Gamma$$

利用上面的等式, 消去 x_1,y_1,z_1 得

$$(x+t)^2+y^2+(z-t)^2=1, \quad 2(x+t)^2+2y^2+(z-t)^2=2,$$

再消去参数 t 得 $(x+z)^2+y^2=1$.

练习 设柱面的准线方程

$$(1)\Gamma : \begin{cases} F_1(x,y,z)=0, \\ F_2(x,y,z)=0 \end{cases} \quad \text{或} \ (2)\Gamma : \begin{cases} x=\varphi_1(v), \\ y=\varphi_2(v), \quad v\in I \\ z=\varphi_3(v), \end{cases}$$

和母线的方向 $\boldsymbol{v}=(l,m,n)$, 对准线 (1), 试给出求柱面方程的一般方法; 对准线 (2), 试证柱面的参数方程为

$$\begin{pmatrix} x \\ y \\ z \end{pmatrix} = \begin{pmatrix} \varphi_1(v) \\ \varphi_2(v) \\ \varphi_3(v) \end{pmatrix} + u \begin{pmatrix} l \\ m \\ n \end{pmatrix}, \quad (u,v)\in \mathbf{R}\times I.$$

3.2.2 与坐标轴平行的柱面

定理 3.2.1 一个曲面 $S:F(x,y,z)=0$ 是母线与 z 轴 (或 x 轴, y 轴) 平行的柱面 $\Leftrightarrow$ 方程左端 $F(x,y,z)$ 中不含变量 z(或 x, y).

证 仅证明由方程 $F(x,y)=0$ 表示的曲面是柱面且母线平行于 z 轴. 对情形如 $F(x,z)=0$ 或 $F(y,z)=0$ 可类似证明.

必要性 不妨设曲面 $S:F(x,y,z)=0$ 是母线与 z 轴平行的柱面. 该柱面的每条母线与 xOy 面均相交 (图 3.5), 从而交线 $\Gamma:\begin{cases} F(x,y,z)=0, \\ z=0 \end{cases}$ 可作为准线. 在此柱面任取一点 $P(x,y,z)$, 则 $\exists P_1(x_1,y_1,z_1)\in\Gamma$, 使得点 P 在过点 P_1 方向为 $\boldsymbol{v}=(0,0,1)$ 的母线上, 故有

由 $P_1(x_1,y_1,z_1)\in\Gamma$ 得

$$F(x_1,y_1,z_1)=0,\quad z_1=0;$$

由 $\overrightarrow{P_1P}//v$ 得,

$$\frac{x-x_1}{0}=\frac{y-y_1}{0}=\frac{z-z_1}{1}=t,$$

$$t\in\mathbf{R}.$$

消去x_1,y_1,z_1, 得 $\begin{cases}F(x,y,0)=0,\\ z=t.\end{cases}$ 由于参数 t 的任意性, 得柱面的方程左端 $F(x,y,z)$ 中不含变量 z.

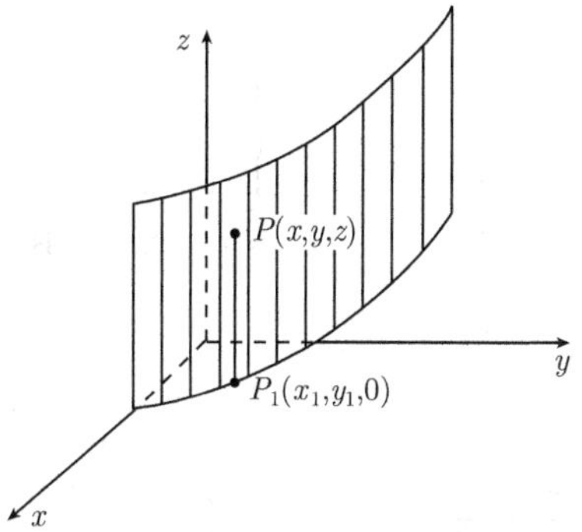

图 3.5 与 z 轴平行的柱面

充分性 下证由方程 $G(x,y)=0$ 表示的曲面是柱面且母线平行于 z 轴.

考虑以曲线 $C:\begin{cases}G(x,y)=0,\\ z=0\end{cases}$ 为准线, 以 z 轴方向为母线方向的柱面. 直接求解得柱面方程为 $G(x,y)=0$, 因此它表示母线平行于 z 轴的柱面.

与坐标轴平行有三类特殊柱面：椭圆柱面 (elliptic cylinder), 双曲柱面 (hyperbolic cylinder) 及抛物柱面 (parabolic cylinder), 它们统称二次柱面 (quadratic cylinder), 见表 3.1.

3.2.3 圆柱面

定义 3.2.2 到一条定直线 l 的距离为常数 r 的点的轨迹称为**圆柱面**(circular cylinder), l 称为圆柱面的**对称轴**或**轴**, r 称为圆柱面的**半径**.

定理 3.2.2 给定圆柱面的半径 r, 轴上的点 $M_0(x_0,y_0,z_0)$ 和方向向量 $v=(X,Y,Z)$, 则圆柱面的方程为

$$\begin{aligned}&[Y(z-z_0)-Z(y-y_0)]^2+[Z(x-x_0)-X(z-z_0)]^2+[X(y-y_0)-Y(x-x_0)]^2\\=&r^2(X^2+Y^2+Z^2).\end{aligned}$$

证 任取圆柱面上的一点 $M(x,y,z)$, 根据点到直线的距离公式得

$$\frac{\left|\overrightarrow{M_0M}\times\boldsymbol{v}\right|}{|v|}=r\Leftrightarrow\left|\overrightarrow{M_0M}\times\boldsymbol{v}\right|^2=r^2\,|v|^2,$$

代入坐标即得圆柱面的方程.

注 上式展开后整理可得一个关于 x,y,z 的二次方程. 特别地, 如果圆柱面的轴是 z 轴, 则圆柱面的方程为 $x^2+y^2=r^2$.

表 3.1　二次柱面

普通方程	参数方程	准线类型	图形	柱面
$\frac{x^2}{a^2}+\frac{y^2}{b^2}=1$	$\begin{cases} x=a\cos\theta \\ y=b\sin\theta \\ z=u \end{cases}$ $0\leqslant\theta\leqslant 2\pi, u\in\mathbf{R}$	椭圆	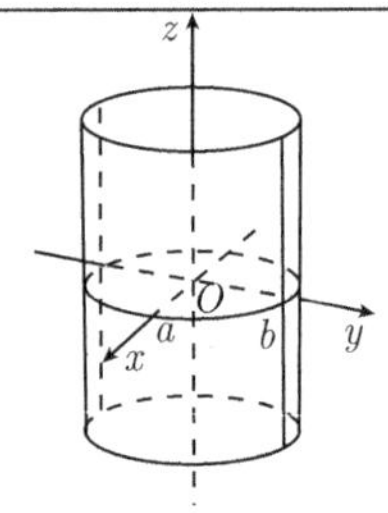	椭圆柱面
$\frac{x^2}{a^2}-\frac{y^2}{b^2}=1$	$\begin{cases} x=a\sec\theta \\ y=b\tan\theta \\ z=u \end{cases}$ $-\frac{\pi}{2}<\theta<\frac{\pi}{2}, u\in\mathbf{R}$	双曲线	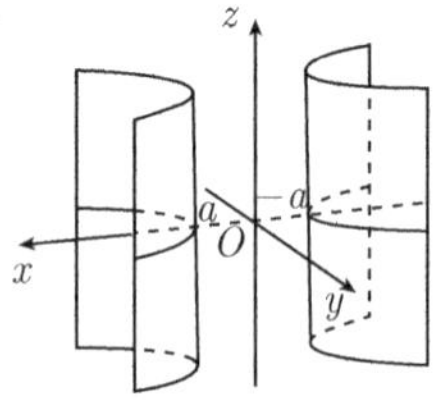	双曲柱面
$y^2=2px$	$\begin{cases} x=2pt^2 \\ y=2pt \\ z=u \end{cases}$ $t,u\in\mathbf{R}$	抛物线	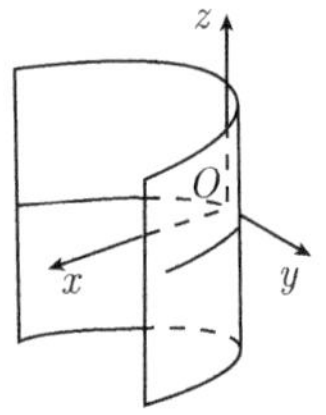	抛物柱面

例 3.2.2　已知圆柱面的三条母线为 $x=y=z, x+1=y=z-1, x-1=y+1=z$, 求此圆柱面的方程.

解　任取对称轴上的点 (x,y,z), 到三条母线的距离相等, 所以

$$|(x,y,z)\times(1,1,1)|=|(x+1,y,z-1)\times(1,1,1)|=|(x-1,y+1,z)\times(1,1,1)|,$$

化简得对称轴的方程为 $x=y+1=z-1$. 圆柱面上的点到对称轴的距离等于对称轴上的点 $(0,-1,1)$ 到母线 $x=y=z$ 的距离, 故 $|(x,y+1,z-1)\times(1,1,1)|=|(0,-1,1)\times(1,1,1)|$, 即

$$(y-z+2)^2+(x-z+1)^2+(x-y-1)^2=6,$$

于是圆柱面方程为

$$x^2+y^2+z^2-xy-xz-yz+3y-3z=0.$$

3.2.4　投影柱面和投影曲线

设空间曲线为

$$\Gamma:\begin{cases} F(x,y,z)=0, \\ G(x,y,z)=0. \end{cases}$$

如果从上式中分别消去 z, y 得到与之等价的方程组

$$\begin{cases} F_1(x,y)=0, \\ G_1(x,z)=0. \end{cases}$$

由定理 3.2.1 知, $F_1(x,y)=0$ 表示母线平行于 z 轴的柱面. 此柱面 $F_1(x,y)=0$ 称为空间曲线 Γ 在 xOy 坐标面的**投影 (射影) 柱面**, 而曲线

$$\begin{cases} F_1(x,y)=0, \\ z=0 \end{cases}$$

叫做 Γ 在 xOy 坐标面上的**投影 (射影) 曲线**.

类似地, 可以得到另外两个坐标面的投影柱面和投影曲线.

例 3.2.3 求空间曲线 $\begin{cases} x^2+y^2+z^2=1, \\ x^2+(y-1)^2+(z-1)^2=1 \end{cases}$ 在三个坐标面上的投影柱面.

解 曲线方程改写为

$$\begin{cases} x^2+y^2+z^2=1, \\ y+z-1=0. \end{cases}$$

从上式中分别消去 y, z 得空间曲线的等价方程

$$\begin{cases} x^2+2z^2-2z=0, \\ x^2+2y^2-2y=0. \end{cases}$$

所以曲线在 xOy 坐标面, xOz 坐标面, yOz 坐标面的投影柱面分别为

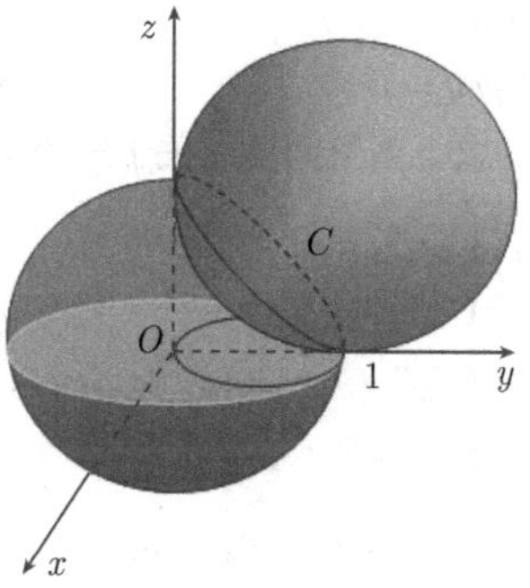

图 3.6 球面与球面相交

$$x^2+2y^2-2y=0, \quad x^2+2z^2-2z=0, \quad y+z-1=0,$$

其中 $0 \leqslant |y|, |z| \leqslant 1$. 如图 3.6 所示.

例 3.2.4 求维维安尼曲线 $\begin{cases} x^2+y^2+z^2=4, \\ x^2+y^2-2x=0 \end{cases}$ 在各坐标面上的投影曲线.

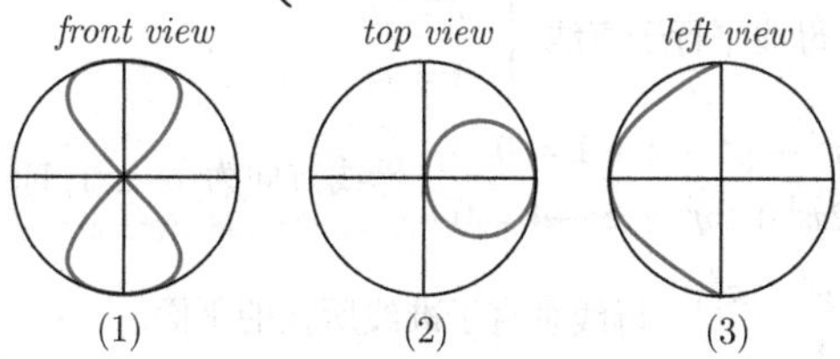

图 3.7 维维安尼曲线在三个坐标面的投影曲线

解　它在 xOy 面的投影曲线是一个圆 $\begin{cases}(x-1)^2+y^2=1,\\ z=0,\end{cases}$ 如图 3.7(2) 所示.

在 xOz 面的投影曲线是抛物线上的一段 $\begin{cases}2(x-2)=-z^2, & z\in[-2,2]\\ y=0,\end{cases}$ 如图 3.7(3) 所示.

在 yOz 平面的投影曲线是 4 次代数曲线 $\begin{cases}4y^2+(z^2-2)^2=4,\\ x=0,\end{cases}$ 如图 3.7(1) 所示.

习　　题

1. 空间中下列方程各表示什么图形, 并作出图形.

(1)$4x^2+9y^2=16$;　　(2)$y^2-z^2=4$;

(3)$x^2=4z$;　　(4)$x^2-2x+y=0$;

(5)$y=a$;　　(6)$x^2-y^2=0$;

(7)$xy=0$;　　(8)$xyz=0$.

2. 求下列空间曲线关于三个坐标面的投影柱面方程.

(1)$\begin{cases}2x^2+z^2+4y=4z,\\ x^2+3z^2-8y=12z;\end{cases}$　　(2)$\begin{cases}x^2+y^2-z=0,\\ z=x+1;\end{cases}$

(3)$\begin{cases}x^2+z^2-3yz-2x+3z-3=0,\\ y-z+1=0;\end{cases}$

(4)$\begin{cases}x+2y+6z=5,\\ 3x-2y-10z=7;\end{cases}$　　(5)$\begin{cases}x^2+y^2+z^2=1,\\ x^2+y^2-x=0.\end{cases}$

3. 求曲面 $x^2+y^2+z^2=1$ 与 $x^2+y^2=2z$ 的交线方程, 并说明形状.

4. 讨论曲线 $\begin{cases}2x^2+z^2+4y=4z,\\ 2x^2+3z^2-4y=12z\end{cases}$ 的图形.

5. 求满足下列条件的柱面.

(1) 准线为 $\Gamma:\begin{cases}(x-1)^2+(y+3)^2+(z-2)^2=25,\\ x+y-z+2=0,\end{cases}$ 母线平行于 x 轴;

(2) 准线仍然为 Γ, 母线平行于直线 $\begin{cases}x=y,\\ z=c;\end{cases}$

(3) 准线为 $\Gamma:\begin{cases}x^2+y^2-z+1=0,\\ 2x^2+2y^2+z-4=0\end{cases}$ 母线方向为 $(-1,1,1)$;

(4) 准线为 $\begin{cases}x=y^2+z^2,\\ x=2z,\end{cases}$ 母线垂直于准线所在的平面.

6. 求满足下列条件的圆柱面.

(1) 过点 $(1,-2,1)$ 且轴为 $2x=1-y=-z+1$;

(2) 通过三条平行直线 $x=y=z$, $x+1=y=z-1$ 和 $x=y+1=z-2$;

(3) 以 z 轴为母线, 直线 $\begin{cases} x=1, \\ y=1 \end{cases}$ 为轴;

(4) 以 z 轴为母线, 经过点 $A(4,2,2), B(6,-3,7)$;

(5) 通过直线 $l_1:\begin{cases} x=0, \\ y=6, \end{cases}$ $l_2:\dfrac{x+8}{0}=\dfrac{y}{0}=\dfrac{z-10}{2}$ 和 z 轴.

7. 已知直线 $l:\dfrac{x}{m}=\dfrac{y}{n}=\dfrac{z}{p}$, 试证明以 l 为轴, 半径为 r 的圆柱面方程为

$$(mx+ny+pz)^2=(m^2+n^2+p^2)(x^2+y^2+z^2-r^2).$$

3.3 锥面和旋转曲面

3.3.1 锥面的方程

锥面也是一种由直线生成的曲面 (图 3.8).

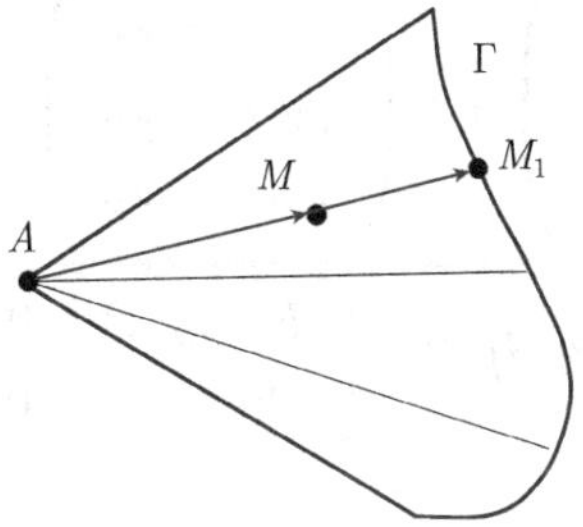

图 3.8 锥面

定义 3.3.1 设定点 A 不在空间曲线 Γ 上. 过 A 且与 Γ 相交的动直线 l 所生成的曲面称为**锥面**(cone). 直线 l 称为锥面的**母线**, A 称为**顶点**(vertex), Γ 称为**准线**.

锥面的准线也不唯一, 任何一条不过顶点且与所有母线都相交的曲线都能作为准线.

例 3.3.1 求顶点在原点, 准线为 $\begin{cases} x^2-2z+1=0, \\ y-z+1=0 \end{cases}$ 的锥面方程.

解 任取锥面上一点 $M(x,y,z)$, 设母线 OM 与准线交于 $M_1(x_1,y_1,z_1)$, 则

$$\frac{x_1-0}{x-0}=\frac{y_1-0}{y-0}=\frac{z_1-0}{z-0}, \quad \text{由}\overrightarrow{OM}//\overrightarrow{OM_1}$$

令比值为 t, 则 $x_1=xt, y_1=yt, z_1=zt$, 将它们代入准线方程, 并消去参数 t

得

$$x^2-2z(z-y)+(z-y)^2=0,$$

即 $x^2+y^2-z^2=0$, 它就是所求的锥面方程.

例 3.3.2　已知锥面的顶点 $A(x_0,y_0,z_0)$ 和准线 $\Gamma:\begin{cases}x=\varphi_1(v),\\ y=\varphi_2(v), \quad v\in I,\\ z=\varphi_3(v),\end{cases}$ 求锥面的参数方程.

解　任取锥面上一点 $M(x,y,z)$, 设母线 OM 与准线交于 $M_1(x_1,y_1,z_1)$, 则

$$\frac{x-x_0}{x_1-x_0}=\frac{y-y_0}{y_1-y_0}=\frac{z-z_0}{z_1-z_0},\quad 由\ \overrightarrow{AM}//\overrightarrow{AM_1}$$

令比值为 u, 则

$$x=x_0+u(x_1-x_0),y=y_0+u(y_1-y_0)\ ,z=z_0+u(z_1-z_0),$$

又 $M_1\in\Gamma$, 消去 x_1,y_1,z_1 得该锥面的参数方程

$$\begin{pmatrix}x\\y\\z\end{pmatrix}=\begin{pmatrix}x_0\\y_0\\z_0\end{pmatrix}+u\begin{pmatrix}\varphi_1(v)-x_0\\ \varphi_2(v)-x_0\\ \varphi_3(v)-x_0\end{pmatrix},\quad (u,v)\in\mathbb{R}\times I.$$

例 3.3.3　设锥面的准线为 $C:\begin{cases}F(x,y,z)=0,\\ G(x,y,z)=0,\end{cases}$ 顶点 A 的坐标为 (a,b,c), 求这个锥面的方程.

解　在准线上任取一点 $P_0(x_0,y_0,z_0)$, 过点 P_0 的母线 (即直线 AP_0) 的方程为

$$\frac{x-a}{x_0-a}=\frac{y-b}{y_0-b}=\frac{z-c}{z_0-c}.$$

又因为点 P_0 在准线 C 上, 满足如下关系式

$$\begin{cases}F(x_0,y_0,z_0)=0,\\ G(x_0,y_0,z_0)=0,\end{cases}$$

从上面的两个关系式中消去 x_0,y_0,z_0, 得 $H(x,y,z)=0$ 即为所求的锥面方程.

例 3.3.4　求以原点为顶点, 曲线 $C:\begin{cases}F(x,y)=0,\\ z=h(h\neq 0)\end{cases}$ 为准线的锥面方程.

解　在准线 C 上任取一点 $P_0(x_0,y_0,z_0)$, 过点 P_0 的母线 (即直线 OP_0) 的方程为

$$\frac{x}{x_0}=\frac{y}{y_0}=\frac{z}{z_0}.$$

并令 $\frac{x}{x_0}=\frac{y}{y_0}=\frac{z}{z_0}=t$, 得 $x_0=\frac{x}{t},y_0=\frac{y}{t},z_0=\frac{z}{t}$. 由于点 P_0 在准线 C 上, 所以满足如下关系式

$$\begin{cases} F(x_0,y_0)=0, \\ z_0=h. \end{cases}$$

从上面的式子中消去 x_0,y_0,z_0, 得

$$\begin{cases} F\left(\frac{x}{t},\frac{y}{t}\right)=0, \\ \frac{z}{t}=k. \end{cases}$$

再消去参数 t, 得 $F\left(\frac{kx}{z},\frac{ky}{z}\right)=0$, 即为所求的锥面方程.

由上面的方程形式, 不难发现, 上述所得的锥面方程是关于 x,y,z 的齐次方程. 为此, 我们先介绍齐次方程的概念.

定义 3.3.2 若函数 $F(x,y,z)$ 满足

$$F(tx,ty,tz)=t^nF(x,y,z),\quad \forall t\in\mathbb{R}\backslash\{0\},\quad n\text{为某个实数},$$

则称 $F(x,y,z)$ 是一个 n 次**齐次函数**, 方程 $F(x,y,z)=0$ 称为 n 次**齐次方程**. (注意 n 不必是正整数).

上面得到方程 $F\left(\frac{kx}{z},\frac{ky}{z}\right)=0$ 中, $F\left(\frac{ktx}{tz},\frac{kty}{tz}\right)=t^0F\left(\frac{kx}{z},\frac{ky}{z}\right)$. 所以方程 $F\left(\frac{kx}{z},\frac{ky}{z}\right)=0$ 是零次齐次方程. 若方程 $F\left(\frac{kx}{z},\frac{ky}{z}\right)=0$ 关于 $\frac{kx}{z}$ 和 $\frac{ky}{z}$ 是二次的, 形如

$$a_1\left(\frac{kx}{z}\right)^2+a_2\left(\frac{kx}{z}\right)\left(\frac{ky}{z}\right)+a_3\left(\frac{ky}{z}\right)^2+a_4\left(\frac{kx}{z}\right)+a_5\left(\frac{ky}{z}\right)+a_6=0.$$

两边同时乘以 z^2 得 $a_1k^2x^2+a_2k^2xy+a_3k^2y^2+a_4kxz+a_5kyz+a_6z^2=0$, 它是关于 x,y,z 的二次齐次方程.

将例子上述结果结合起来, 我们得到

定理 3.3.1 以原点为顶点, 曲线 $\begin{cases} F(x,y)=0, \\ z=k(k\neq 0) \end{cases}$ 为准线的锥面的方程为 $F\left(\frac{kx}{z},\frac{ky}{z}\right)=0$,它是关于 x,y,z 的齐次方程.

特别地, 以椭圆

$$\begin{cases} \frac{x^2}{a^2}+\frac{y^2}{b^2}=1, \\ z=c \end{cases}$$

为准线, 原点为顶点的锥面的方程为

$$\frac{\left(\frac{cx}{z}\right)^2}{a^2}+\frac{\left(\frac{cy}{z}\right)^2}{b^2}=1,$$

即

$$\frac{x^2}{a^2}+\frac{y^2}{b^2}-\frac{z^2}{c^2}=0$$

这是一个三元二次齐次方程, 我们称这个锥面为二次锥面. 称方程 $\frac{x^2}{a^2}+\frac{y^2}{b^2}-\frac{z^2}{c^2}=0$ 为二次锥面的标准方程.

锥面的准线不是唯一的. 对于任何锥面, 用一个不经过顶点的平面去截 (它和所有的母线都相交), 交出一个平面曲线, 一般地可以用这个平面曲线作为该锥面的准线, 因此, 对于任何锥面, 一般地总可以取一个平面曲线为准线, 选择一个空间直角坐标系, 使原点在顶点, xy 面平行于准线所在的平面. 在这个背景下, 从而得到任何以原点为顶点的锥面方程皆是关于 x, y, z 的齐次方程.

这个结论的逆命题也成立.

定理 3.3.2　一个关于 x, y, z 的齐次方程总是表示顶点在原点的一个锥面 (可能不包括顶点).

证　设 $F(x,y,z)=0$ 是一个 n 次齐次方程, 它表示曲面 S, 对于任意 S 上不是原点 O 的点 $P_0(x_0,y_0,z_0)$, 于是有 $F(x_0,y_0,z_0)=0$. 直线 OP_0 上任一点的坐标可表示为 (tx_0,ty_0,tz_0), 由齐次方程的定义得,

$$F(tx_0,ty_0,tz_0)=t^nF(x_0,y_0,z_0)=0,$$

即整条直线 OP_0 都在曲面 S 上 (可能不包括原点的), 这就说明曲面 S 是由过原点的一族直线组的, 即是以原点为顶点的一个锥面.

推论　关于 $x-x_0, y-y_0, z-z_0$ 的齐次方程表示一个顶点在$A(x_0,y_0,z_0)$ 的锥面. 例如, 方程 $g\left(\frac{x-x_0}{z-z_0},\frac{y-y_0}{z-z_0}\right)=0$表示顶点在 $A(x_0,y_0,z_0)$ 的锥面.

下面我们介绍一种特殊的锥面 —— 圆锥面.

定义 3.3.3　与一条定直线 l_0 相交成定角 $\alpha\in\left(0,\frac{\pi}{2}\right)$的动直线 l 所生成的曲面称为**圆锥面**(circular cone), 定直线 l_0 称为圆锥面的**轴**, 定角 α 称为圆锥面的**半顶角**.

定理 3.3.3　给定圆锥面的顶点 $A(x_0,y_0,z_0)$、轴的方向向量 $\boldsymbol{v}=(X,Y,Z)$ 和半顶角 α, 则圆锥面方程为

$$[X(x-x_0)+Y(y-y_0)+Z(z-z_0)]^2$$

$$= |\boldsymbol{v}|^2 |\cos\alpha|^2 [(x-x_0)^2+(y-y_0)^2+(z-z_0)^2].$$

证 点 $M(x,y,z)$ 在该圆锥面上的充要条件是 $\left|\cos\angle\left(\overrightarrow{AM},\boldsymbol{v}\right)\right| = \cos\alpha$, 所以

$$\overrightarrow{AM}\cdot\boldsymbol{v} = \left|\overrightarrow{AM}\right| |\boldsymbol{v}| \cos\alpha,$$

将坐标代入并且两边平方, 得圆锥面的方程.

例 3.3.5 证明方程 $xy+yz+zx=0$ 表示的曲面为圆锥面.

证法 1 首先, 方程是二次齐次方程, 因此该方程表示顶点在原点的锥面. 其次, 三个坐标轴是该锥面的母线. 考虑不过原点的平面 $x+y+z=1$ 去截该锥面, 得到曲线

$$\begin{cases} xy+yz+zx=0, \\ x+y+z=1 \end{cases}$$

是一个空间圆. 事实上, 上面的式子可等价改写为

$$\begin{cases} x^2+y^2+z^2=0, \\ x+y+z=1. \end{cases}$$

再次, 可以验证以空间圆为准线, 原点为顶点的锥面方程为 $xy+yz+zx=0$. 最后, 因为锥面的顶点与该圆的圆心的连线, 恰为空间圆所在球面的球心与空间圆圆心的连线. 所以, 该连线垂直于平面 $x+y+z=1$. 因此该连线为对称轴, 该锥面为圆锥面.

证法 2 原方程改写为 $(x^2+y^2+z^2)+2(yz+zx+xy)-(x^2+y^2+z^2)=0$, 可得 $(x+y+z)^2-(x^2+y^2+z^2)=0$. 令 $x+y+z=t$, $t\geqslant 0$ 是参数. 因此原方程等价于方程组

$$\begin{cases} x^2+y^2+z^2=t^2, \\ x+y+z=t. \end{cases}$$

对参数 $t\geqslant 0$, $\begin{cases} x^2+y^2+z^2=t^2, \\ x+y+z=t \end{cases}$ 是一族圆, 这族圆的圆心均在直线 $x=y=z$ 上, 因此, 这族圆形成一个锥面, 而且存在对称轴. 进而, 该锥面为圆锥面.

3.3.2 旋转曲面的方程

圆柱面和圆锥面可看做用一条母线绕轴旋转而成的曲面, 球面可看成半圆绕它的直径旋转一周得到的曲面. 下面介绍这类特殊曲面 —— 旋转曲面 (surface of revolution).

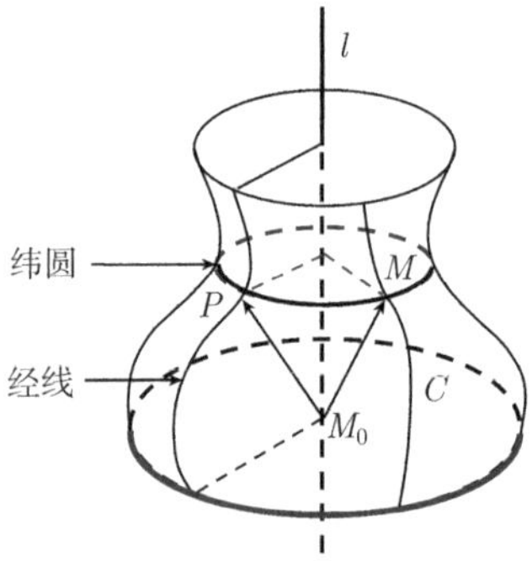

图 3.9　旋转曲面

定义 3.3.4　空间曲线 C 绕一条直线 l 旋转所得曲面称为**旋转曲面**, C 称为旋转曲面的**母线**, l 称为旋转曲面的**轴**. 母线 C 上任意点旋转所得的圆称为**纬圆**. 过 l 的半平面与旋转曲面的交线称为**经线**.

任何一条经线都可作为母线, 但母线不一定是经线.

如图 3.9 所示, 设轴 l 过点 $M_0(x_0, y_0, z_0)$, 方向向量 $\boldsymbol{v} = (X, Y, Z)$. 下面来求以 l 为轴, $C: \begin{cases} F(x,y,z) = 0, \\ G(x,y,z) = 0 \end{cases}$ 为母线的旋转曲面 S 的方程.

点 $P(x, y, z)$ 在 S 上当且仅当 P 在过点 $M(x', y', z') \in C$ 的纬圆上, 于是

$$\begin{aligned} &(x-x_0)^2+(y-y_0)^2+(z-z_0)^2 \\ &=(x'-x_0)^2+(y'-y_0)^2+(z'-z_0)^2, && \text{由 } |\overrightarrow{M_0P}| = |\overrightarrow{M_0M}| \\ &X(x-x')+Y(y-y')+Z(z-z')=0, && \text{由 } \overrightarrow{MP} \perp \boldsymbol{v} \\ &F(x',y',z')=G(x',y',z')=0. && \text{由 } M(x',y',z') \in C \end{aligned}$$

联立这些方程, 消去 x', y', z', 得到 x, y, z 的方程, 即为所求旋转曲面的一般方程.

例 3.3.6　求以 z 轴为旋转轴, 以 $C: \begin{cases} f(y,z) = 0, \\ x = 0 \end{cases}$ 为母线的旋转曲面方程.

解　根据前面推导, 得

$$\begin{cases} z - z' = 0, \\ x^2 + y^2 + z^2 = x'^2 + y'^2 + z'^2, \\ f(y', z') = 0, \\ x' = 0. \end{cases}$$

由上式第 1, 第 2, 第 4 三个方程得 $x' = 0$, $z' = z$, $y' = \pm\sqrt{x^2+y^2}$, 代入第 3 个方程, 消去 x', y', z' 得旋转曲面方程

$$f(\pm\sqrt{x^2+y^2}, z) = 0.$$

由此可见, 为得到坐标面 yOz 上的曲线绕 z 轴旋转所得的旋转曲面方程, 只要把母线方程中的 y 改成 $\pm\sqrt{x^2+y^2}$, 让 z 保持不变即可. 类似地, 可得 C 绕 y 轴旋转的旋转曲面方程 (见表 3.2).

表 3.2 平面曲线绕坐标轴旋转得到旋转曲面

曲线 C	旋转轴	旋转曲面方程
$\begin{cases} f(y,z)=0, \\ x=0 \end{cases}$	z 轴	$f(\pm\sqrt{x^2+y^2},z)=0$
$\begin{cases} f(y,z)=0, \\ x=0 \end{cases}$	y 轴	$f(y,\pm\sqrt{x^2+z^2})=0$
$\begin{cases} f(x,y)=0, \\ z=0 \end{cases}$	x 轴	$f(x,\pm\sqrt{y^2+z^2})=0$
$\begin{cases} x=f_1(t), \\ y=f_2(t), \quad t\in I \\ z=f_3(t) \end{cases}$	z 轴	$\begin{cases} x=\sqrt{f_1^2(t)+f_2^2(t)}\cos\theta, \\ y=\sqrt{f_1^2(t)+f_2^2(t)}\sin\theta, \quad t\in I,\theta\in[0,2\pi) \\ z=f_3(t) \end{cases}$

例 3.3.7 将 yOz 面上的抛物线$C:\begin{cases} y^2=2pz, \\ x=0 \end{cases}$ 绕 z 轴旋转所得的旋转曲面方程为 $x^2+y^2=2pz$, 该曲面称为**旋转抛曲面**, 如图 3.10(1) 所示.

将 yOz 平面上的双曲线 $C:\begin{cases} \dfrac{y^2}{b^2}-\dfrac{z^2}{c^2}=1, \\ x=0 \end{cases}$ 绕 z 轴旋转得到的旋转曲面方程为

$$\frac{x^2}{b^2}+\frac{y^2}{b^2}-\frac{z^2}{c^2}=1,$$

该曲面称为**旋转单叶双曲面**(hyperboloid of one sheet of revolution), 如图 3.10(2) 所示; 将双曲线 C 绕 y 轴旋转得到的旋转曲面方程为

$$\frac{x^2}{c^2}-\frac{y^2}{b^2}+\frac{z^2}{c^2}=-1,$$

称为**旋转双叶双曲面**(hyperboloid of two sheets of revolution), 如图 3.10(3) 所示.

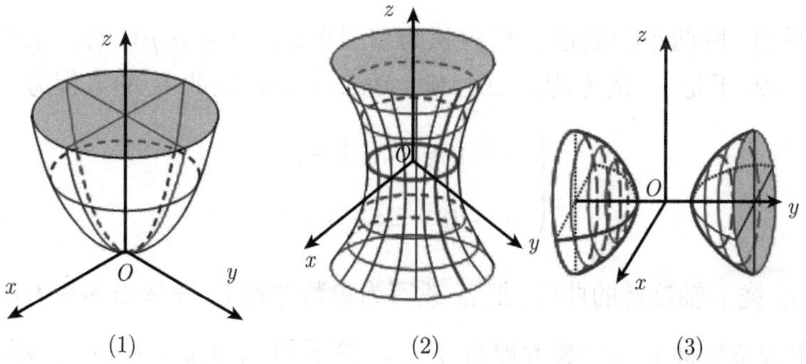

图 3.10 常见的旋转曲面

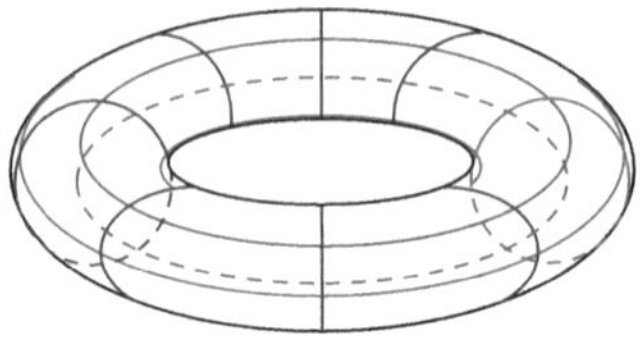

图 3.11　环面

将 yOz 平面上的圆 $\begin{cases}(y-a)^2+z^2=r^2,\\ x=0,\end{cases}$ $(0<r<a)$ 绕 z 轴旋转所得的曲面为 $(\pm\sqrt{x^2+y^2}-a)^2+z^2=r^2$, 展开后得 $(x^2+y^2+z^2+a^2-r^2)^2=4a^2(x^2+y^2)$, 该曲面称为**环面**(torus), 如图 3.11 所示.

例 3.3.8　说明下列方程表示何种曲面.

(1)$z=\dfrac{1}{x^2+y^2}$;　　(2)$xy+yz+zx=0$.

解　(1) 方程改写为 $z=\dfrac{1}{(\pm\sqrt{x^2+y^2})^2}$, 它具有 $F(\pm\sqrt{x^2+y^2},z)=0$ 的形式, 所以它是以 xOz 坐标面上的曲线$\begin{cases}z=\dfrac{1}{x^2},\\ y=0\end{cases}$ 为母线, z 轴为旋转轴的旋转曲面, 也可看成是 yOz 坐标面上的曲线 $\begin{cases}z=\dfrac{1}{y^2},\\ x=0\end{cases}$ 为母线, z 轴为旋转轴的旋转曲面.

(2) 根据方程的特点, 他是一个关于 x,y,z 的齐次方程, 则该曲面是以原点为顶点的锥面, 准线可取为 $\begin{cases}xy+x+y=0,\\ z=1.\end{cases}$

例 3.3.9　求直线$l:\dfrac{x-1}{1}=\dfrac{y}{1}=\dfrac{z-1}{-1}$ 在平面 $\pi_1: x-y+2z-1=0$ 上的投影直线 l_0 的方程, 并求 l_0 绕 y 轴旋转一周所成曲面的方程.

解　设过 l 且与 π_1 垂直的平面为 π_2, 它与 π_1 的交线即为 l 在 π_1 的投影直线 l_0. 设过 l 的平面束方程为

$$\lambda(x-1-y)+\mu(y+z-1)=0,$$

它与 π_1 垂直, 则两平面的法向量内积为 0, 即 $(\lambda,-\lambda+\mu,\mu)\cdot(1,-1,2)=0$, 得 $\lambda:\mu=1:-2$, 于是 π_2 的方程为 $x-3y-2z+1=0$. 因此 l_0 的方程为

$$\begin{cases}x-y+2z-1=0,\\ x-3y-2z+1=0.\end{cases}$$

为求 l_0 绕 y 轴旋转的曲面, 把 l_0 改写为参数方程 $l_0: x=2t, y=t, z=-\dfrac{1}{2}(t-1)$. 于是所求旋转曲面的参数方程为 $x=\sqrt{f_1^2+f_3^2}\cos\theta, y=t, z=\sqrt{f_1^2+f_3^2}\sin\theta$. 消参数得

$$x^2+z^2=f_1^2+f_3^2=(2t)^2+\frac{1}{4}(t-1)^2=4y^2+\frac{1}{4}(y-1)^2.$$

因此旋转曲面的方程为 $4x^2-17y^2+4z^2+2y-1=0$.

例 3.3.10 求证 $yz+zx+xy=a^2$ 是旋转曲面, 并求旋转轴.

证 因为 $(x^2+y^2+z^2)+2(yz+zx+xy)-(x^2+y^2+z^2)=2a^2$, 可得

$$(x+y+z)^2-(x^2+y^2+z^2)=2a^2,$$

对任意的实数$t(|t|>\sqrt{2}\,|a|)$, 曲线 $\begin{cases} x^2+y^2+z^2=t^2-2a^2, \\ x+y+z-t=0 \end{cases}$ 是一个圆, 圆心在直线 $x=y=z$ 上, 因此这是一个旋转曲面, 旋转轴是 $x=y=z$.

习 题

1. 求满足下列条件锥面.

(1) 准线为 $C:\begin{cases} x^2+\dfrac{y^2}{4}=1, \\ z=3 \end{cases}$ 且顶点在原点;

(2) 准线为 $C:\begin{cases} \dfrac{x^2}{a^2}+\dfrac{y^2}{b^2}=1, \\ z=c \end{cases}$ 且顶点在原点;

(3) 准线为 $\begin{cases} F(x,y)=0, \\ z=h, \end{cases}$ 其中 h 为非零的常数, 且顶点在原点;

(4) 以原点为顶点, 包含三条坐标轴的圆锥面;

(5) 锥面的顶点为 $(3\,,-1\,,-2)$, 准线为 $\begin{cases} x^2+y^2+z^2=1, \\ x-y+z=0; \end{cases}$

(6) 顶点在 $z=1-\sqrt{x^2+y^2}, z=x, x=0$ 且与球面 $x^2+y^2+z^2=1/9$ 相切;

(7) 求顶点为 $O(0,0,0)$, 轴与平面 $x+y+z=0$ 垂直, 且经过点 $(3,2,1)$.

2. 说明下列曲面的形状, 若是锥面, 求其顶点.

(1) $xy+yz+zx=0$; (2) $(y+z-x-1)^3=(z+x-y-1)^2(x+y-z-1)$.

3. 证明: $\sqrt{x}+\sqrt{y}-\sqrt{z}=0$ 表示一个半顶角为 $\arccos\dfrac{\sqrt{6}}{3}$ 的圆锥面.

4. 求下列旋转曲面.

(1) 曲线 $\begin{cases} \dfrac{(y-1)^2}{b^2}+\dfrac{z^2}{c^2}=1, \\ x=0 \end{cases}$ 绕 y 轴旋转一周;

(2) 曲线 $\begin{cases} z-\tan x^2=0, \\ y=0 \end{cases}$ 绕 z 轴旋转一周;

(3) 曲线 $\begin{cases} 4(x-1)^2+y^2+z^2=1, \\ z=0 \end{cases}$ 绕 x 轴旋转一周;

(4) 直线 $\begin{cases} z = 3x + 2, \\ z = 2y - 1 \end{cases}$ 绕 z 轴旋转一周;

(5) 直线 $\dfrac{x-1}{1} = \dfrac{y+1}{-1} = \dfrac{z-1}{2}$ 绕 $\dfrac{x}{1} = \dfrac{y}{-1} = \dfrac{z-1}{2}$ 旋转一周;

(6) 曲线 $\begin{cases} x^2 = y, \\ x + z = 0 \end{cases}$ 绕直线 $\dfrac{x}{1} = \dfrac{y}{2} = \dfrac{z}{1}$ 旋转一周.

5. 给出满足下列条件的旋转曲面方程, 并就参数的值讨论是什么曲面.

(1) 曲线 $\begin{cases} \dfrac{y^2}{9-\lambda} + \dfrac{z^2}{4-\lambda} = 1, \\ x = 0, \end{cases}$ $(\lambda \neq 4, 9)$ 绕 z 轴旋转一周;

(2) 直线 $l : \dfrac{x}{a} = \dfrac{y-b}{0} = \dfrac{z}{1}$ 绕 z 轴旋转一周.

6. 证明: 方程 $4x^2 - 9y^2 - 9z^2 = 36$ 表示旋转曲面, 并求它的母线和转轴.

7. 已知直线 $l : \dfrac{x}{m} = \dfrac{y}{n} = \dfrac{z}{p}$, 证明: 以 l 为轴, 原点为顶点, 半顶角为 α 的圆锥面的方程为

$$(mx + ny + pz)^2 = \cos^2\alpha \cdot (m^2 + n^2 + p^2)(x^2 + y^2 + z^2).$$

8. 说明下列方程所表示的图形是哪种曲面 (旋转曲面、柱面或锥面).

(1) $y = f(z - kx)$;　　(2) $z = yf\left(\dfrac{x}{y}\right)$;

(3) $\varphi(y - ax, z - bx) = 0$;　　(4) $g\left(\dfrac{x-x_0}{z-z_0}, \dfrac{y-y_0}{z-z_0}\right) = 0$.

3.4 二次曲面

设二次曲面的一般方程为

$$a_{11}x^2 + 2a_{12}xy + a_{22}y^2 + 2a_{13}xz + 2a_{23}yz + a_{33}z^2 + 2a_{14}x + 2a_{24}y + 2a_{34}z + a_{44} = 0.$$

例如, 二次锥面 $\dfrac{x^2}{a^2} + \dfrac{y^2}{b^2} - \dfrac{z^2}{c^2} = 0$. 本节从方程出发, 讨论三类标准的二次曲面.

(1) 椭球面 (ellipsoid)$\dfrac{x^2}{a^2} + \dfrac{y^2}{b^2} + \dfrac{z^2}{c^2} = 1$;

(2) 单叶/双叶双曲面 (hyperboloid of one/two sheet(s))$\dfrac{x^2}{a^2} + \dfrac{y^2}{b^2} - \dfrac{z^2}{c^2} = \pm 1$;

(3) 椭圆/双曲抛物面 (elliptic/hyperbolic paraboloid)$\dfrac{x^2}{a^2} \pm \dfrac{y^2}{b^2} = 2z$.

3.4.1 椭球面

定义 3.4.1　方程

$$S : \frac{x^2}{a^2} + \frac{y^2}{b^2} + \frac{z^2}{c^2} = 1, \quad a, b, c \in \mathbf{R}^+$$

表示的曲面称为**椭球面**. 当 a, b, c 有两个相等时, 表示旋转椭球面; 当 $a = b = c$ 时, 表示球面. 椭球面与三个坐标轴交点分别为 $(\pm a, 0, 0)$, $(0, \pm b, 0)$, $(0, 0, \pm c)$, 这六个点称为椭球面的**顶点**. 当 $a > b > c$ 时, a, b, c 分别称为椭球面的**长半轴**、**中半轴**和**短半轴**.

椭球面有以下性质.

1. **有界性** $|x| \leqslant a$, $|y| \leqslant b$, $|z| \leqslant c$.

2. **对称性** 椭球面关于三个坐标面, 三条坐标轴及原点均对称, 此时, 原点称为椭球面的**中心**. 实际上, 对 $\forall M(x, y, z) \in S$, 都有 $M_1(x, y, -z) \in S$, $M_2(x, -y, -z) \in S$, $M_3(-x, -y, -z) \in S$. 因此 S 关于 xOy 面, x 轴和原点对称.

3. **形状** 用一族平行于坐标面的平面去截曲面, 考察交线的形状, 从而了解曲面的立体形状的方法称为**平行截割法**. 用平行于 xOy 面的平面 $z = h$ 去截椭球面, 交线方程为

$$\begin{cases} \dfrac{x^2}{a^2} + \dfrac{y^2}{b^2} = 1 - \dfrac{z^2}{c^2}, \\ z = h. \end{cases}$$

当 $h = 0$ 时, 交线为 xOy 面上的椭圆;

当 $0 \neq |h| < c$ 时, 交线为平面 $z = h$ 上的一个椭圆, 其两个半轴分别为 $a\sqrt{1 - \dfrac{h^2}{c^2}}$, $b\sqrt{1 - \dfrac{h^2}{c^2}}$, 它们随 $|h|$ 的增大而减小;

当 $|h| = c$ 时, 交线退化成 z 轴上的一点 $(0, 0, c)$ 或 $(0, 0, -c)$;

当 $|h| > c$ 时, 平面 $z = h$ 与曲面无交线.

由上面的讨论, 椭球面的形状如图 3.12 所示.

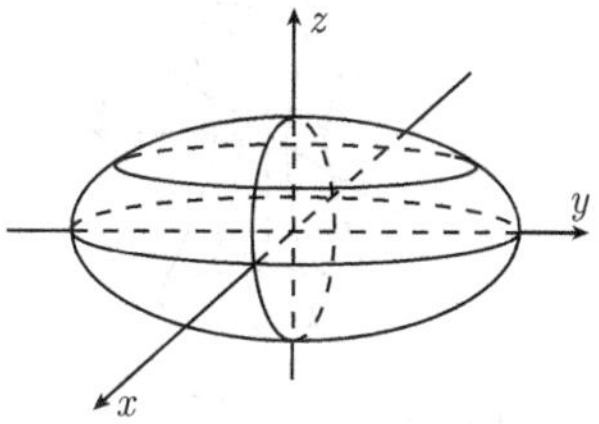

图 3.12 椭球面 $\dfrac{x^2}{a^2} + \dfrac{y^2}{b^2} + \dfrac{z^2}{c^2} = 1$

练习 写出椭球面的参数方程, 并且给出参数方程的几何意义.

3.4.2 双曲面

定义 3.4.2 方程

$$\frac{x^2}{a^2} + \frac{y^2}{b^2} - \frac{z^2}{c^2} = 1, \quad a, b, c \in \mathbf{R}^+$$

表示的曲面称为**单叶双曲面**.

单叶双曲面有以下性质.

1. **范围** 该曲面上的点均在柱面 $\dfrac{x^2}{a^2} + \dfrac{y^2}{b^2} = 1$ 上或外部; 锥面 $\dfrac{x^2}{a^2} + \dfrac{y^2}{b^2} - \dfrac{z^2}{c^2} = 0$

是该单叶双曲面的**渐近锥面**. 用 $z=h$ 去截, 当 $|h|$ 无限增大时, 单叶双曲面的截口椭圆与渐近锥面的截口椭圆任意接近.

2. **对称性**　关于三个坐标面, 三个坐标轴及坐标原点均对称.

3. **形状**　用平面 $z=h$ 去截曲面, 则交线方程为

$$\begin{cases} \dfrac{x^2}{a^2}+\dfrac{y^2}{b^2}=1+\dfrac{h^2}{c^2}, \\ z=h. \end{cases}$$

当 $h=0$ 时, 交线为 xOy 面上的椭圆, 称为单叶双曲面的**腰椭圆**;

当 $h\neq 0$ 时, 交线为椭圆, 它的两半轴分别为 $a\sqrt{1+\dfrac{h^2}{c^2}}, b\sqrt{1+\dfrac{h^2}{c^2}}$, 它们随 $|h|$ 的增大而增大.

类似地可讨论平面 $x=h$ 或平面 $y=h$ 去截单叶双曲面的情形, 单叶双曲面的形状如图 3.13(1) 所示.

4. **参数方程**　见表 3.3.

讨论　1. 请用平行截割法, 根据双叶双曲面方程讨论其图形; 2. 双叶/单叶双曲面是否可由某个双曲线移动生成?

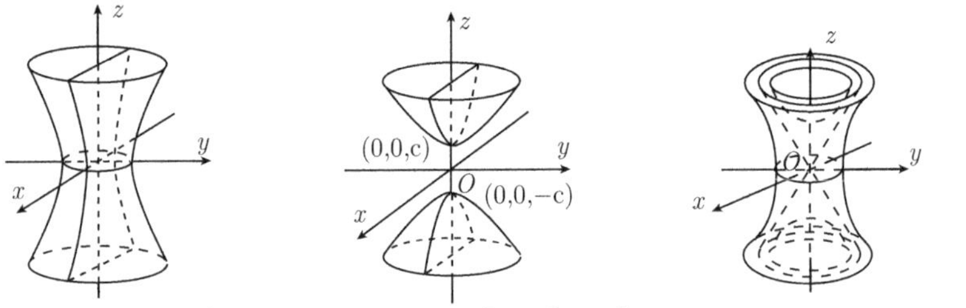

(1) 单叶双曲面 $\dfrac{x^2}{a^2}+\dfrac{y^2}{b^2}-\dfrac{z^2}{c^2}=1$ (2) 双叶双曲面 $\dfrac{x^2}{a^2}+\dfrac{y^2}{b^2}-\dfrac{z^2}{c^2}=-1$ (3) 双曲面的渐近锥面

图 3.13

表 3.3　单叶双曲面的参数方程

参数方程	参数的范围	参数方程	参数的范围
$\begin{cases} x=a\sec u\cos v \\ y=b\sec u\sin v \\ z=c\tan u \end{cases}$	$u\in\left(-\dfrac{\pi}{2},\dfrac{\pi}{2}\right)$, $v\in[0,2\pi)$.	$\begin{cases} x=a(\cos u+v\sin u) \\ y=b(\sin u-v\cos u) \\ z=\pm cv \end{cases}$	$v\in\mathbf{R}$, $u\in[0,2\pi)$.
$\begin{cases} x=a\dfrac{u-v}{u+v} \\ y=b\dfrac{uv+1}{u+v} \\ z=c\dfrac{uv-1}{u+v} \end{cases}$	$u,v\in\mathbf{R}$, $u+v\neq 0$.	$\begin{cases} x=au+av(1-u^2) \\ y=b-2buv \\ z=-cu+cv(1+u^2) \end{cases}$	$u,v\in\mathbf{R}$.

3.4.3 抛物面

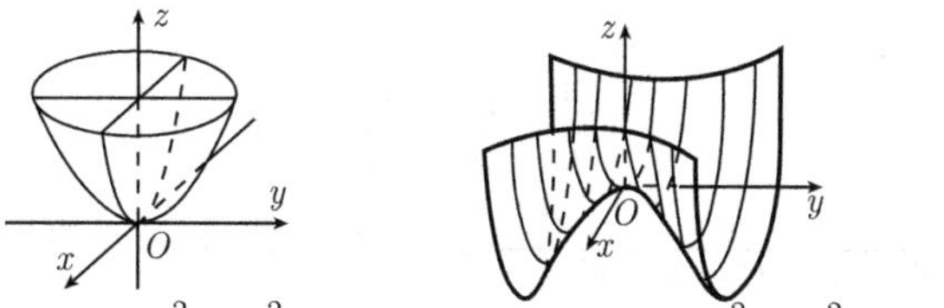

(1) 椭圆抛物面 $\frac{x^2}{a^2}+\frac{y^2}{b^2}=2z$　　(2) 双曲抛物面 $\frac{x^2}{a^2}-\frac{y^2}{b^2}=2z$

图 3.14

定义 3.4.3 方程

$$\frac{x^2}{a^2}-\frac{y^2}{b^2}=2z, a, b\in R^+$$

表示的曲面称为**双曲抛物面**，也叫**马鞍面**.

如图 3.14(2) 所示, 双曲抛物面有以下性质.

1. **对称性** 无对称中心, 1 条对称轴为 z 轴, 2 个对称面分别为 xOz 和 yOz 坐标面.

2. **参数方程** 见表 3.4.

讨论 1. 如图 3.14(1) 所示, 请用平行截割法, 根据椭圆抛物面方程讨论其图形;

2. 抛物面是否可由某个抛物线移动生成?

表 3.4 双曲抛物面的参数方程

参数方程	参数范围	参数方程	参数范围
$\begin{cases} x=a(u+v)\\ y=\pm b(u-v)\\ z=2uv\end{cases}$	$u, v\in \mathbf{R}$.	$\begin{cases} x=a(u+v)\\ y=\pm bv\\ z=u^2+2uv\end{cases}$	$u, v\in \mathbf{R}$.
$\begin{cases} x=a(\cos u+v)\\ y=b(\sin u\pm v)\\ z=\frac{\cos 2u}{2}+v(\cos u\mp\sin u)\end{cases}$	$v\in\mathbf{R}$, $u\in[0,2\pi)$.		

习　　题

1. 已知椭球面 $\frac{x^2}{a^2}+\frac{y^2}{b^2}+\frac{z^2}{c^2}=1(c<a<b)$, 试求过 x 轴且与其交线是圆的平面.

2. 动点 P 到定点 $A(-4,0,0)$ 的距离是它到 $B(2,0,0)$ 的距离的两倍, 求该动点的轨迹.

3. 已知椭球面的轴与坐标轴重合, 且通过椭圆 $\begin{cases}\frac{x^2}{9}+\frac{y^2}{16}=1,\\ z=0\end{cases}$ 与点 $M(1,2,\sqrt{23})$, 求这个椭球面的方程.

4. 求平面 $y=3$ 与单叶双曲面 $\frac{x^2}{4}+\frac{y^2}{9}-\frac{z^2}{9}=1$ 的交线. 并说明形状.

5. 试对 k 的不同值, 讨论 $z=kx$ 与单叶双曲面 $x^2+y^2-z^2=1$ 的交线的形状.

6. 给出下列方程的图形名称, 讨论其对称性并作出图形.

(1) $y^2-\dfrac{z^2}{4}=2x$;　　(2) $z=xy$;

(3) $\dfrac{x^2}{16}-\dfrac{y^2}{9}+\dfrac{z^2}{4}=1$;　　(4) $\dfrac{x^2}{16}-\dfrac{y^2}{4}+\dfrac{z^2}{9}=-1$.

7. 给定方程 $\dfrac{x^2}{A-\lambda}+\dfrac{y^2}{B-\lambda}+\dfrac{z^2}{C-\lambda}=1\ (A>B>C>0)$, 试问, 当 λ 取异于 A,B,C 的各种数值时, 它表示怎样的曲面?

8. 根据 k 的不同取值, 说明 $(9-k)x^2+(4-k)y^2+(1-k)z^2=1$ 表示的图形名称.

9. 已知椭圆抛物面的顶点在原点, xOy 面和 xOz 面是它的两个对称面, 且过点 $(6,1,2)$ 与 $\left(1,-\dfrac{1}{3},-1\right)$, 求该椭圆抛物面的方程.

10. 已知单叶双曲面 $\dfrac{x^2}{4}+\dfrac{y^2}{9}-\dfrac{z^2}{4}=1$, 试求一平面, 使该平面平行于 yOz 面 (或 xOz 面) 且与单叶双曲面的交线是一对相交直线.

11. 试验证椭圆抛物面与双曲抛物面的参数方程可分别写成.

$$\begin{cases} x=au\cos v, \\ y=bu\sin v, \\ z=\dfrac{u^2}{2} \end{cases}\quad 与 \quad \begin{cases} x=a(u+v), \\ y=b(u-v), \\ z=2uv \end{cases}\quad 或 \begin{cases} x=a(\cos u+v), \\ y=b(\sin u\pm v), \\ z=\dfrac{\cos 2u}{2}+v(\cos u\mp\sin u), \end{cases}$$

式中 u,v 为参数.

12. 设 P 是椭球面 $\dfrac{x^2}{a^2}+\dfrac{y^2}{b^2}+\dfrac{z^2}{c^2}=1$ 上的一点, 向量 $\overrightarrow{OP}$ 的方向余弦为 (λ,μ,ν), 且 $\left|\overrightarrow{OP}\right|=r$, 试证:

$$\frac{1}{r^2}=\frac{\lambda^2}{a^2}+\frac{\mu^2}{b^2}+\frac{\nu^2}{c^2}.$$

13. 设动点与点 $(1,0,0)$ 的距离是他到平面 $x=4$ 的距离的一半, 求此动点的轨迹.

14. 设动点与点 $(4,0,0)$ 的距离是他到平面 $x=1$ 的距离的两倍, 求此动点的轨迹.

15. 设某定点不在定直线上, 求到定点与定直线的距离之比等于常数 $\lambda(\lambda>0)$ 的点的轨迹方程, 并根据 λ 的取值范围, 说明轨迹的形状.

3.5 直 纹 面

曲面 S 称为**直纹面**(ruled surface), 如果通过 S 上的每个点都存在一条直线落在 S 上. 最常见的直纹面有平面、柱面、锥面、双曲抛物面和单叶双曲面. 其他的例子有劈锥曲面 (conoid)[6, 7]、莫比乌斯带 (Möbius strip)[8]、克莱因三次直纹面 [9]、p/q 扭转直纹面 [10, 11]、p/q 旋转直纹面 [12]、螺旋面 (helicoid)、三点扭转直纹面 (triple-point twist surface)[13, 14] 等, 见表 3.5.

直纹面简洁的构成、千变万化的形态备受数学家的喜爱, 也吸引建筑设计师的目光. 一些建筑通常采用直纹面作为屋顶, 如广州星海音乐厅和美国 Dorton 竞技场, 均用双曲抛物面, 优点是排水流畅、外形美观; 冷却塔外形常用旋转单叶双曲面, 对流快、散热好; 飞机机翼、汽轮机叶轮、流体机械中的叶片类零件常采用直纹面作为型面; 另外, 直纹面在园艺和雕塑中也有着广泛的应用.

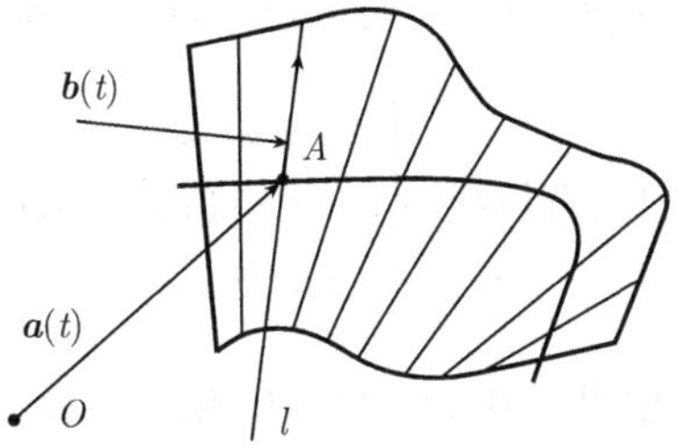

图 3.15 直纹面的直线生成

3.5.1 直纹面的定义

定义 3.5.1 空间中一条动直线沿着一条定曲线移动形成的曲面称为直纹面. 这条动直线叫**直母线**, 那条曲线叫**准线**.

如图 3.15 所示, 在 t 时刻, 设准线上动点 A 坐标为 $\boldsymbol{a}(t)$ 表示, 动直线的方向向量为 $\boldsymbol{b}(t)$, 则直纹面的参数方程为

$$\boldsymbol{x}(t,u)=\boldsymbol{a}(t)+\boldsymbol{u}b(t) \text{ 或 } \begin{pmatrix} x(t,u) \\ y(t,u) \\ z(t,u) \end{pmatrix}=\begin{pmatrix} a_1(t) \\ a_2(t) \\ a_3(t) \end{pmatrix}+u\begin{pmatrix} b_1(t) \\ b_2(t) \\ b_3(t) \end{pmatrix}.$$

特别地, 若 $\boldsymbol{a}(t)$ 与 t 无关, 表示锥面; 若 $\boldsymbol{b}(t)$ 与 t 无关, 则表示柱面.

3.5.2 直纹面的判定

定理 3.5.1 单叶双曲面和双曲抛物面均是直纹面.

证法 1 现将单叶双曲面化成参数方程, 利用直纹面参数方程的形式来判定单叶双曲面是直纹面. 每条直母线 (如果有的话) 均与腰椭圆相交. 如若不然, 则有条直母线一定落在平行于 xOy 坐标面的平面上, 这与 $z=h$ 去截该曲面均为椭圆矛盾. 设其腰椭圆上的点为 $P_0(a\cos\theta,b\sin\theta,0)$, $\theta\in[0,2\pi)$, 如图 3.16 所示, 设过 P_0 点的直母线方向为 $\boldsymbol{v}=(l,m,n)$, 该母线落在单叶双曲面上, 即

$$\frac{(a\cos\theta+tl)^2}{a^2}+\frac{(b\sin\theta+tm)^2}{b^2}-\frac{(tn)^2}{c^2}=1,$$

整理得

$$\left(\frac{l^2}{a^2}+\frac{m^2}{b^2}-\frac{n^2}{c^2}\right)t^2+2\left(\frac{l\cos\theta}{a}+\frac{m\sin\theta}{b}\right)t=0.$$

由于 t 是任意的, 则

$$\frac{l^2}{a^2}+\frac{m^2}{b^2}-\frac{n^2}{c^2}=\frac{l\cos\theta}{a}+\frac{m\sin\theta}{b}=0.$$

由此得 $l:m:n=a\sin\theta:-b\cos\theta:\pm c$. 于是当 $P_0(\theta)$ 沿腰椭圆走一圈时, 过 $P_0(\theta)$ 以 $\boldsymbol{v}(\theta)$ 为方向向量的动直线构成单叶双曲面, 从而单叶双曲面的参数方程为

$$\text{(I族直母线)}\begin{cases} x=a\cos\theta+ta\sin\theta, \\ y=b\sin\theta-tb\cos\theta, \\ z=ct \end{cases} \quad \text{或(II族直母线)}\begin{cases} x=a\cos\theta+ta\sin\theta, \\ y=b\sin\theta-tb\cos\theta, \\ z=-ct \end{cases}$$

其中 $\theta\in[0,2\pi)$, $t\in\mathbf{R}$. 根据直纹面参数方程的形式, 单叶双曲面是直纹面, 类似可证双曲抛物面是直纹面.

证法 2 用因式分解的方法, 寻找直线 (即两个相交平面) 来判定双曲抛物面是直纹面. 将双曲抛物面方程 $\dfrac{x^2}{a^2}-\dfrac{y^2}{b^2}=2z$ 改写成 $\left(\dfrac{x}{a}+\dfrac{y}{b}\right)\left(\dfrac{x}{a}-\dfrac{y}{b}\right)=2z$. 引入参数 u 或 v, 上式等价于

$$(u\text{族直母线})\begin{cases} \dfrac{x}{a}+\dfrac{y}{b}=2\,u, \\ u\left(\dfrac{x}{a}-\dfrac{y}{b}\right)=z \end{cases} \quad \text{或}\ (v\text{族直母线})\begin{cases} \dfrac{x}{a}-\dfrac{y}{b}=2\,v, \\ v\left(\dfrac{x}{a}+\dfrac{y}{b}\right)=z. \end{cases}$$

由于参数 u,v 可变动, 因而它们是双曲抛物面上的两族直母线. 说明该曲面由直线生成, 因而是直纹面. 类似可证单叶双曲面.

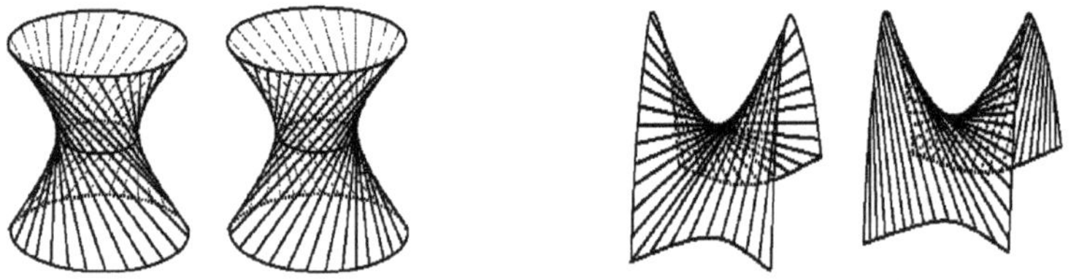

图 3.16 单叶双曲面和双曲抛物面上的两族直母线

命题 3.5.1 二次曲面 $F(x,y,z)=0$ 是直纹面的充分条件是

$$F(x,y,z)=F_1(x,y,z)\cdot F_2(x,y,z)-F_3(x,y,z)\cdot F_4(x,y,z),$$

其中 $F_i(x,y,z)\,(i=1,2,3,4)$ 的次数 $\leqslant 1$; 且下面

$$\begin{cases} wF_1(x,y,z)=uF_3(x,y,z), \\ uF_2(x,y,z)=wF_4(x,y,z) \end{cases} \quad \text{或} \quad \begin{cases} tF_1(x,y,z)=vF_4(x,y,z), \\ vF_2(x,y,z)=tF_3(x,y,z) \end{cases}$$

表示直线族, 其中 w,u,t,v 是使上式有意义的参数.

例 3.5.1 证明: $(x-z)^2+(y+z-a)^2=a^2$ 是柱面.

证 方程改写为 $(x-z)(x-z)=(y+z)(2a-y-z)$; 唯一一族直母线

$$\begin{cases} w(x-z)=u(y+z), \\ u(x-z)=w(2a-y-z) \end{cases}$$

的方向向量为

$$\left(\begin{vmatrix} -u & -w-u \\ w & w-u \end{vmatrix}, \begin{vmatrix} -w-u & w \\ w-u & u \end{vmatrix}, \begin{vmatrix} w & -u \\ u & w \end{vmatrix}\right)$$
$$=\left(w^2+u^2\right)(1,-1,1)//(1,-1,1).$$

方向为定方向, 故它表示一个柱面.

思考 1. 给定一个高次 (高于 2 次) 曲面普通方程, 如何判定它是直纹面? 例如, Cayley 三次直纹面 $3z-3xy+x^3=0$.

2. 直纹面的普通方程如何等价地转化为参数方程?

表 3.5 有名的直纹面

名称	方程	图形
Plücker 劈锥	$z=\dfrac{2xy}{(x^2+y^2)}$ 或 $\begin{cases} x=u\cos v, \\ y=u\sin v, \\ z=2\cos v\sin v. \end{cases}$	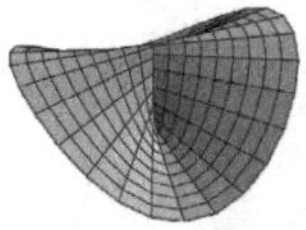
推广的 Plücker 劈锥	$\begin{cases} x=u\cos v, \\ y=u\sin v, \\ z=c\sin nv \end{cases}$ 或 $\begin{cases} x=u\cos v, \\ y=u\sin v, \\ z=c\cos nv. \end{cases}$	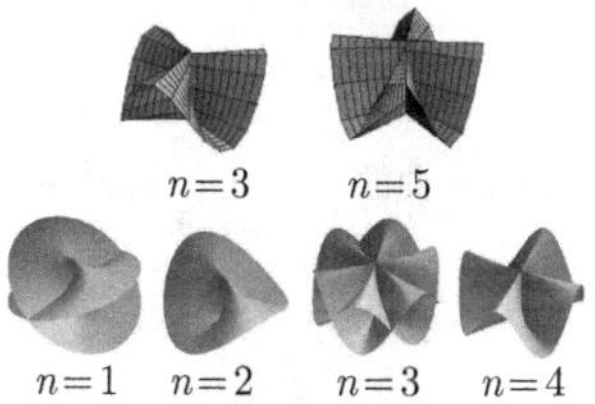
莫比乌斯带	$\begin{cases} x=\left(1+\dfrac{1}{2}u\cos\dfrac{v}{2}\right)\cos v, \\ y=\left(1+\dfrac{1}{2}u\cos\dfrac{v}{2}\right)\sin v, \\ z=\dfrac{1}{2}u\sin\dfrac{v}{2}. \end{cases}$	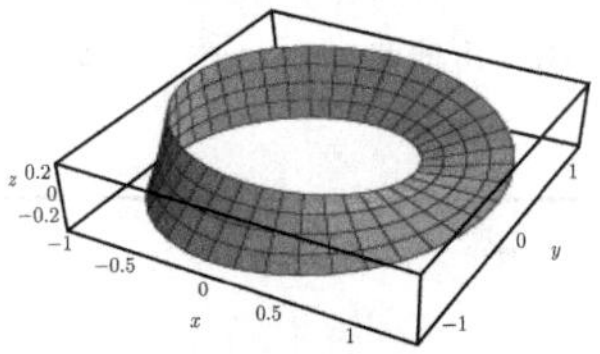
Cayley 三次直纹面	$x^2+y^2-x^2z+y^2z+z^2-1=0.$	
p/q扭转直纹面	$\begin{cases} x=u\cos v, \\ y=u\sin v, \\ z=(u-a)\cot\dfrac{p}{q}v. \end{cases}$	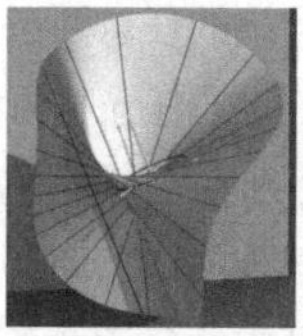

续表

名称	方程	图形
p/q 旋转直纹面	$\begin{cases} x = a\cos\theta \\ \quad +u\left(a+b\cos\left(\dfrac{p}{q}\theta+\theta_0\right)-a\cos\theta\right), \\ y = a\sin\theta - au\sin\theta, \\ z = bu\sin\left(\dfrac{p}{q}\theta+\theta_0\right). \end{cases}$	
螺旋面	$\dfrac{y}{x} = \tan\left(\dfrac{z}{c}\right)$ 或 $\begin{cases} x = u\cos v, \\ y = u\sin v, \\ z = cv. \end{cases}$	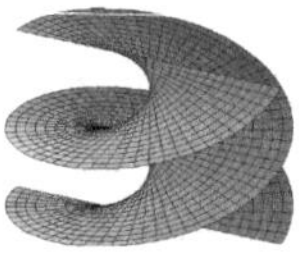
三点扭转直纹面	$\begin{cases} x = u, \\ y = v^3 + cv, \\ z = uv + v^5 + cv^3. \end{cases}$	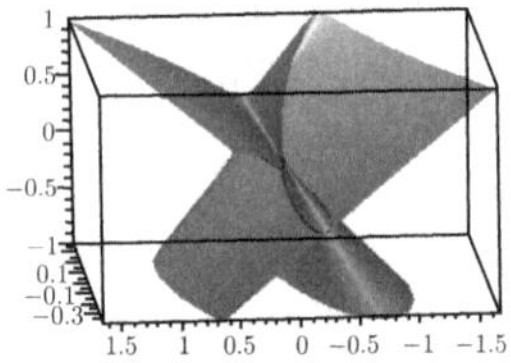
Guimard 曲面	$\begin{cases} x = ((1-u)a + ub)\cos v, \\ y = bu\sin v, \\ z = cu\sin^2 v. \end{cases}$	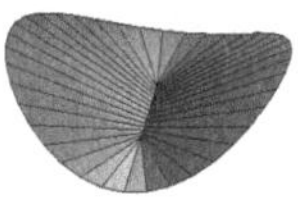
Cartan 曲面	$z(x^2+y^2) = x^3$ 或 $\begin{cases} x = u\cos v, \\ y = u\sin v, \\ z = u\cos^3 v. \end{cases}$	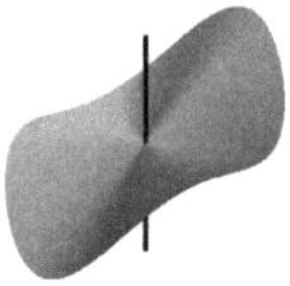
Gaudi 曲面	$z = kx\sin\dfrac{y}{c}$, k, c 为非零常数.	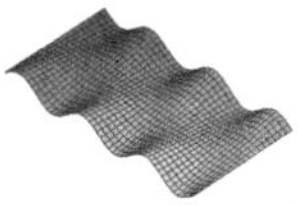

习　　题

1. 设 S 是单叶双曲面, 证明:

(1) 同族的任意两条直母线异面;

(2) 异族的任意两条直母线共面;

(3) u 族的任一直母线, 在 v 族直母线中有且只有一条直母线与之平行.

2. 设 S 是马鞍面, 证明:

(1) 同族的任意两条直母线异面;

(2) 异族的任意两条直母线相交;

(3) 同族的全体直母线平行于同一个平面.

3. 求以下直纹面的直母线族方程.

(1) $x^2+y^2-z^2=0$; (2)$z=axy$.

4. 证明下面曲面是柱面.

(1) $x^2+2xz+z^2=1-y^2$; (2) $y^2+2yz+z^2=1-x^2$;

(3) $(x+y)(y+z)=x+2y+z$; (4)$(x+y+z)^2=(x-y-z)^2$.

5. (1) 在双曲抛物面 $\dfrac{x^2}{16}-\dfrac{y^2}{4}=z$ 上, 求平行于平面 $3x+2y-4z=0$ 的直母线方程;

(2) 在双曲抛物面 $\dfrac{x^2}{16}-\dfrac{y^2}{4}=2z$ 上, 求平行于平面 $3x+2y-z+1=0$ 的直母线方程;

(3) 求双曲抛物面 $\dfrac{x^2}{4}-\dfrac{y^2}{9}=z$ 上过点 $P(2,3,0)$ 的直母线方程.

6. (1) 求单叶双曲面 $\dfrac{x^2}{9}+\dfrac{y^2}{4}-\dfrac{z^2}{16}=1$ 上过点 $(6,2,8)$ 的直母线方程;

(2) 求单叶双曲面 $\dfrac{x^2}{4}+\dfrac{y^2}{9}-\dfrac{z^2}{16}=1$ 上过点 $(2,3,-4)$ 的两条直母线的夹角.

7. 试验证单叶双曲面与双曲抛物面的参数方程可写成:

$$\begin{cases} x=a\dfrac{h-k}{h+k}, \\ y=b\dfrac{hk+1}{h+k}, \\ z=c\dfrac{hk-1}{h+k} \end{cases} \quad 与 \quad \begin{cases} x=a\dfrac{h+k}{2}, \\ y=b\dfrac{h-k}{2}, \\ z=\dfrac{hk}{2}, \end{cases}$$

式中 u,v 为参数.

8. 写出 Cayley 三次直纹面 $x^2+y^2-x^2z+y^2z+z^2-1=0$ 的参数方程 [8].

9. 证明: 单叶双曲面 $x^2+y^2-9z^2=1$ 的任意一条 u 族直母线在 xOy 平面上的射影, 一定是其腰椭圆的切线.

3.6 作 简 图

在二维平面上展示三维立体图形, 在美术上有著名的透视画法. 透视画法使观看的人对平面的画有立体感, 如同透过一个透明玻璃平面看立体的景物.

对于多个曲面围成立体图形, 可采用数学软件如 MATLAB、MAPLE 来展现. 计算机作图的原理是采集足够多的样点, 再打点连线作图. 有时, 由于数据点过多、采集区域受限、图形叠加等因素使得绘图不能真实反映曲面和它们的交线形状. 为了能快速简单地作出曲面围成区域的简图, 手工作图有时候很有必要. 它是数学分析中重积分的基础, 也可以在绘画素描中得到有效运用.

作多个曲面围成区域简图的难点是确定交线. 由于透视画法主要展示空间中线段和平面一种画法, 尚未查这个画法运用到画空间曲线的案例. 本节用投影的方法, 可作为透视画法的补充, 能较准确地描出交线 [15, 16].

考虑两个曲面 $F_1(x,y,z)=0$ 和 $F_2(x,y,z)=0$ 围成的立体图形. 首先画空间直角坐标系.

3.6.1 坐标系常用的三种画法

1. 斜二测法 (即斜二等轴测投影法): z 轴铅直, y 轴水平, x 轴斜率为 1; y 轴和 z 轴单位长度相同, x 轴单位长度是 y 轴单位长度的一半. 如图 3.17(1) 所示.

2. 正等测法 (即正等轴测投影法): 三根坐标轴夹角都是 120°, 单位长度相等. 如图 3.17(2) 所示.

3. 正二测法 (即正二等轴测投影法): z 轴铅直, y 轴斜率 $-1/8$, x 轴斜率 $7/8$; y 轴和 z 轴单位长度相同, x 轴单位长度是 y 轴单位长度的一半. 如图 3.17(3) 所示.

3.6.2 作简图的步骤

对于两个曲面围成的图形, 一般可按照以下步骤进行.

1. 用斜二测法 (或正等测法、正二测法) 画出空间直角坐标系.

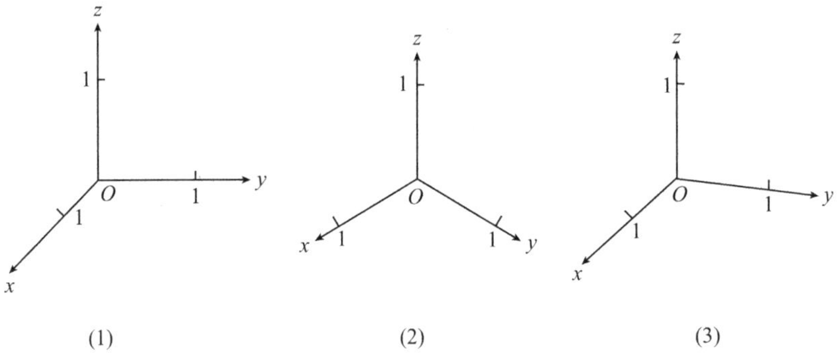

图 3.17 空间直角坐标系的画法

2. 求出交线$C:\begin{cases}F_1(x,y,z)=0,\\F_2(x,y,z)=0\end{cases}$ 分别在三个坐标面上的投影柱面和投影曲线. 选取其中两个便于作图的投影曲线. 例如:

$$C_{xy}:\begin{cases}F(x,y)=0,\\z=0,\end{cases}\quad (x,y)\in D_1 \text{ 和 } C_{yz}:\begin{cases}G(y,z)=0,\\x=0,\end{cases}\quad (y,z)\in D_2.$$

它们分别是在 xOy 和 yOz 面的投影曲线.

3. 在 xOy 和 yOz 面的公共坐标轴 y 轴上, 依次取五个点 A_1,A_2,A_3,A_4,A_5; 过点 $A_i(i=1,2,3,4,5)$, 分别作 x 轴和 z 轴的平行线, 与曲线 C_{xy} 和 C_{yz} 于点 B_i 和 C_i; 过点 B_i 作 z 轴的平行线, 过点 C_i 作 x 轴的平行线, 它们的交点 S_i 即为

所求交线 C 上的点; 将所得的 S_1, S_2, S_3, S_4, S_5 顺次光滑连接起来, 即画出了交线 C.

4. 依视角描出实线、虚线和轮廓线.

例 3.6.1 作出 $z=4-x^2$, $2x+y=4$ 以及三坐标面在第一卦限所围成的立体图形.

解 1) 用斜二测法画出直角坐标系.

2) 抛物柱面 $z=4-x^2$ 的母线平行于 y 轴. 已知抛物柱面和平面的交线为 $\gamma:\begin{cases} z=4-x^2, \\ 2x+y=4, \end{cases}$ 它在 xOz 面上投影曲线为抛物线 $\Gamma:\begin{cases} z=4-x^2, \\ y=0, \end{cases}$ 其顶点为 $S(0,0,4)$, 开口与 z 轴的方向相反, 与 x 轴的交于$(\pm2,0,0)$. 在第一卦限的部分如图 3.18 所示; 交线 γ 在 xOy 面投影曲线为线段 $\begin{cases} 2x+y=4, \\ z=0, \end{cases}$ $x,y\geqslant 0$, 对应的投影柱面平行于 z 轴, 过 $P(2,0,0)$ 和 $Q(0,4,0)$.

3) 在抛物线 $\overset{\frown}{SP}$ 上任取一点 A, 过点 A, 且平行于抛物柱面的方向, 作矩形 $ABCD$, 分别交 x 轴于 B, 交 PQ 于 C. 由于 $AD//y$ 轴, 则 D 在抛物柱面 $z=4-x^2$ 上, 又在平面 $2x+y=4$ 上. 故 D 在交线 γ 上. 用以上方法可得交线上一系列的点. 把这些点连接起来, 即得交线, 如图 3.18 所示.

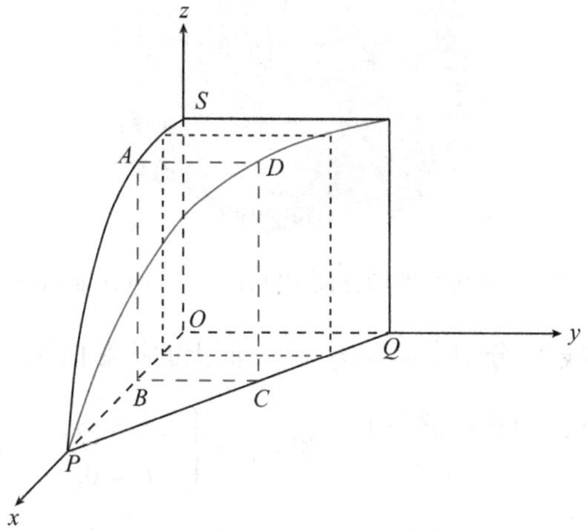

图 3.18 抛物柱面和平面所围成区域

4) 根据视角描出实线、虚线和轮廓线.

例 3.6.2 画出两个圆柱面 $x^2+y^2=1$ 和 $x^2+z^2=1$ 围成区域.

参考图 3.19, 留作练习.

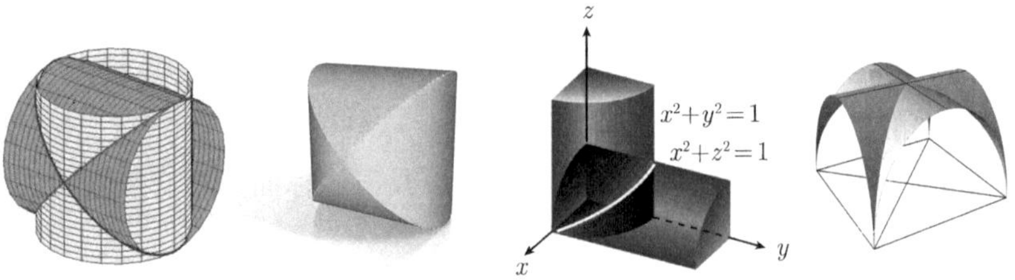

图 3.19　两个相交的圆柱面

讨论　三个圆柱面 $x^2+y^2=1$, $x^2+z^2=1$ 和 $y^2+z^2=1$ 围成区域. 如图 3.20 所示.

例 3.6.3　作出 $z=2\sqrt{x^2+y^2}$, $x^2+y^2=2x$ 以及 xOy 面所围成的空间区域.

解　由 $z=2\sqrt{x^2+y^2}$ 得 $z^2=4x^2+4y^2$, $z\geqslant 0$, 它是一个圆锥面; 曲面 $(x-1)^2+y^2=1$ 是一个圆柱面. 设这两曲面的交线为 C, 作图步骤如下.

1) 用斜二测法画出空间直角坐标系.

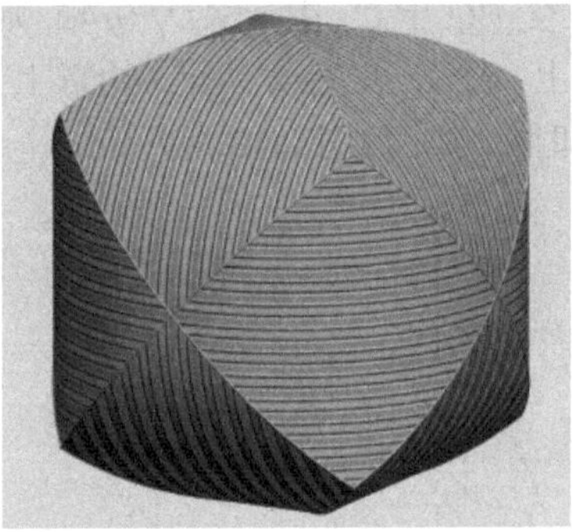

图 3.20　三个相交的圆柱面 (Three intersecting cylinders)

2) 画出空间曲线 C 分别在面 xOy, xOz 面上的投影曲线

$$C_{xy}:\begin{cases}(x-1)^2+y^2=1,\\ z=0\end{cases} \quad 和\ C_{xz}:\begin{cases}z^2=8x,\\ y=0,\end{cases} \quad x\in[0,2].$$

3) 在 xOy, xOz面的公共坐标轴 x 轴上, 依次取五个点 $A_i(i=1,2,3,4,5)$, 分别为 $0,\dfrac{1}{2},1,\dfrac{3}{2},2$; 过点 A_i 作 y 轴的平行线交曲线 C_{xy} 于点 B_i, 过点 A_i 作 z 轴的平行线交曲线 C_{xz} 于点 C_i; 过点 B_i 作 z 轴的平行线, 过点 C_i 作 y 轴的平行线, 它们的交点 S_i 即为交线 C 上的点; 将所得的 S_1,S_2,S_3,S_4,S_5 顺次光滑连接起来, 即为曲线 C.

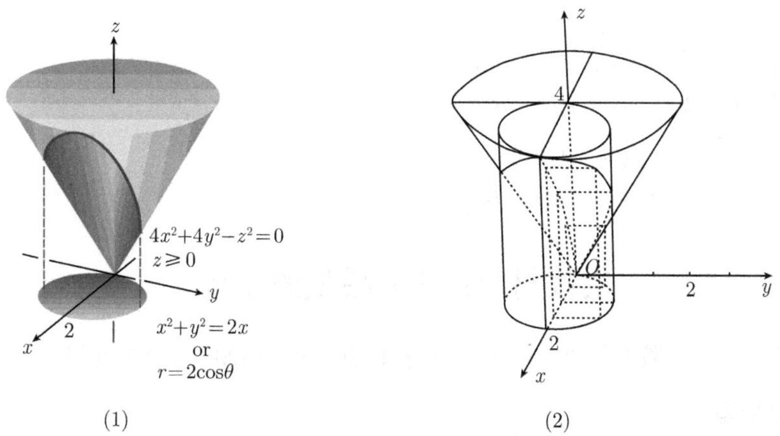

图 3.21 圆柱面与圆锥面围成的图形

4) 依视角描出实线、虚线和轮廓线. 如图 3.21(2) 所示, 比较图 3.21(1).

例 3.6.4 作曲面 $x^2+y^2+z^2=4, x^2+y^2-2x=0$ 以及 xOy 面所围成的空间区域简图.

参考图 3.22, 留作练习.

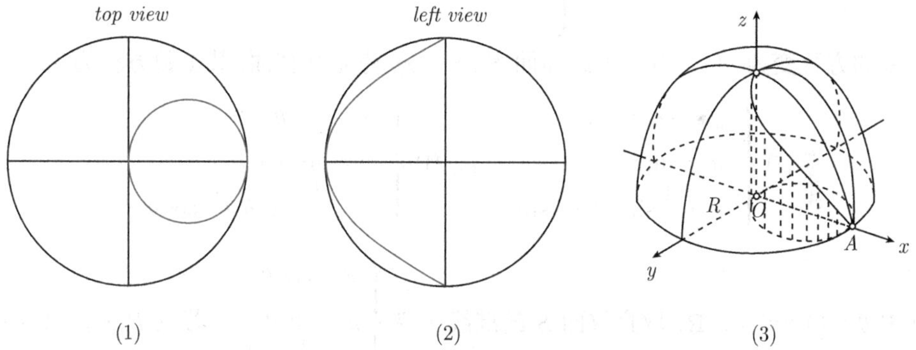

图 3.22 投影曲线和简图

习 题

1. 画出在 xOy 面上面, 锥面 $z=2-\sqrt{x^2+y^2}$ 和圆柱面 $(x-1)^2+y^2=1$ 内部所围成的立体图形.

2. 画出由下列曲面所围成的立体图形, 并写出简要步骤.

(1) $x=0,\ z=0,\ x+3y=6,\ 2x+3y=12$ 和 $x+y+z=6$;

(2) $2(x^2+y^2)=z$ 与 $z=4$;

(3) $z = 4 - y^2$ 与 $z = x^2 + 3y^2$;

(4) $z = 1 - \sqrt{x^2 + y^2}, z = x, x = 0$;

(5) $x^2 + y^2 - 2z = 0, x^2 + y^2 - 4x = 0, z = 0$;

(6) $x = \sqrt{y - z^2}, \frac{1}{2}\sqrt{y} = x, y = 1$;

(7) $2y^2 = x, x + 2y + z = 4, z = 0$.

实践材料：几何模型的制作

本材料介绍马鞍面模型 [17, 18, 19] 和螺旋面模型 [20] 的制作过程.

1. 马鞍面模型

马鞍面的方程和性质

马鞍面的标准方程为 $\frac{x^2}{a^2} - \frac{y^2}{b^2} = 2z$, 其中 $a, b > 0$. 特别地, 当 $a = b = \sqrt{2}$, 通过旋转变换

$$\begin{cases} x' = \frac{1}{\sqrt{2}}(x + y), \\ y' = \frac{1}{\sqrt{2}}(x - y), \\ z' = z. \end{cases}$$

原来的方程变为 $z' = x'y'$. 因此曲面 $S : z = xy$ 也是马鞍面, 其参数方程为

$$\text{(I)}\begin{cases} x = \cos\theta + t, \\ y = \sin\theta, \\ z = \frac{1}{2}\sin 2\theta + t\sin\theta \end{cases} \quad \text{或(II)}\begin{cases} x = \cos\theta, \\ y = \sin\theta + t, \\ z = \frac{1}{2}\sin 2\theta + t\cos\theta, \end{cases}$$

其中 $\theta \in [0, 2\pi), t \in \mathbf{R}$. 取直纹面 S 的准线 Γ 为 $\begin{cases} x = \cos\theta, \\ y = \sin\theta, \\ z = \frac{1}{2}\sin 2\theta. \end{cases}$ 若点 $P(x, y, z) \in \Gamma$, 则 $Q(-x, y, -z) \in \Gamma$ 且线段 PQ 落在在 (I) 族的直母线上; 若 $Q'(x, -y, -z) \in \Gamma$ 且线段 PQ' 落在在 (II) 族的直母线上.

制作流程

材料: 塑料瓶、毛线、绣花针、图钉、剪刀、直尺、白纸、双面胶.

步骤:

1) 找一个大小合适, 中部呈圆柱的塑料瓶. 剪去头部和底部, 取呈圆柱的部分待用;

2) 测量出圆柱的高 h 和底面圆周长 c;

3) 在白纸上打印出 2 份如图 3.23 所示的 $y = A\sin\omega x$ 的正弦函数图像 ($\omega = \frac{2\pi}{c}$, $h > 2A$), 使得一个周期的长度等于圆柱底面圆周长的一半, 并且整个高度小于圆柱的高; 画出合适数量的等分竖线;

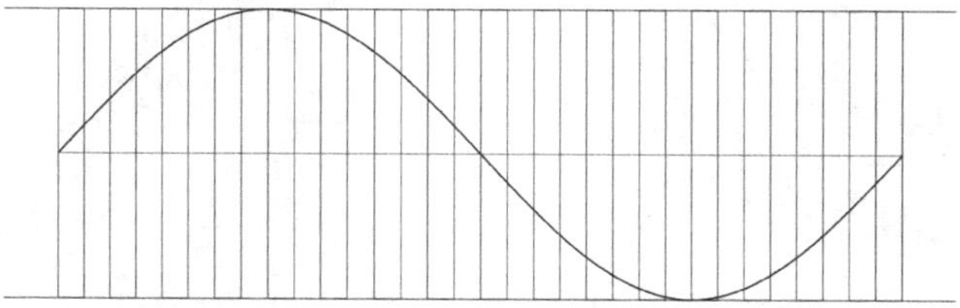

图 3.23 圆柱面上的准线展开得到的正弦曲线

4) 将打印好的 2 份的正弦函数图像沿矩形边框修剪好, 使其无缝隙的贴于圆柱表面;

5) 在正弦函数图像与竖格的交点处在圆柱表面打孔. 打好孔后将贴在圆柱表面的打印纸取下, 此时, 圆柱表面打好的孔的痕迹有两个波峰, 两个波谷;

6) 选定一个波峰, 并且以这个波峰为起点穿过圆柱内部, 向其中一个波谷拉第一根线, 以选定的波峰和波谷为起点, 沿着打好的孔以相反的方向等格移动, 对应点在圆柱内部牵线;

7) 牵线的过程中, 线既不能松弛也不能使圆柱变形, 直到在圆柱内部形成网状结构, 如图 3.24 所示;

8) 将多余的线剪去, 模型即成.

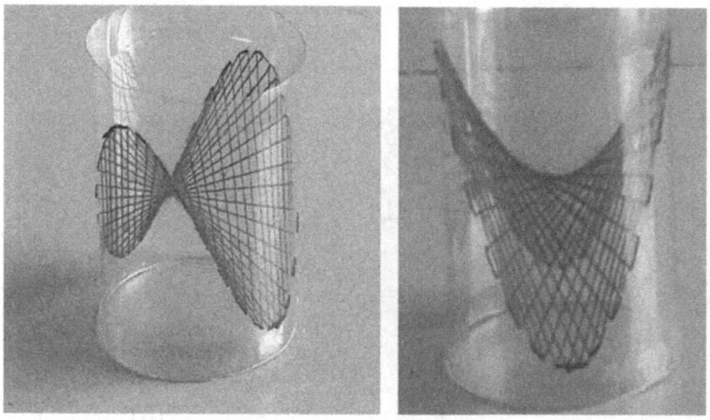

图 3.24 制作的马鞍面

2. 螺旋面模型

螺旋面及其方程

有两条互相直交的直线 l_1 与 l_2, l_1 绕 l_2 做螺旋运动, 即 l_1 一方面绕 l_2 做等速转动, 另一方面又沿着 l_2 作等速直线运动, 在运动中 l_1 永远保持与 l_2 直交, 这样由 l_1 运动的轨迹叫**螺旋面**.

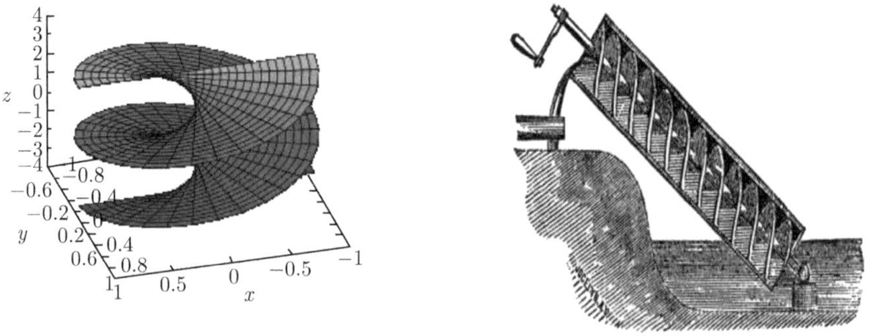

图 3.25　螺旋面以及应用

螺旋面的一般方程为 $\dfrac{y}{x}=\tan\left(\dfrac{z}{c}\right)$, c 为常数; 参数方程为 $\begin{cases} x = v\cos\varphi, \\ y = v\sin\varphi, \quad v,\varphi\in\mathbf{R}. \\ z = c\varphi, \end{cases}$

螺旋面的柱面坐标为 $(v,\varphi,c\varphi)$.

螺旋面应用之一是阿基米德式螺旋升水泵 (Archimedes Screw), 这种把水从低处往高处运的机械, 据说是古希腊科学家阿基米德在公元前 3 世纪, 为了将水从大船的船舱中排出而发明的. 至今这种机器仍在埃及及欧洲部分地区被用来灌溉排水.

螺旋面看起来像一个 (双) 螺旋楼梯或 DNA 链, 如图 3.26(3) 和 (4) 所示. 它是直纹曲面, 由直线生成, 故可用线做成模型.

制作流程

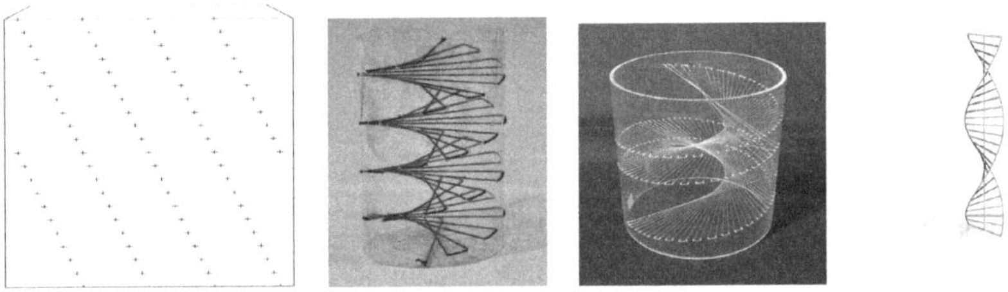

(1)　(2)　(3)　(4)

图 3.26　螺旋面模型

材料: 塑料瓶、白纸、铅笔、直尺、针或图钉、蓝线、剪刀、胶水.

步骤:

1) 找一个大小合适, 中间呈圆柱体的瓶子, 用剪刀剪去上部和底部, 留下中间圆柱面的部分.

2) 在白纸上画一个长方形, 使得它的长为圆柱的周长, 宽为圆柱的高.

3) 分别过长方形底边的右端点和中点, 画两条平行斜线, 使得斜线与长方形底边的夹角为 $\theta(0<\theta<\pi/4)$, 与长方形左边相交; 以此交点为分点, 将长方形的宽等分为合适的份数, 用铅笔连成平行水平线; 在长方形上画出所有距离相等的平行斜线, 这些水平线与斜线的交点即为打孔点, 如图 3.26(1) 所示; 在长方形的白纸上标记出这些打孔点.

4) 将长方形的白纸重新围在圆柱塑料瓶上, 把接头粘好, 用针打孔.

5) 从最底点开始连线, 穿同一层面的对称点, 直到全部的点穿完为止, 如图 3.26(2) 所示.

习　题

1. 制作单叶双曲面模型.

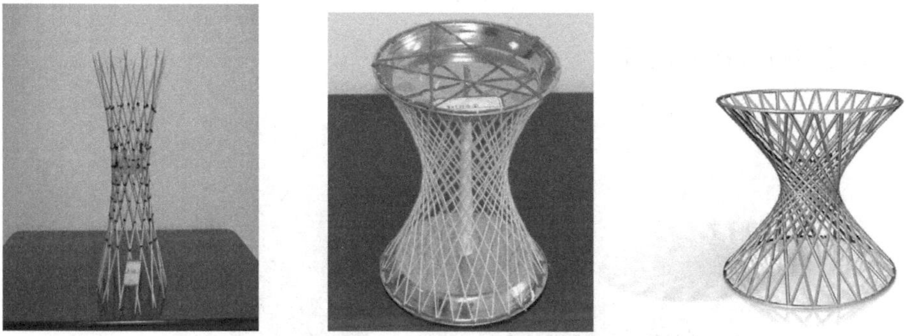

图 3.27　单叶双曲面模型 [19]

2. 制作马鞍面模型.

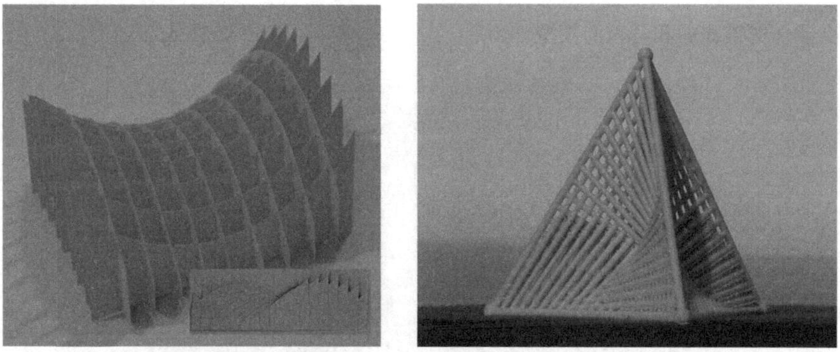

图 3.28　马鞍面模型 [18]

3. 制作马鞍面组合模型.

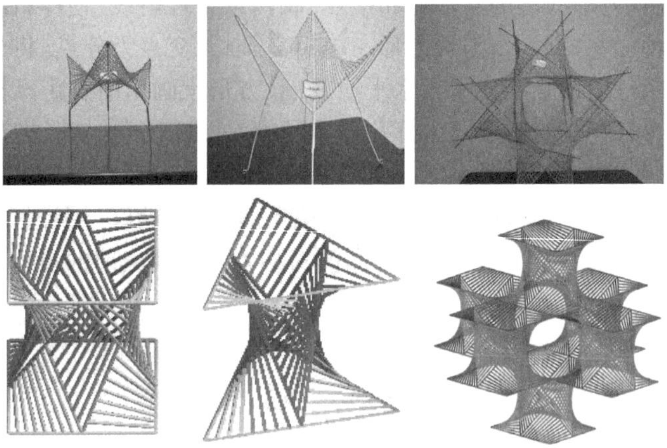

图 3.29　马鞍面组合模型 [21]

4. 制作环面和椭球面模型.

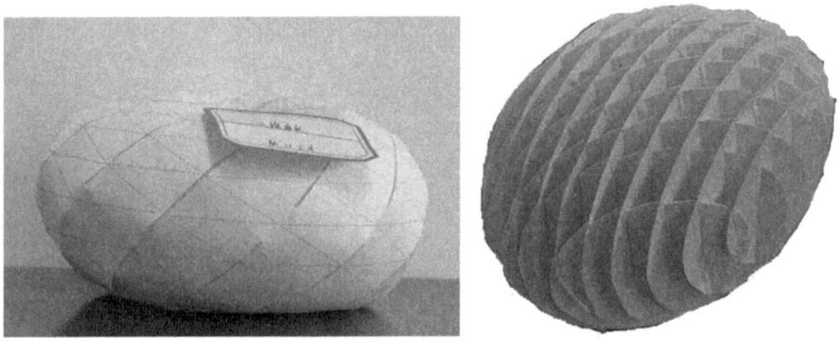

图 3.30　环面和椭球面模型 [22, 23]

5. 制作劈锥曲面和马鞍面模型.

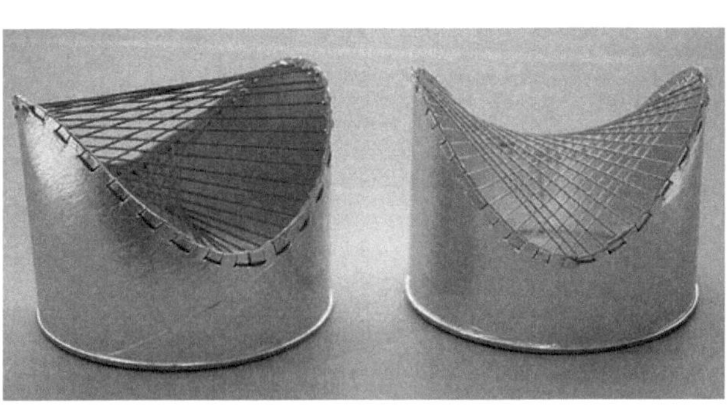

图 3.31　劈锥曲面和马鞍面模型 [24]

6. 制作 p/q 旋转曲面模型.

$a=1,b=1,p\ /\ q=1\ /\ 2,\theta_0=1.5708,v\in[0,1]$

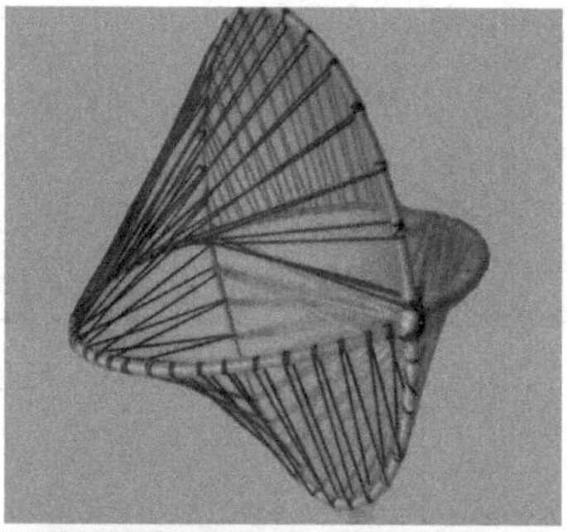

$a=1,b=1,p\ /\ q=1\ /\ 1,\theta_0=3.1416,v\in[0,1]$

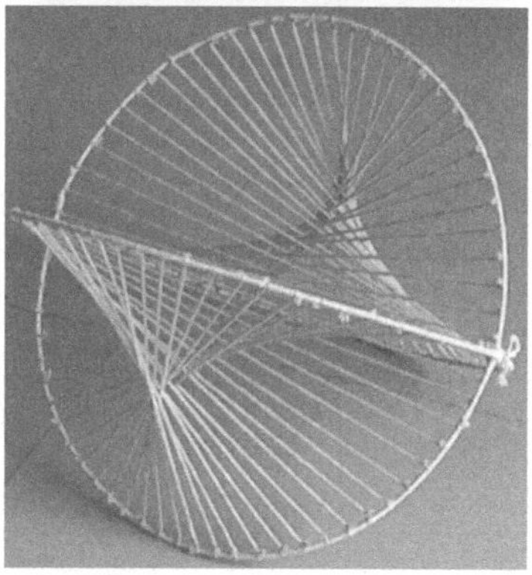

图 3.32　p/q 旋转曲面以及模型 [12]

7. 制作与正多面体相关的模型.

图 3.33　与正多面体相关的模型

第4章

二次曲线的分类

在平面直角坐标系中，由二元二次方程

$$a_{11}x^2 + 2a_{12}xy + a_{22}y^2 + 2a_{13}x + 2a_{23}y + a_{33} = 0$$

所表示的曲线，称为二次曲线. 二次曲线不仅是高中数学的组成部分，更是大学坐标几何的重要内容. 二次曲线方程的化简与分类有两种常用方法，一种是利用移轴和转轴，构造新的坐标系，化简方程；另外一种是利用不变量化简方程. 本章我们主要是结合这两种方法给出二次曲线的化简与分类.

4.1 二次曲线与直线的相关位置

4.1.1 二次曲线的记号

为了方便起见，引入下面的一些记号：

$$\begin{aligned}
&F(x,y) = a_{11}x^2 + 2a_{12}xy + a_{22}y^2 + 2a_{13}x + 2a_{23}y + a_{33},\\
&F_1(x,y) = a_{11}x + a_{12}y + a_{13},\\
&F_2(x,y) = a_{12}x + a_{22}y + a_{23},\\
&F_3(x,y) = a_{13}x + a_{23}y + a_{33},\\
&\Phi(x,y) = a_{11}x^2 + 2a_{12}xy + a_{22}y^2.
\end{aligned}$$

容易验证

$$F(x,y) = xF_1(x,y) + yF_2(x,y) + F_3(x,y).$$

把 $F(x,y)$ 的系数排成的矩阵

$$A=\begin{pmatrix} a_{11} & a_{12} & a_{13} \\ a_{12} & a_{22} & a_{23} \\ a_{13} & a_{23} & a_{33} \end{pmatrix}$$

称为二次曲线 $F(x,y)=0$ 的矩阵 (或 $F(x,y)$ 的矩阵).

把 $\Phi(x,y)$ 的系数排成的矩阵

$$A^*=\begin{pmatrix} a_{11} & a_{12} \\ a_{12} & a_{22} \end{pmatrix}$$

称为 $\Phi(x,y)$ 的矩阵. 显然, 二次曲线的矩阵 A 的第一, 第二, 第三行 (或列) 的元素分别是 $F_1(x,y)$, $F_2(x,y)$, $F_3(x,y)$ 的系数. 最后, 记

$$I_1=a_{11}+a_{22},\quad I_2=|A^*|=\begin{vmatrix} a_{11} & a_{12} \\ a_{12} & a_{22} \end{vmatrix},\quad I_3=|A|=\begin{vmatrix} a_{11} & a_{12} & a_{13} \\ a_{12} & a_{22} & a_{23} \\ a_{13} & a_{23} & a_{33} \end{vmatrix},$$

$$K=\begin{vmatrix} a_{11} & a_{13} \\ a_{13} & a_{33} \end{vmatrix}+\begin{vmatrix} a_{22} & a_{23} \\ a_{23} & a_{33} \end{vmatrix}.$$

这里 I_1 是 A^* 的主对角线上元素的和, 同时是二次曲线平方项系数之和, I_2 是 A^* 的行列式, I_3 是 A 的行列式.

4.1.2　二次曲线与直线的相交情况

为了探知二次曲线在平面上的形状和位置情况, 我们任选一条直线去截二次曲线. 考虑二次曲线 C:

$$F(x,y)=a_{11}x^2+2a_{12}xy+a_{22}y^2+2a_{13}x+2a_{23}y+a_{33}=0$$

与过点 (x_0,y_0) 且具有方向 $X:Y$ 的直线

$$\begin{cases} x=x_0+Xt, \\ y=y_0+Yt \end{cases}$$

的交点. 利用上面的方程, 消去 x,y, 经过整理得关于 t 的方程

$$\begin{aligned}&(a_{11}X^2+2a_{12}XY+a_{22}Y^2)t^2\\&+2\left\{(a_{11}x_0+a_{12}y_0+a_{13})X+(a_{12}x_0+a_{22}y_0+a_{23})Y\right\}t\\&+(a_{11}x_0^2+2a_{12}x_0y_0+a_{22}y_0^2+2a_{13}x_0+2a_{23}y_0+a_{33})=0.\end{aligned}$$

利用前面的记号, 上述式子可写成

$$\Phi(X,Y)t^2+2\left(F_1(x_0,y_0)X+F_2(x_0,y_0)Y\right)t+F(x_0,y_0)=0.$$

关于这个方程的解, 可分以下几种情况讨论:

1. $\Phi(X,Y)\neq 0$. 这个方程是关于 t 的二次方程. 它的判别式

$$\Delta=[F_1(x_0,y_0)X+F_2(x_0,y_0)Y]^2-\Phi(X,Y)F(x_0,y_0),$$

这又可分三种情况:

(1) $\Delta>0$. 方程有两个不等实根 t_1 与 t_2, 这时直线与二次曲线有两个不同的实交点.

(2) $\Delta=0$. 方程有两个相等实根 t_1 与 t_2, 这时直线与二次曲线有两个重合的实交点.

(3) $\Delta<0$. 方程有两个共轭的虚根, 这时直线与二次曲线交于两个共轭的虚点.

2. $\Phi(X,Y)=0$. 这时又可分三种情况:

(1) $F_1(x_0,y_0)X+F_2(x_0,y_0)Y\neq 0$. 这时方程是关于 t 的一次方程, 它有唯一的实根, 故直线与二次曲线有唯一实交点.

(2) $F_1(x_0,y_0)X+F_2(x_0,y_0)Y=0$, 而 $F(x_0,y_0)\neq 0$. 这时, 方程无解, 故直线与二次曲线没有交点.

(3) $F_1(x_0,y_0)X+F_2(x_0,y_0)Y=0$, 且 $F(x_0,y_0)=0$. 这时, 方程成为恒等式, 它能被任何值 (实的或虚的) 的 t 所满足, 所以直线的一切点都是二次曲线 C 和直线的公共点, 即直线全部落在二次曲线 C 上.

4.2 二次曲线的渐近方向与中心

4.2.1 二次曲线的渐近方向

由前一节, 我们可知道二次曲线 C

$$F(x,y)=a_{11}x^2+2a_{12}xy+a_{22}y^2+2a_{13}x+2a_{23}y+a_{33}=0$$

和具有方向 $X:Y$ 的直线

$$\begin{cases} x=x_0+Xt,\\ y=y_0+Yt \end{cases}$$

当满足条件

$$\Phi(X,Y)=a_{11}X^2+2a_{12}XY+a_{22}Y^2=0$$

时, 直线与二次曲线或者只有一个实交点, 或者没有实交点, 或者整条直线落在二次曲线上.

定义 4.2.1 满足条件 $\Phi(X,Y)=0$ 的方向 $X:Y$ 称为二次曲线 C 的**渐近方向**, 其他方向称为**非渐近方向**.

事实上, 因为 a_{11},a_{12},a_{22} 不全为零, 故 $\Phi(X,Y)=a_{11}X^2+a_{22}Y^2+2a_{12}XY=0$ 最多只有两个解, 所以, 任意二次曲线至多有两个渐近方向, 且与 $\Phi(X,Y)=0$ 的判别式 $\Delta=a_{12}^2-a_{11}a_{22}=-I_2$ 有关, 二次曲线按照渐近方向分类如下：

(1) 当 $I_2>0$ 时, 二次曲线 C 有两共轭虚渐近方向, 称为椭圆型的二次曲线;

(2) 当 $I_2=0$ 时, 二次曲线 C 有两相同实渐近方向, 称为抛物型的二次曲线;

(3) 当 $I_2<0$ 时, 二次曲线 C 有两不同实渐近方向, 称为双曲型的二次曲线.

4.2.2 二次曲线的中心

由上面的讨论, 可以看到, 当直线的方向 $X:Y$ 为非渐近方向时, 即当

$$\Phi(X,Y)=a_{11}X^2+2a_{12}XY+a_{22}Y^2\neq 0$$

时, 直线与二次曲线 C 总交于两个点 (或两不同的实点, 或两重合的实点, 或一对共轭的虚点). 我们把由这两点确定的线段称为二次曲线的**弦**.

下面给出二次曲线中心的定义.

定义 4.2.2 如果点 M_0 是二次曲线的通过它的所有弦的中点 (即 M_0 是二次曲线的对称中心), 那么点 M_0 叫做二次曲线的**中心**.

定理 4.2.1 点 $M_0(x_0,y_0)$ 是二次曲线 C 的中心的充要条件为

$$\begin{cases} F_1(x_0,y_0)=0,\\ F_2(x_0,y_0)=0. \end{cases}$$

证 设 l 是过点 $M_0(x_0,y_0)$, 以任意非渐近方向 $X:Y$ 为方向的直线, 即

$$L_i\begin{cases} x=x_0+Xt,\\ y=y_0+Yt. \end{cases}$$

把直线方程 l 代入二次曲线方程 C 得

$$\Phi(X,Y)t^2+2[XF_1(x_0,y_0)+YF_2(x_0,y_0)]t+F(x_0,y_0)=0,$$

则直线 l 与二次曲线 C 的两个交点 M_1 和 M_2 由上式的两个根 t_1 和 t_2 决定. 设 $M_1=(x_1,y_1)$, $M_2=(x_2,y_2)$. 则

$$\begin{cases} x_i=x_0+Xt_i,\\ y_i=y_0+Yt_i, \end{cases}\quad i=1,2.$$

于是

$$\frac{x_1+x_2}{2}=x_0+\frac{t_1+t_2}{2}X,\quad \frac{y_1+y_2}{2}=y_0+\frac{t_1+t_2}{2}Y.$$

所以 M_0 是弦 M_1M_2 中点的充要条件为 $t_1+t_2=0$, 即

$$XF_1(x_0,y_0)+YF_2(x_0,y_0)=0.$$

又因为 $X{:}Y$ 是任意非渐近方向, 所以必有 $F_1(x_0,y_0)=F_2(x_0,y_0)=0$. 证毕.

推论 坐标原点 $O(0,0)$ 是二次曲线 C 的中心的充要条件是

$$a_{13}=a_{23}=0.$$

因此选取二次曲线的中心为新坐标系下的原点时, 二次曲线方程中不含一次项. 由上述定理可知, 二次曲线的中心坐标由以下方程组决定:

$$\begin{cases} F_1(x,y)=a_{11}x+a_{12}y+a_{13}=0,\\ F_2(x,y)=a_{12}x+a_{22}y+a_{23}=0. \end{cases}$$

以上中心方程组系数矩阵 A^* 与增广矩阵 B 如下

$$A^*=\begin{pmatrix} a_{11} & a_{12}\\ a_{12} & a_{22}\end{pmatrix},\quad B=\begin{pmatrix} a_{11} & a_{12} & -a_{13}\\ a_{12} & a_{22} & -a_{23}\end{pmatrix}$$

下面讨论中心方程组的解.

(1) 当 $\operatorname{rank}(A^*)=\operatorname{rank}(B)=2$ 时, 即 $I_2\neq 0$, 则方程有唯一解, 即曲线 C 有唯一的中心, 称此时的二次曲线为中心二次曲线, 例如椭圆、双曲线.

(2) 当 $\operatorname{rank}(A^*)=\operatorname{rank}(B)=1$ 时, 则方程有一条直线 L_0 的解, L_0 为二次曲线的中心直线, 其方程为 $a_{11}x+a_{12}y+a_{13}=0$, 称此时的二次曲线为线心二次曲线, 例如两平行直线.

(3) 当 $\operatorname{rank}(A^*)\neq\operatorname{rank}(B)$ 时, 则方程没有解, 即二次曲线没有中心, 称此时的二次曲线为无心二次曲线, 例如抛物线.

注: 中心直线一定是二次曲线的对称直线; 反之不成立; 无心二次曲线与线心二次曲线统称为非中心二次曲线.

定义 4.2.3 过二次曲线的中心, 且以渐近方向为方向的直线称为二次曲线的**渐近线**.

显然, 椭圆型曲线只有两条虚渐近线而无实渐近线, 双曲型曲线有两条实渐近线, 而抛物型曲线中的无心曲线无渐近线, 至于线心曲线, 它有一条实渐近线, 就是它的中心直线.

习　　题

1. 求下列二次曲线的渐近方向, 并指出曲线属于哪种类型.

(1) $x^2+2xy+y^2+3x+y=0$;

(2) $3x^2+4xy+2y^2-6x-2y+5=0$;

(3) $2xy-4y-2y+3=0$.

2. 判别下列二次曲线是中心二次曲线, 线心二次曲线, 还是无心二次曲线.

(1) $x^2-2xy+2y^2-4x-6y+3=0$;

(2) $x^2-4xy+4y^2+2x-2y-1=0$;

(3) $2y^2+8x+12y-3=0$;

(4) $9x^2-6xy+y^2-6x+2y=0$

3. 求下列二次曲线的渐近线.

(1) $6x^2-xy-y^2+3x+y-1=0$;

(2) $x^2-3xy+2y^2+x-3y+4=0$;

(3) $x^2+2xy+y^2+2x+2y-4=0$.

4. 试证明二次曲线成为线心曲线的充要条件是 $I_2=I_3=0$, 成为无心曲线的充要条件是 $I_2=0, I_3\neq 0$.

4.3　二次曲线的化简与分类

4.3.1　平面直角坐标变换

我们知道, 同一平面图形, 采取不同的平面直角坐标系, 得到的方程是不一样的. 为了便于对图形的方程进行分析, 总是尽可能地选取适当的坐标系, 使方程具有最简的形式. 要研究曲线方程在新旧坐标系下方程的变化情况, 就要弄清平面上的同一点在两个直角坐标系下坐标之间的关系, 即坐标变换公式.

本节主要研究移轴变换, 转轴变换, 并在此基础上研究一般的平面直角坐标变换.

1. 移轴

设在平面上两个右手直角坐标系$\{O;\ \boldsymbol{i},\ \boldsymbol{j}\}$ 和$\{O';\ \boldsymbol{i}',\ \boldsymbol{j}'\}$, 这里 $\boldsymbol{i}$和$\boldsymbol{j}$以及$\boldsymbol{i}'$和$\boldsymbol{j}'$ 是两组坐标基向量, 它们是平面上的两个标准正交基, 我们依次称这两个坐标系为旧坐标系和新坐标系.

如果两个坐标系$\{O;\ \boldsymbol{i},\boldsymbol{j}\}$ 和$\{O';\ \boldsymbol{i}',\boldsymbol{j}'\}$ 的原点 O 与 O' 不同, O' 在$\{O;\ \boldsymbol{i},\boldsymbol{j}\}$中的坐标为 (x_0, y_0), 但两坐标系的坐标基向量相同, 即有

$$\boldsymbol{i}'=\boldsymbol{i},\quad \boldsymbol{j}'=\boldsymbol{j}$$

那么坐标系$\{O';\ \boldsymbol{i}', \boldsymbol{j}'\}$可以看成是由坐标系$\{O;\ \boldsymbol{i}, \boldsymbol{j}\}$将原点平移到$O'$点而得来的 (如图 4.1). 这种坐标变换称为**移轴**(坐标平移).

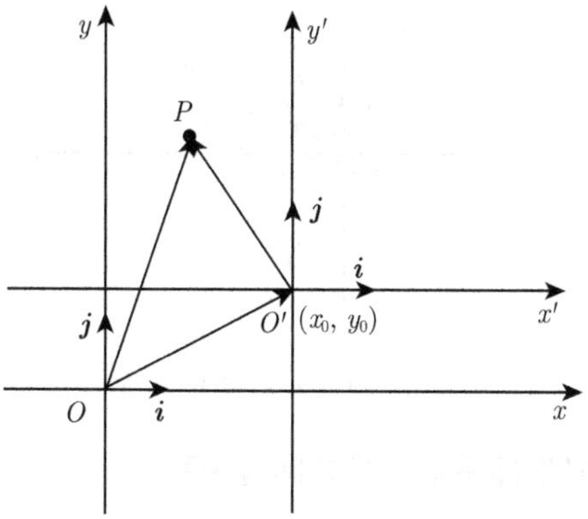

图 4.1 移轴

设 P 是平面内任意一点, 它对坐标系$\{O;\ \boldsymbol{i},\ \boldsymbol{j}\}$和$\{O';\ \boldsymbol{i}', \boldsymbol{j}'\}$的坐标分别为$(x,\ y)$与$(x',\ y')$, 则有 $\overrightarrow{OP}=\overrightarrow{OO'}+\overrightarrow{O'P}$. 因为 $\overrightarrow{OP}=x\boldsymbol{i}+y\boldsymbol{j}$, $\overrightarrow{O'P}=x'\boldsymbol{i}+y'\boldsymbol{j}$, $\overrightarrow{OO'}=x_0\boldsymbol{i}+y_0\boldsymbol{j}$, 于是 $x\boldsymbol{i}+y\boldsymbol{j}=(x'+x_0)\boldsymbol{i}+(y'+y_0)\boldsymbol{j}$. 这样根据向量相等的定义得移轴公式为

$$\begin{cases} x=x'+x_0, \\ y=y'+y_0, \end{cases}$$

从中反解出 x' 和 y', 就得逆变换公式为

$$\begin{cases} x'=x-x_0, \\ y'=y-y_0. \end{cases}$$

2. 转轴

如果两个坐标系$\{O;\ \boldsymbol{i}, \boldsymbol{j}\}$和$\{O';\ \boldsymbol{i}', \boldsymbol{j}'\}$的原点相同, 即 $O=O'$, 但坐标基向量不同, 且有 $\angle(\boldsymbol{i}, \boldsymbol{i}')=\alpha$, 则坐标系$\{O';\ \boldsymbol{i}', \boldsymbol{j}'\}$可以看成是由坐标系$\{O;\ \boldsymbol{i}, \boldsymbol{j}\}$绕 O 点旋转α角而得来的 (如图 4.2). 这种由坐标系$\{O;\ \boldsymbol{i}, \boldsymbol{j}\}$到坐标系$\{O';\ \boldsymbol{i}', \boldsymbol{j}'\}$的坐标变换称为**转轴**(坐标旋转).

下面推导转轴公式. 设 P 是平面内任意一点, 它对$\{O;\ \boldsymbol{i}, \boldsymbol{j}\}$和$\{O';\ \boldsymbol{i}', \boldsymbol{j}'\}$的坐标分别为$(x,\ y)$与$(x',\ y')$, 即有

$$\overrightarrow{OP}=x\boldsymbol{i}+y\boldsymbol{j},$$
$$\overrightarrow{O'P}=x'\boldsymbol{i}'+y'\boldsymbol{j}'.$$

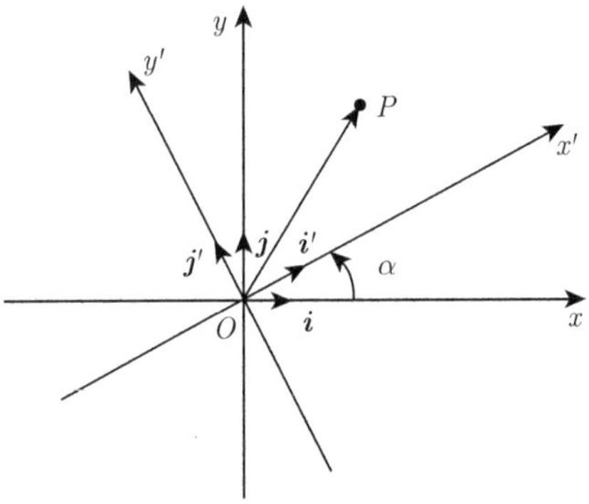

图 4.2　转轴

因为 $\angle(\boldsymbol{i}, \boldsymbol{i}')=\alpha$, 新旧坐标系基向量之间有关系

$$\boldsymbol{i}'=\boldsymbol{i}\cos\alpha+\boldsymbol{j}\sin\alpha,$$

$$\boldsymbol{j}'=\boldsymbol{i}\cos\left(\alpha+\frac{\pi}{2}\right)+\boldsymbol{j}\sin\left(\alpha+\frac{\pi}{2}\right)=-\boldsymbol{i}\sin\alpha+\boldsymbol{j}\cos\alpha.$$

于是有

$$\begin{aligned}\overrightarrow{O'P}&=x'(\boldsymbol{i}\cos\alpha+\boldsymbol{j}\sin\alpha)+y'(-\boldsymbol{i}\sin\alpha+\boldsymbol{j}\cos\alpha)\\&=(x'\cos\alpha-y'\sin\alpha)\boldsymbol{i}+(x'\sin\alpha+y'\cos\alpha)\boldsymbol{j}.\end{aligned}$$

因为 O 和 O' 是同一点, 故可直接得到转轴公式:

$$\begin{cases}x=x'\cos\alpha-y'\sin\alpha,\\y=x'\sin\alpha+y'\cos\alpha.\end{cases}$$

从中反解出 x' 和 y', 就得到用旧坐标表示新坐标的逆变换公式:

$$\begin{cases}x'=x\cos\alpha+y\sin\alpha,\\y'=-x\sin\alpha+y\cos\alpha,\end{cases}$$

式中的 α 为坐标轴的旋转角. 逆变换公式也可看成是由标架$\{O;\ \boldsymbol{i}',\boldsymbol{j}'\}$ 绕 O 旋转 $-\alpha$ 角变到$\{O;\ \boldsymbol{i},\boldsymbol{j}\}$ 的转轴公式.

转轴坐标变换公式可以改写成矩阵的形式

$$\begin{bmatrix}x\\y\end{bmatrix}=Q\begin{bmatrix}x'\\y'\end{bmatrix},\quad\text{其中,}\quad Q=\begin{bmatrix}\cos\alpha & -\sin\alpha\\ \sin\alpha & \cos\alpha\end{bmatrix}$$

是一个正交矩阵 (见附录), 因而其逆矩阵 $Q^{-1}=Q^{\mathrm{T}}$, 因此逆变换公式可以直接得到

$$\begin{bmatrix}x'\\y'\end{bmatrix}=Q^{\mathrm{T}}\begin{bmatrix}x\\y\end{bmatrix}.$$

3. 一般坐标变换公式

在一般情况下, 由旧坐标系Oxy变成新坐标系 $O'x'y'$, 总可以分两步来完成. 即先移轴使坐标原点与新坐标系的原点 O' 重合, 变成坐标系 $O'x''y''$, 然后再由辅助坐标系 $O'x''y''$ 转轴而成新坐标系 $O'x'y'$(如图 4.3).

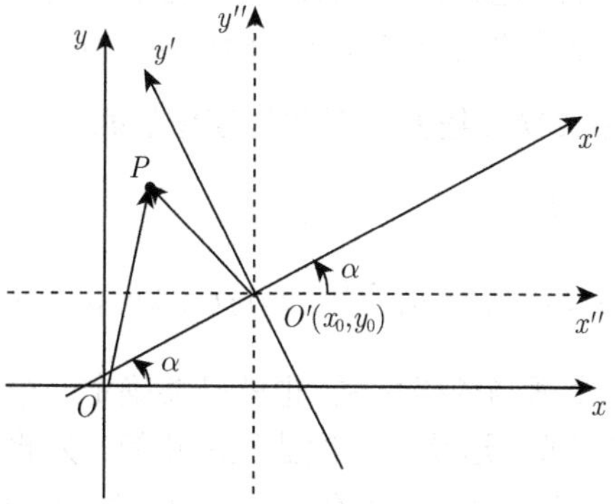

图 4.3 平移和旋转变换

设平面上任一点 P 的旧坐标与新坐标分别为 (x, y) 与 (x', y'), 而在辅助坐标系 $O'x''y''$ 中的坐标为 (x'', y''), 那么由移轴公式与转轴公式分别得

$$\begin{cases} x = x'' + x_0, \\ y = y'' + x_0, \end{cases} \quad \text{与} \quad \begin{cases} x'' = x'\cos\alpha - y'\sin\alpha, \\ y'' = x'\sin\alpha + y'\cos\alpha. \end{cases}$$

由上两式得一般坐标变换公式为

$$\begin{cases} x = x'\cos\alpha - y'\sin\alpha + x_0, \\ y = x'\sin\alpha + y'\cos\alpha + y_0. \end{cases}$$

反解出 x', y' 便得逆变换公式

$$\begin{cases} x' = x\cos\alpha + y\sin\alpha - (x_0\cos\alpha + y_0\sin\alpha), \\ y' = -x\sin\alpha + y\cos\alpha - (-x_0\sin\alpha + y_0\cos\alpha). \end{cases}$$

因此, 平面直角坐标变换公式是由新坐标系原点的坐标 (x_0, y_0) 与坐标轴的旋转角α 决定的.

* 4. 坐标变换下代数曲线及其次数的不变性

在直角坐标系下, 如果我们所讨论的平面曲线的方程能写成 $F(x, y) = 0$ 的形式, 其中 $F(x, y)$ 是关于 x 和 y 的多项式, 那么这种方程就称为**代数方程**, 它所表示的平面曲线称为**代数曲线**. 不是代数曲线的曲线称为**超越曲线**. 代数方程的次数称为**代数曲线的次数**.

由于上面给出的几个坐标变换公式都是一次式 (线性的), 而任何代数方程经过一次式的变换之后必然还是代数方程, 任何超越方程经过一次式的变换之后也必然还是超越方程. 因此有

命题 4.3.1　曲线的代数性和超越性在线性坐标变换下保持不变.

另一方面, 代数方程的次数在一次式的变换之下也是保持不变的, 因此还有

命题 4.3.2　代数曲线的次数在线性坐标变换下保持不变.

4.3.2　直角坐标变换下二次曲线方程系数的变化规律

设二次曲线方程 C 为

$$a_{11}x^2+2a_{12}xy+a_{22}y^2+2a_{13}x+2a_{23}y+a_{33}=0.$$

现在我们要选取一个适当的坐标系, 也就是要确定一个坐标变换, 使得曲线 C 在新坐标系下方程为最简单, 这就是二次曲线的化简. 为此, 我们必须了解在新旧坐标变换下, 二次曲线的系数是怎么变化的. 因为一般的坐标变换是由移轴和转轴两部分组成, 所以我们分别考察在移轴和转轴下, 二次曲线 C 系数的变化规律.

在移轴公式

$$\begin{cases} x=x'+x_0 \\ y=y'+y_0 \end{cases}$$

下, 二次曲线 C 的新方程为

$$\begin{aligned}&F(x'+x_0,y'+y_0)\\=&a_{11}(x'+x_0)^2+2a_{12}(x'+x_0)(y'+y_0)\\&+a_{22}(y'+y_0)^2+2a_{13}(x'+x_0)+2a_{23}(y'+y_0)+a_{33}\\=&0.\end{aligned}$$

化简整理得

$$a'_{11}x'^2+2a'_{12}x'y'+a'_{22}y'^2+2a'_{13}x'+2a'_{23}y'+a'_{33}=0,$$

其中

$$\begin{cases} a'_{11}=a_{11},a'_{12}=a_{12},a'_{22}=a_{22}, \\ a'_{13}=a_{11}x_0+a_{12}y_0+a_{13}=F_1(x_0,y_0), \\ a'_{23}=a_{12}x_0+a_{22}y_0+a_{23}=F_2(x_0,y_0), \\ a'_{33}=a_{11}x_0^2+2a_{12}x_0y_0+a_{22}y_0^2+2a_{13}x_0+2a_{23}y_0+a_{33}=F(x_0,y_0). \end{cases}$$

因此, 在移轴变换下, 二次曲线 C 的系数的变化规律为

(1) 二次项系数不变;

(2) 一次项系数变为 $2F_1(x_0,y_0)$ 与 $2F_2(x_0,y_0)$;

(3) 常数项变为 $F(x_0,y_0)$.

当 (x_0,y_0) 为二次曲线 C 的中心时, 有 $F_1(x_0,y_0)=0$, $F_2(x_0,y_0)=0$, 故当二次曲线有中心时, 作移轴, 使原点与二次曲线中心重合, 那么在新坐标系下, 二次曲线的新方程一次项消失.

在转轴公式

$$\begin{cases} x = x'\cos\alpha - y'\sin\alpha \\ y = x'\sin\alpha + y'\cos\alpha \end{cases}$$

下, 二次曲线 C 的新方程为

$$a'_{11}x'^2 + 2a'_{12}x'y' + a'_{22}y'^2 + 2a'_{13}x' + 2a'_{23}y' + a'_{33} = 0,$$

这里

$$\begin{cases} a'_{11} = a_{11}\cos^2\alpha + 2a_{12}\sin\alpha\cos\alpha + a_{22}\sin^2\alpha, \\ a'_{12} = (a_{22}-a_{11})\sin\alpha\cos\alpha + a_{12}(\cos^2\alpha - \sin^2\alpha), \\ a'_{22} = a_{11}\sin^2\alpha - 2a_{12}\sin\alpha\cos\alpha + a_{22}\cos^2\alpha, \\ a'_{13} = a_{13}\cos\alpha + a_{23}\sin\alpha, \\ a'_{23} = -a_{13}\sin\alpha + a_{23}\cos\alpha, \\ a'_{33} = a_{33}. \end{cases}$$

因此, 在转轴下, 二次曲线 C 的系数的变化规律为

(1) 二次项系数一般要改变. 新方程的二次项系数仅与原方程的二次项系数及旋转角有关, 而与一次项系数及常数项无关.

(2) 一次项系数一般要改变. 新方程的一次项系数仅与原方程的一次项系数及旋转角有关, 而与二次项系数及常数项无关. 当原方程有一次项时, 通过转轴不能完全消去一次项, 当原方程没有一次项时, 通过转轴也不会产生一次项.

(3) 常数项不变.

4.3.3 利用移轴和转轴变换对二次曲线分类

对于二次曲线方程 C, 如果 $a_{12}\neq 0$, 我们可以通过转轴使新方程的 $a'_{12}=0$, 从而在新方程中消去交叉项. 为此, 我们只需取旋转角 α 使得

$$a'_{12} = (a_{22}-a_{11})\sin\alpha\cos\alpha + a_{12}(\cos^2\alpha - \sin^2\alpha) = 0$$

即 $a'_{12} = (a_{22}-a_{11})\sin 2\alpha + 2a_{12}\cos 2\alpha = 0$, 所以

$$\cot 2\alpha = \frac{a_{11}-a_{22}}{2a_{12}}.$$

因为余切的值可以是任意的实数, 所以总有 α 满足上面的条件, 也就是说, 总可以通过适当转轴消去方程中的交叉项 xy, 即二次曲线方程 C 总可以通过转轴化为以下方程

$$a'_{11}x'^2+a'_{22}y'^2+2a'_{13}x'+2a'_{23}y'+a_{33}=0.$$

关于这个方程, 通过移轴, 可以对其进一步化简. 如果 C 为中心二次曲线, 作移轴变换, 使原点与二次曲线中心重合, 那么在新坐标系下, 原方程可化为以下的简化形式

$$a'_{11}x''^2+a'_{22}y''^2+a'_{33}=0.$$

其中, $a'_{11}a'_{22}\neq 0$. 如果二次曲线 C 为非中心二次曲线, 那么 a'_{11} 与 a'_{22} 一个为 0, 一个不为 0. 不妨设 $a'_{11}=0$, $a'_{22}\neq 0$(如果相反, 即当初作转轴 α 时改为 $\alpha-\frac{\pi}{2}$, 就可换过来了). 原方程此时变为 $a'_{22}y'^2+2a'_{13}x'+2a'_{23}y'+a_{33}=0$. 上式左端关于 y' 配方可得

$$a'_{22}\left(y'+\frac{a'_{23}}{a'_{22}}\right)^2+2a'_{13}x'+a_{33}-\frac{a'^2_{23}}{a'_{22}}=0.$$

作移轴变换 $\begin{cases} x''=x', \\ y''=y'+\dfrac{a'_{23}}{a'_{22}}, \end{cases}$ 则可得到

$$a'_{22}y''^2+2a'_{13}x''+a_{33}-\frac{a'^2_{23}}{a'_{22}}=0.$$

若 $a'_{13}\neq 0$, 可进一步作变换

$$\begin{cases} x'''=x''+\dfrac{a'_{22}a_{33}-a'^2_{23}}{2a'_{22}a'_{13}}, \\ y'''=y'', \end{cases}$$

则进一步化简得到

$$a'_{22}y'''^2+2a'_{13}x'''=0.$$

若 $a'_{13}=0$, 则化简为

$$a'_{22}y''^2+\frac{a'_{22}a_{33}-a'^2_{23}}{a'_{22}}=0.$$

综上所述, 我们得到以下结论

定理 4.3.1　适当选取坐标系, 二次曲线的方程总可以化成下列三个简化方程 (略去撇号) 中的一个:

(1) $a_{11}x^2+a_{22}y^2+a_{33}=0$, $a_{11}a_{22}\neq 0$;

(2) $a_{22}y^2+2a_{13}x=0$, $a_{22}a_{13}\neq 0$;

(3) $a_{22}y^2 + a_{33} = 0$, $a_{22} \neq 0$.

根据以上三个简化方程系数的特点, 我们又可把二次曲线化为以下九种标准形式.

定理 4.3.1 适当选取坐标系, 二次曲线的方程总可以化成下列九种标准方程的一种形式:

[1] $\dfrac{x^2}{a^2} + \dfrac{y^2}{b^2} = 1$(椭圆);

[2] $\dfrac{x^2}{a^2} + \dfrac{y^2}{b^2} = -1$(虚椭圆);

[3] $\dfrac{x^2}{a^2} - \dfrac{y^2}{b^2} = 1$(双曲线);

[4] $\dfrac{x^2}{a^2} + \dfrac{y^2}{b^2} = 0$(点或相交于实点的共轭虚直线);

[5] $\dfrac{x^2}{a^2} - \dfrac{y^2}{b^2} = 0$(两条相交直线);

[6] $y^2 = 2px$(抛物线);

[7] $y^2 = a^2$(两平行直线);

[8] $y^2 = -a^2$(两平行共轭虚直线);

[9] $y^2 = 0$(两重合直线);

其中 $a, b, p \in \mathbf{R}^+$.

4.3.4 二次曲线化简与分类举例

综合前面的讨论, 我们可以通过移轴和转轴的方法化简二次曲线方程, 在具体的化简过程中, 为了计算方便, 如果曲线为中心二次曲线, 往往先移轴, 再转轴; 如果曲线为无心二次曲线, 往往先转轴, 再移轴. 下面通过例子介绍该方法.

例 4.3.1 化简二次曲线方程 $x^2 - xy + y^2 + 2x - 4y = 0$, 并画出它的图形.

解 因为 $I_2 = \begin{vmatrix} 1 & -\dfrac{1}{2} \\ -\dfrac{1}{2} & 1 \end{vmatrix} = \dfrac{3}{4} \neq 0$, 所以曲线为中心二次曲线, 解方程组

$$\begin{cases} F_1(x, y) = x - \dfrac{1}{2}y + 1 = 0, \\ F_2(x, y) = -\dfrac{1}{2}x + y - 2 = 0, \end{cases}$$

得中心坐标为 $x=0, y=2$, 取 $(0,2)$ 为新原点, 作移轴

$$\begin{cases} x = x', \\ y = y' + 2. \end{cases}$$

于是原方程变为 $x'^2 - x'y' + y'^2 - 4 = 0$.

再转轴消去 $x'y'$ 项, 根据前面的公式

$$\cot 2\alpha = 0,$$

从而可取 $\alpha = \dfrac{\pi}{4}$, 故转轴公式为

$$\begin{cases} x' = \dfrac{1}{\sqrt{2}}(x'' - y''), \\ y' = \dfrac{1}{\sqrt{2}}(x'' + y''), \end{cases}$$

经移轴后曲线的方程化为最简形式 $\dfrac{1}{2}x''^2 + \dfrac{3}{2}y''^2 - 4 = 0$, 或写成标准形式

$$\frac{x''^2}{8} + \frac{y''^2}{\frac{8}{3}} = 1.$$

这是一个椭圆, 它的图形如图 4.4.

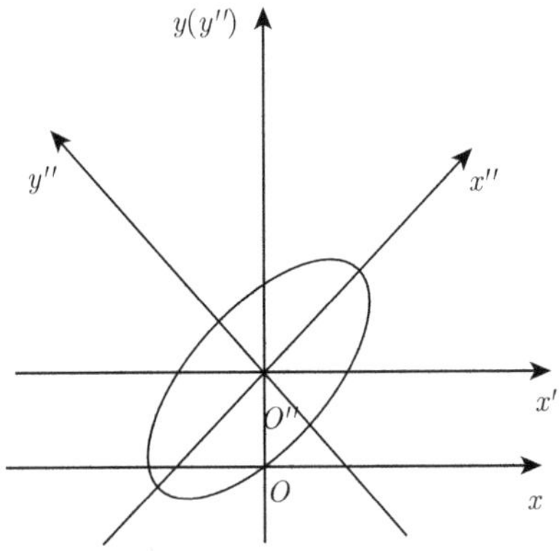

图 4.4　非标准位置的椭圆

例 4.3.2　化简二次曲线方程 $x^2 + 4xy + 4y^2 + 12x - y + 1 = 0$, 并画出它的图形.

解　因为 $I_2 = \begin{vmatrix} 1 & 2 \\ 2 & 4 \end{vmatrix} = 0$, 所以曲线为非中心曲线, 因此我们先转轴, 再移

轴. 设旋转角为 α, 即有

$$\cot 2\alpha = \frac{1-4}{4} = -\frac{3}{4},$$

即 $\dfrac{1-\tan^2\alpha}{2\tan\alpha} = -\dfrac{3}{4}$, 所以 $2\tan^2\alpha - 3\tan\alpha - 2 = 0$, 从而

$$\tan\alpha = -\frac{1}{2} \text{或} \tan\alpha = 2.$$

取 $\tan\alpha = 2$(若取 $\tan\alpha = -\dfrac{1}{2}$, 同样可将原方程化简), 则有

$$\sin\alpha = \frac{2}{\sqrt{5}}, \cos\alpha = \frac{1}{\sqrt{5}}.$$

所以得转轴公式为

$$\begin{cases} x = \dfrac{1}{\sqrt{5}}(x' - 2y'), \\ y = \dfrac{1}{\sqrt{5}}(2x' + y'). \end{cases}$$

代入原方程, 化简整理得转轴后的新方程为

$$5x'^2 + 2\sqrt{5}x' - 5\sqrt{5}y' + 1 = 0.$$

配方得 $\left(x' + \dfrac{\sqrt{5}}{5}\right)^2 - \sqrt{5}y' = 0$, 再作移轴得

$$\begin{cases} x'' = x' + \dfrac{\sqrt{5}}{5}, \\ y'' = y', \end{cases}$$

曲线方程就化为最简形式 $x''^2 - \sqrt{5}y'' = 0$, 或写成标准形式 $x''^2 = \sqrt{5}y''$. 这是一条抛物线, 它的图形如图 4.5.

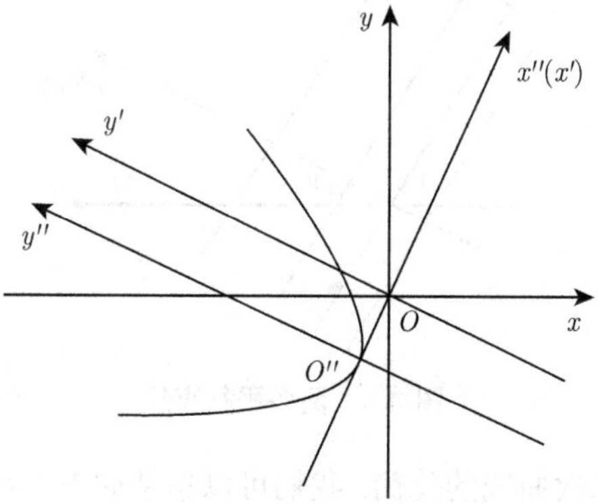

图 4.5 非标准位置的抛物线

例 4.3.3　化简二次曲线方程 $8x^2+8xy+2y^2-6x-3y-5=0$, 并画出它的图形.

解　因 $I_2=\begin{vmatrix}8&4\\4&2\end{vmatrix}=0$,故曲线为非中心二次曲线. 我们先作转轴变换, 消去交叉项 xy, 为此, 设旋转角为 α, 则有

$$\cot 2\alpha=\frac{8-2}{8}=\frac{3}{4},$$

解得 $\tan\alpha=\dfrac{1}{2}$ 或 $\tan\alpha=-2$. 取 $\tan\alpha=\dfrac{1}{2}$, 则 $\sin\alpha=\dfrac{1}{\sqrt{5}},\cos\alpha=\dfrac{2}{\sqrt{5}}$, 故转轴公式为

$$\begin{cases}x=\dfrac{1}{\sqrt{5}}(2x'-y'),\\[2mm] y=\dfrac{1}{\sqrt{5}}(x'+2y').\end{cases}$$

代入原方方程整理得 $10x'^2-3\sqrt{5}x'-5=0$, 配方得

$$10\left(x'-\frac{3\sqrt{5}}{20}\right)^2-\frac{49}{8}=0.$$

故作移轴

$$\begin{cases}x''=x'-\dfrac{3\sqrt{5}}{20},\\[2mm] y''=y',\end{cases}$$

可得方程的标准形式 $x''^2=\dfrac{49}{80}$. 这是两条平行直线, 它的图形如图 4.6.

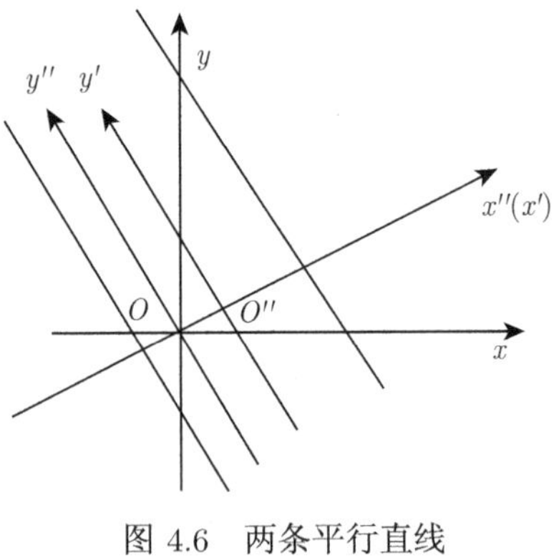

图 4.6　两条平行直线

综上所述, 对于二次曲线的化简, 我们可以总结如下方法: 如果曲线为中心二次曲线, 则可以通过以下步骤完成:

(1) 计算二次曲线的中心;

(2) 作移轴, 使原点与二次曲线的中心重合, 从而消去一次项;

(3) 作转轴消去交叉项, 从而得到简化方程.

如果曲线为非中心二次曲线, 则可以通过以下步骤完成:

(1) 先作转轴消去交叉项, 使方程初步简化;

(2) 再作移轴, 使方程进一步简化, 所作移轴如不能观察出来, 可按变元配成完全平方来确定.

习　　题

1. 求适当的移轴, 使下列曲线在新的坐标系中的方程不包含一次项.

(1) $9x^2+25y^2+18x-50y-191=0$;

(2) $4x^2-9y^2-16x+18y-29=0$.

2. 求适当的转轴, 使下列曲线在新的坐标系中的方程不包含交叉项, 并画出图形.

(1) $x^2-2xy+y^2-x-5=0$;

(2) $x^2-xy+2y^2-4=0$.

3. 利用移轴和转轴化简下列二次曲线的方程, 并画出它们的图形.

(1) $5x^2+4xy+2y^2-24x-12y+18=0$;

(2) $x^2+2xy+y^2-4x+y-1=0$;

(3) $5x^2+12xy-22x-12y-19=0$;

(4) $x^2+2xy+y^2+2x+2y=0$.

4.4　二次曲线的不变量

上节讨论了通过坐标变换简化二次曲线的方法. 我们知道, 二次曲线在不同的直角坐标系下的方程是不同的, 但是, 由方程的系数确定的几何量 (如椭圆的长短轴, 抛物线的离心率等等) 却不因坐标系的改变而改变, 或者说, 不因坐标变换而改变. 这些由方程系数所确定, 但又不因坐标变换而改变的量, 我们称为**不变量**.

4.4.1　二次曲线不变量的证明

定义 4.4.1　设 f 是关于方程 $F(x,y)=0$ 系数的函数, 如果 f 的函数值在任意直角坐标变换下不变, 则称 f 为该曲线的一个**不变量**; 如果 f 的函数值仅在转轴变换下不变, 则称 f 为该曲线的一个**半不变量**.

对于二次曲线 C:

$$F(x,y)=a_{11}x^2+2a_{12}xy+a_{22}y^2+2a_{13}x+2a_{23}y+a_{33}=0,$$

如前记

$$I_1=a_{11}+a_{22},\quad I_2=a_{11}a_{22}-a_{12}^2,\quad I_3=|A|,$$

$$K=\begin{vmatrix} a_{11} & a_{13}\\ a_{13} & a_{33}\end{vmatrix}+\begin{vmatrix} a_{22} & a_{23}\\ a_{23} & a_{33}\end{vmatrix}=(a_{11}+a_{22})\,a_{33}-\left(a_{13}^2+a_{23}^2\right).$$

显然, I_1,I_2,I_3,K 都是关于二次曲线系数的函数.

定理 4.4.1　I_1,I_2,I_3 是二次曲线的不变量.

证　把直角坐标变换公式表示为

$$\begin{pmatrix} x\\ y\\ 1\end{pmatrix}=\begin{pmatrix} \cos\alpha & -\sin\alpha & x_0\\ \sin\alpha & \cos\alpha & y_0\\ 0 & 0 & 1\end{pmatrix}\begin{pmatrix} x'\\ y'\\ 1\end{pmatrix}.$$

$F(x,y)=(x,y,1)\,A\begin{pmatrix} x\\ y\\ 1\end{pmatrix}$ 在坐标变换后成为

$$F(x',y')=(x',y',1)\,A'\begin{pmatrix} x'\\ y'\\ 1\end{pmatrix},$$

其中

$$A'=\begin{pmatrix} \cos\alpha & \sin\alpha & 0\\ -\sin\alpha & \cos\alpha & 0\\ x_0 & y_0 & 1\end{pmatrix}\begin{pmatrix} a_{11} & a_{12} & a_{13}\\ a_{12} & a_{22} & a_{23}\\ a_{13} & a_{23} & a_{33}\end{pmatrix}\begin{pmatrix} \cos\alpha & -\sin\alpha & x_0\\ \sin\alpha & \cos\alpha & y_0\\ 0 & 0 & 1\end{pmatrix},$$

为新方程 $F'(x',y')=0$ 的系数矩阵. 由行列式乘法性质可得 $I_3'=|A'|=|A|=I_3$, 因此 I_3 是不变量.

由二次曲线系数变化规律得

$$\begin{pmatrix} a_{11}' & a_{12}'\\ a_{12}' & a_{22}'\end{pmatrix}=\begin{pmatrix} \cos\alpha & \sin\alpha\\ -\sin\alpha & \cos\alpha\end{pmatrix}\begin{pmatrix} a_{11} & a_{12}\\ a_{12} & a_{22}\end{pmatrix}\begin{pmatrix} \cos\alpha & -\sin\alpha\\ \sin\alpha & \cos\alpha\end{pmatrix}.$$

因此也有 $I_2'=I_2$. 而

$$a_{11}'=a_{11}\cos^2\alpha+2a_{12}\sin\alpha\cos\alpha+a_{22}\sin^2\alpha,$$
$$a_{22}'=a_{11}\sin^2\alpha-2a_{12}\cos\alpha\sin\alpha+a_{22}\cos^2\alpha,$$

所以

$$I_1'=a_{11}'+a_{22}'=a_{11}+a_{22}=I_1.$$

因此 I_1, I_2, I_3 是二次曲线的不变量.

注意, 虽然二元二次方程 $F(x,y)=0$ 与 $2F(x,y)=0$ 表示同一条二次曲线, 但它们的不变量 I_1, I_2, I_3 是不同的, 分别相差常数因子 $2,4,8$. 我们讨论的二次曲线的不变量是在直角坐标变换下不变, 它们的方程不能任意乘以常数.

下面的引理给出二次曲线的不变量之间的一些关系.

引理 4.4.1 (1) I_1, I_2 不能同时为零;

(2) 二次曲线 $F(x,y)=0$ 是线心曲线的充要条件是 $I_2=I_3=0$;

(3) 如果 $I_2=0$, 则 $I_1I_3 \leqslant 0$.

证 (1) 由于 a_{11}, a_{12}, a_{22} 不全为零, 不变量 $I_1=a_{11}+a_{22}, I_2=a_{11}a_{22}-a_{12}^2$ 不能同时为零.

(2) 必要性是显然的, 仅证充分性. 设 $I_2=I_3=0$, 要证

$$\frac{a_{11}}{a_{12}}=\frac{a_{12}}{a_{22}}=\frac{a_{13}}{a_{23}}.$$

由于 $I_2=a_{11}a_{22}-a_{12}^2=0$, 所以 a_{11}, a_{22} 不全为零, 不妨设 $a_{22}\neq 0$, $\dfrac{a_{11}}{a_{12}}=\dfrac{a_{12}}{a_{22}}=\mu$. 这样

$$\begin{aligned}
I_3 &= \begin{vmatrix} \mu a_{12} & \mu a_{22} & a_{13} \\ a_{12} & a_{22} & a_{23} \\ a_{13} & a_{23} & a_{33} \end{vmatrix} \\
&= \begin{vmatrix} 0 & 0 & a_{13}-\mu a_{23} \\ a_{12} & a_{22} & a_{23} \\ a_{13} & a_{23} & a_{33} \end{vmatrix} \\
&= (a_{13}-\mu a_{23}) \begin{vmatrix} 0 & a_{22} \\ a_{13}-\mu a_{23} & a_{23} \end{vmatrix} \\
&= -a_{22}(a_{13}-\mu a_{23})^2.
\end{aligned}$$

由 $I_3=0$ 及 $a_{22}\neq 0$, 得 $a_{13}-\mu a_{23}=0$. 这就证明了

$$\frac{a_{11}}{a_{12}}=\frac{a_{12}}{a_{22}}=\frac{a_{13}}{a_{23}}=\mu.$$

即二次曲线是线心曲线.

(3) 设 $I_2=0$, $a_{22}\neq 0$. 由 (2) 的证明可得

$$I_1I_3=-(a_{11}+a_{22})\,a_{22}(a_{13}-\mu a_{23})^2=-\left(a_{12}^2+a_{22}^2\right)(a_{13}-\mu a_{23})^2\leqslant 0.$$

这样, 二次曲线关于中心的分类也可以用不变量 I_1, I_2, I_3 表示:

(1) $I_2 \neq 0$, 二次曲线为中心二次曲线;

(2) $I_2 = 0, I_3 \neq 0$, 二次曲线为无心曲线;

(3) $I_2 = I_3 = 0$, 二次曲线为线心曲线.

下面的定理证明 K 是半不变量.

定理 4.4.2 (1) K 在转轴下不变; (2) 对于线心二次曲线, K 也是不变量.

证 (1) 通过转轴变换

$$\begin{cases} x = x' \cos\alpha - y' \sin\alpha, \\ y = x' \sin\alpha + y' \cos\alpha. \end{cases}$$

计算可得

$$a'_{33} = a_{33}, \begin{pmatrix} a'_{13} \\ a'_{23} \end{pmatrix} = \begin{pmatrix} \cos\alpha & \sin\alpha \\ -\sin\alpha & \cos\alpha \end{pmatrix} \begin{pmatrix} a_{13} \\ a_{23} \end{pmatrix}.$$

因此

$$(a'_{13}, a'_{23}) \begin{pmatrix} a'_{13} \\ a'_{23} \end{pmatrix} = a_{13}^2 + a_{23}^2,$$

这样, $K' = a'_{33} I_1 + \left(a'^2_{13} + a'^2_{23}\right) = K$, 证明了 K 是半不变量.

(2) 设二次曲线是线心二次曲线. 通过移轴变换

$$\begin{cases} x = x' + x_0, \\ y = y' + y_0 \end{cases}$$

简单计算可知二次项系数不变, 而

$$a'_{13} = F_1(x_0, y_0), a'_{23} = F_2(x_0, y_0), a'_{33} = F(x_0, y_0).$$

类似前面引理的证明, 设

$$a_{22} \neq 0, \frac{a_{11}}{a_{12}} = \frac{a_{12}}{a_{22}} = \frac{a_{13}}{a_{23}} = \mu.$$

如果 $\mu = 0$, 则 $a_{11} = a_{12} = a_{13} = 0$. 因而 $a'_{11} = 0$, $a'_{13} = 0$. 故

$$\begin{vmatrix} a'_{11} & a'_{13} \\ a'_{13} & a'_{33} \end{vmatrix} = 0 = \begin{vmatrix} a_{11} & a_{13} \\ a_{13} & a_{33} \end{vmatrix}.$$

下设 $\mu \neq 0$. 利用

$$F_1(x_0, y_0) = a_{11}\left(x_0 + \frac{y_0}{\mu}\right) + a_{13},$$

$$F(x_0,y_0)=\left(x_0+\frac{y_0}{\mu}\right)F_1(x_0,y_0)+F_3(x_0,y_0)$$

及行列式的性质得

$$\begin{vmatrix} a'_{11} & a'_{13} \\ a'_{13} & a'_{33} \end{vmatrix}=\begin{vmatrix} a_{11} & F_1(x_0,y_0) \\ F_1(x_0,y_0) & F(x_0,y_0) \end{vmatrix}$$
$$=\begin{vmatrix} a_{11} & F_1(x_0,y_0) \\ a_{13} & F_3(x_0,y_0) \end{vmatrix}$$
$$=\begin{vmatrix} a_{11} & a_{11}x_0+a_{12}y_0+a_{13} \\ a_{13} & a_{13}x_0+a_{23}y_0+a_{33} \end{vmatrix}$$
$$=\begin{vmatrix} a_{11} & a_{13} \\ a_{13} & a_{33} \end{vmatrix}.$$

同理可证

$$\begin{vmatrix} a'_{22} & a'_{23} \\ a'_{23} & a'_{33} \end{vmatrix}=\begin{vmatrix} a_{22} & a_{23} \\ a_{23} & a_{33} \end{vmatrix}.$$

因此对于线心二次曲线, K 也是不变量.

4.4.2 利用不变量对二次曲线的分类

利用不变量 I_1,I_2,I_3, 半不变量 K, 可以直接给出二次曲线的简化方程, 而不必具体地计算坐标变换.

定理 4.4.3 (1) 中心二次曲线的简化方程是

$$\lambda_1x^2+\lambda_2y^2+\frac{I_3}{I_2}=0,$$

其中 λ_1,λ_2 是特征方程 $\lambda^2-I_1\lambda+I_2=0$ 的两特征根.

(2) 无心二次曲线的简化方程是

$$I_1x^2\pm2\sqrt{-\frac{I_3}{I_1}}x=0, \text{正负号任取}.$$

(3) 线心二次曲线的简化方程是

$$I_1y^2+\frac{K}{I_1}=0.$$

证 (1) 设曲线是中心二次曲线, 即 $I_2\neq0$, 简化方程是

$$a_{11}x^2+a_{22}y^2+a_{33}=0,\ a_{11}a_{22}\neq0.$$

它的不变量是

$$I_1 = a_{11} + a_{22}, I_2 = a_{11}a_{22}, I_3 = a_{11}a_{22}a_{33} = I_2a_{33}.$$

由二次曲线特征根与系数的关系知, $\lambda_1 = a_{11}, \lambda_2 = a_{22}$ 是特征方程 $\lambda^2 - I_1\lambda + I_2 = 0$ 的两特征根. 又因 $I_3 = I_2a_{33}$, 故有 $a_{33} = \dfrac{I_3}{I_2}$. 所以二次曲线的简化方程可以表示为

$$\lambda_1x^2 + \lambda_2y^2 + \frac{I_3}{I_2} = 0.$$

(2) 无心二次曲线的简化方程是 $a_{22}y^2 + 2a_{13}x = 0, a_{22}a_{13} \neq 0$. 它的不变量是

$$I_1 = a_{22}, I_2 = 0, I_3 = -a_{22}a_{13}^2 = -I_1a_{13}^2.$$

因此, 方程 $a_{22}y^2 + 2a_{13}x = 0$ 也可表示为

$$I_1x^2 \pm 2\sqrt{-\frac{I_3}{I_1}}x = 0, \text{正负号任取}.$$

(3) 线心二次曲线的简化方程是 $a_{22}y^2 + a_{33} = 0$, $a_{22} \neq 0$. 它的不变量是

$$I_1 = a_{22}, I_2 = 0, I_3 = 0, K = a_{22}a_{33}.$$

因此, 方程 $a_{22}y^2 + a_{33} = 0$ 也可表示为

$$I_1y^2 + \frac{K}{I_1} = 0.$$

例 4.4.1　用不变量化简二次曲线 $5x^2 + 4xy + 2y^2 - 24x - 12y + 18 = 0$ 的方程.

解　此二次曲线的矩阵是

$$A = \begin{pmatrix} 5 & 2 & -12 \\ 2 & 2 & -6 \\ -12 & -6 & 18 \end{pmatrix},$$

它的不变量

$$I_1 = 7, I_2 = 6, I_3 = -72.$$

曲线是中心二次曲线. 从它的特征方程 $\lambda^2 - 7\lambda + 6 = 0$, 可得特征根 $\lambda_1 = 1, \lambda_2 = 6$. 由前面的定理, 此二次曲线的简化方程是

$$x'^2 + 6y'^2 - 12 = 0.$$

它的标准方程是 $\dfrac{x'^2}{12}+\dfrac{y'^2}{2}=1$, 图像是椭圆.

例 4.4.2 用不变量化简二次曲线 $x^2+4xy+4y^2-20x+10y-50=0$ 的方程.

解 此二次曲线的矩阵是

$$A=\begin{pmatrix}1 & 2 & -10\\ 2 & 4 & 5\\ -10 & 5 & -50\end{pmatrix},$$

它的不变量

$$I_1=5, I_2=0, I_3=-625.$$

曲线是无心二次曲线. 由前面的定理, 此二次曲线的简化方程是

$$5y'^2-10\sqrt{5}x'=0.$$

它的标准方程是 $y'^2=2\sqrt{5}x'$, 图像是抛物线.

例 4.4.3 用不变量化简 $x^2-2xy+y^2+2x-2y-3=0$ 的方程.

解 此二次曲线的矩阵是

$$A=\begin{pmatrix}1 & -1 & 1\\ -1 & 1 & -1\\ 1 & -1 & -3\end{pmatrix},$$

它的前两行系数成比例, 曲线是线心曲线. 它的不变量

$$I_1=2, I_2=0, I_3=0, K=-8.$$

由前面的定理, 此二次曲线的简化方程是 $2y'^2-4=0$, 图像是两条平行线.

进一步对不变量的分类进行讨论, 可以得到

定理 4.4.4 用不变量可以判断二次曲线是何种曲线的条件是:

[1] 椭圆: $I_2>0, I_1I_3<0$;

[2] 虚椭圆: $I_2>0, I_1I_3>0$;

[3] 点 (或交于实点的共轭虚直线): $I_2>0, I_3=0$;

[4] 双曲线: $I_2<0, I_3\neq 0$;

[5] 一对相交直线: $I_2<0, I_3=0$;

[6] 抛物线: $I_2=0, I_3\neq 0$;

[7] 一对平行直线: $I_2=I_3=0, K<0$;

[8] 一对平行虚直线: $I_2=I_3=0, K>0$;

[9] 一对重合的直线: $I_2=I_3=K=0$.

习　　题

1. 利用不变量判断下列二次曲线为何种曲线, 并求出它的简化方程与标准方程.

(1)$x^2+6xy+y^2+6x+2y-1=0$;

(2) $3x^2-2xy+3y^2+4x+4y-4=0$;

(3) $5x^2-6xy+5y^2-6\sqrt{2}x+2\sqrt{2}y-4=0$;

(4) $x^2-2xy+y^2-10x-6y+25=0$;

(5) $x^2+2xy+y^2+2x+2y-4=0$.

2. 按实数 λ 的值讨论方程

$$\lambda x^2-2xy+\lambda y^2-2x+2y+5=0$$

表示什么曲线?

3. 设

$$a_{11}x^2+a_{22}y^2+2a_{12}xy+2a_{13}x+2a_{23}y+a_{33}=0$$

表示两条平行直线, 证明这两条平行直线之间的距离为

$$d=\sqrt{-\frac{4K}{I_1}}.$$

阅读材料: 圆锥曲线小史*

圆锥曲线是中学数学学习和研究的重要内容, 了解圆锥曲线的悠久历史和纯厚文化, 归纳总结圆锥曲线研究中蕴含的数学思想和方法, 对进一步学习大学的解析几何课程能产生积极的推动作用. 下面我们先追溯圆锥曲线研究的起源, 然后罗列圆锥曲线研究早、中期的璀璨成就, 接着讲述在近代科技发展推动下圆锥曲线的高度发展和广泛应用, 最后介绍圆锥曲线研究的成果传入中国后的发展历程.

1. 圆锥曲线研究的起源

圆锥曲线的研究, 起源于希腊. 它与几何三大问题中的“立方倍积问题”有关. 所谓“立方倍积问题”, 就是传说很久以前, 希腊德里群岛中的一个名叫杰罗西岛的地方发生了瘟疫. 岛上部落的人问自己的酋长怎样祈祷上帝, 才能免除这场灾难. 酋长说: “要把祭祀上帝的立方体形祭坛重新砌造成一个更大的, 要求新砌的祭坛仍是立方体, 但体积要为原来祭坛体积的 2 倍.” 即原立方体棱长为 a, 新立方体棱长为 x, 得 $x^3=2a^3$, 问题的实质就是如何根据 a 求作 x.

研究过“立方倍积问题”的希腊学者有: 阿契塔 (Archytas, 约公元前 428~ 前 347), 柏拉图 (Plato, 约公元前 427~ 前 347), 欧多克斯 (Eudoxus, 约公元前 428~

*摘自: 白尚恕, 圆锥曲线小史 [J], 数学通报, 1964, (02): 36-41. 作了部分删减与修改.

前 347) 以及蒙爱启玛斯 (Menaechmus, 约公元前 375～ 前 325) 等. 蒙爱启玛斯是欧多克斯的门徒, 可能受到阿契塔及欧多克斯的启发；他的解法也可能是希腊学者研究的总汇, 即：取三个正圆锥, 顶角分别为直角、锐角、钝角, 各作一平面垂直于一条母线, 并与圆锥相截；称截线为 "直角圆锥截线"、"锐角圆锥截线" 和 "钝角圆锥截线"(即现在所称的抛物线、椭圆、一支等轴双曲线), 这是最早对圆锥曲线的定名. 然后利用两条抛物线的交点或者一条抛物线与一支双曲线的交点解决 "立方倍积问题".

由于蒙爱启玛斯的著作遗失, 德国学者布莱慈纳德 (Bretshneiter, 1808～1878) 推测出了蒙爱启玛斯用平面截正圆锥得 "圆锥截线" 的方法. 可见, 所谓 "蒙爱启玛斯三曲线"—— 圆锥曲线, 起源于公元前 4 世纪.

2. 早、中期圆锥曲线研究的成果

在公元前 3 世纪前后, 希腊最著名的三大学者欧几里得 (Euclid, 公元前 330～ 前 275)、阿基米德 (Archimedes, 公元前 287～ 前 212) 和阿波罗尼 (Apollonius, 公元前 262～ 前 200) 在前人的基础上进一步发展了圆锥曲线理论. 欧几里得除了总结历史上几何学发展的成果, 还把几何学条理化、系统化后写成巨著《几何原本》一书, 另外还著有《圆锥曲线论》(失传) 等书. 后来学者根据零碎文献推测, 欧几里得在《圆锥曲线论》讨论了很多轨迹问题, 与现代不同之处, 只是缺少了字母符号和代数运算过程. 阿基米德则成功计算了抛物线弓形的面积, 发明了用同心辅助圆画椭圆的方法, 还提出了圆锥曲线直径的概念.

阿波罗尼的《圆锥曲线》共 8 卷 (末卷遗失), 分卷论述以下内容：三种曲线 (抛物线、椭圆、双曲线) 的产生；渐近线、轴及直径；三种曲线的轨迹问题；直线的调和分割, 两条曲线不多于四个交点及两条曲线的位置关系；极大与极小问题；相似圆锥曲线；共轭直径；以及共轭直径续论 (后人推测).

阿波罗尼对圆锥曲线的处理方法异于前人, 他不再用三个圆锥, 而是只用一个圆锥, 只要改变截面的位置就可以产生三种曲线；同时注意到截面垂直于轴时是一个圆；最先发现双曲线是有心曲线, 而且有两个分支；对圆锥曲线的叙述也很接近近代方式. 例如, (以顶点为原点, 轴为横轴的抛物线) 任一点横坐标与通径组成的矩形等于与之对应的纵坐标组成的正方形, 又例如 (以顶点为原点, 长轴为横轴的椭圆或双曲线) 任一点纵坐标组成的正方形, 小于或大于与之对应的横坐标及通径组成的矩形, 用现代形式表示, 即：$y^2 = px$, $y^2 < px$, $y^2 > px$. 根据他的词句, 圆锥曲线的方程为：$y^2 = px$(抛物线), $y^2 = px-\dfrac{p}{d}x^2$(椭圆), $y^2 = px + \dfrac{p}{d}x^2$(双曲线)(其中 p 为通径, d 为与之对应的直径). 综上所述, 可以认为在阿波罗尼时代已经有了文字叙述的圆锥曲线的方程.

这三种圆锥曲线的名称一直在不断变化, 欧几里得以前称圆锥曲线为 "直角圆锥截线"、"锐角圆锥截线"、"钝角圆锥截线". 自阿波罗尼发现这三种曲线可以由一个平面和一个圆锥截得以后, 旧的名称显然不适合, 便改称抛物线、椭圆、双曲线分别为适用的, 有亏的, 有余的. 18 世纪, 西算传入中国, 国内学者最初象形地称抛物线、椭圆、双曲线为 "圭窦形"、"椭圆形"、"陶丘形", 随着时间迁移, 后来才变更为现在使用的名称.

阿波罗尼以后, 希腊对圆锥曲线的贡献不多. 直到 4 世纪, 由于帕普斯 (Pappus, 约 290~350) 的贡献, 希腊几何又兴盛起来, 帕普斯在《数学论丛》中首次发现抛物线有焦点和圆锥曲线有准线. 他第一个用焦点和准线来定义圆锥曲线: 圆锥曲线是一动点到一定点和到一定直线距离的比是常数的轨迹, 并加以证明, 说明比值小于 1 时, 点的轨迹为椭圆, 等于 1 时为抛物线, 大于 1 时为双曲线. 他还提出了圆锥曲线的离心率. 上述对圆锥曲线的研究所使用的都是纯粹几何的方法, 这在解析几何发明以前的圆锥曲线的研究中是极为重要的贡献.

中古时期希腊数学的研究开始衰退, 然而在希腊以外, 圆锥曲线的研究取得了丰硕的成果. 法国著名数学家韦达 (Viète, 1540~1603) 的门徒基特尔狄 (Ghetaldi, 1566~1627) 出版了《混合数学的解》, 这是当时第一部比较完整的代数几何学. 自 5、6 世纪以来, 由于科学技术特别是天文学的需要, 有关计算的科学得到重视; 字母符号及运算符号也相应的发展起来, 并且在算术、代数及三角方面取得巨大成就, 又由于代数的发展, 人们在几何学, 尤其是圆锥曲线方面, 除了把希腊的成果翻译成代数语言传到后世以外, 还促进了代数几何学的产生和发展, 这给解析几何的产生准备了条件.

3. 圆锥曲线研究在近代的发展

近代之初, 生产的发展以及各种自然科学如天文学、力学、光学的发展, 促进了数学的发展. 德国天文学家开普勒 (Kepler, 1571~1630) 继承了哥白尼的日心说, 揭示出行星按椭圆轨道环绕太阳运行的事实, 他发现了圆锥曲线的焦点和离心率, 并指出抛物线还有一个在无穷远处的焦点, 直线是圆心在无穷远处的圆. 从而他第一个掌握了这样的事实: 椭圆、抛物线、双曲线、圆以及由两条直线组成的退化圆锥曲线, 都可以从其中一个连续地变为另一个, 只须考虑焦点的各种移动方式; 并给出了用 "拉线法" 作椭圆、抛物线、双曲线这三种圆锥曲线的图 ("拉线法" 是阿拉伯学者哈桑 (Al Hazen, 965~1040) 在《长圆》中讨论 "一条两端固定的定长细绳, 研究拉直时笔尖所描的轨迹" 的问题时所给出的一种画椭圆的方法), 这为圆锥曲线现代的统一定义提供了一个合乎逻辑的直观基础. 意大利物理学家伽利略 (Galileo, 1564~1642) 得出物体斜抛运动的轨道是抛物线, 并提出, 行星运行的速度增大到一定程度, 它们就会沿抛物线或双曲线轨道运行. 法国学者迈多尔日

(Mydorge, 1585~1647) 发展了圆锥曲线在光学中的应用.

法国著名哲学家、数学家笛卡儿 (Descarter, 1596~1650) 创立了解析几何学，他创立了坐标系概念，用数学方程来研究物体的运动轨迹，并且认识到代数的二元二次方程的图像是圆锥曲线. 法国著名数学家费马 (Fermat, 1603~1665) 受到希腊阿波罗尼著作《圆锥曲线》的启发，稍后于笛卡尔，也独立具有了解析几何的思想. 他分别从三个不同的方面对圆锥曲线进行了定义：把圆锥曲线既看作平面截圆锥所得的截线，又看作是平面上动点到定点和到定直线距离之比为常数的点的轨迹，还看作是代数的二元二次方程的图像. 解析几何的创立，使得人们对圆锥曲线的认识迈上一个崭新的台阶，对圆锥曲线的研究方法不再局限于前人的纯几何方法；而是朝着解析法的方向发展，即通过建立坐标系，得到圆锥曲线的方程，进而利用方程来研究圆锥曲线，以期摆脱几何直观而达到抽象化的目的，同时也实现对圆锥曲线研究的高度概括和统一.

牛顿 (Newton, 1642~1727) 正确地运用负坐标及横纵轴，改变了以前对负坐标概念不清及使用单一轴的现象. 他在《光学》(1704) 中，推证了圆锥曲线的切线问题、曲率问题，阐述了圆锥曲线在光学中的应用等.

居西尼 (N. Guisnee, ? ~1718) 在《代数在几何中的应用》中首先使用字母 a, b 表示有心曲线的半轴，也第一次使用直交坐标系. 洛必达 (L'Hospital, 1661~1704) 在《圆锥曲线解析论》中，对一般的二次方程表示圆锥曲线进行了讨论，此外，洛必达还用焦点与准线定义了圆锥曲线，并给出了标准方程.

欧拉在《分析引论》中，建立了直交坐标，斜交坐标及极坐标的概念，并给出了坐标的变换公式及转轴公式. 欧拉对圆锥曲线的论证十分正确，他从一般二次方程着手，系统研究了方程的各种情形，并使用参数方程和极坐标方程论述了圆锥曲线，特别利用椭圆方程详细论证了椭圆与抛物线之间的转变关系.《分析引论》不但对圆锥曲线论述得十分完善，对于曲面及一般曲线的研究也非常全面. 正如斯特洛伊克 (Struik, 1894~2000) 所说，“《分析引论》是解析几何学的第一部课本”.

德国数学家普吕克 (Plücker, 1801~1868) 在《空间几何》中，定义了圆锥曲线族；介绍了齐次坐标；拓展了曲线的无限远性质；论证了笛卡尔坐标与齐次坐标的关系；还提出了直线坐标，平面坐标及对偶理论. 因此使得圆锥曲线的概念解析地发展起来，并借助虚坐标把圆锥曲线的性质推广开来.

19 世纪末，解析几何受到分析学及各种科学的影响，其内容发展的十分丰富. 圆锥曲线的研究也达到了顶峰，它的应用也得到了充分推广. 这些成果激发了数学家们对圆锥曲线的研究热情，唤醒了人们对于圆锥曲线的极大热情.

20 世纪下半叶，人类开始了各种空间探险活动，期间认识到圆锥曲线的重要价值，加深了对圆锥曲线的认识. 圆锥曲线不再只是躺在书本上的静态曲线，它还能对人类的各种空间探险活动提供有价值的理论依据.

4. 圆锥曲线学说在中国的发展历史

圆锥曲线学说在明末随着天文历算首次传入中国.《测量全义》、《恒星历指》、《交食历指》、《测天约说》里都介绍了圆锥曲线的一些片段知识, 因为这些都是历算书籍, 对于圆锥曲线的论说既不详细, 也不完备, 译名也不统一. 并且这些书籍不是把椭圆看作圆锥的截线, 而是视为圆柱的斜截线. 由于天文历算需要, 明安图 (1692~1765) 等人编成《历象考成后编》, 其中记载了椭圆作图法及许多性质, 并证明了椭圆切线定理及其面积. 清朝中叶, 著名中算家项名达 (1789~1850) 在他的《椭圆求周术》中论证了椭圆周长.《椭圆求周术》是中算家在圆锥曲线方面的第一部独立著作. 虽然是用初等数学方法求得的椭圆周长, 但与近代算式相符合. 项名达之后的著名中算家李善兰 (1811~1882) 在他所著的《椭圆拾遗》中, 用几何方法论证了椭圆的一些性质. 另外, 清朝中后期一些中算家翻译了一些西算著作, 其中记载了一些圆锥曲线概念和性质以及一些圆锥曲线的计算公式. 这就是第二次输入我国的圆锥曲线的情形.

明清时期, 虽然有一些圆锥曲线知识传入我国, 但是因为流传不广, 导致解析几何及圆锥曲线学说的研究在我国发展非常缓慢. 直到清末废科举立学堂, 解析几何被列为学校必修科目后, 圆锥曲线研究在我国才较为广泛地流传开来.

虽然圆锥曲线的历史已然成为过去, 但是追古溯今, 圆锥曲线发展历史作为数学里精彩的篇章, 引人入胜, 乐趣无穷, 展现了人类高超的智慧及技巧, 我们将站在先贤的肩膀上去探索、去谱写圆锥曲线的精彩未来.

第5章

二次曲面的分类

对于常见二次曲面的标准方程, 我们已了解它们的方程、性质和图形. 大家自然要问下面的问题.

(1) 是否存在不同于常见图形的二次曲面?

(2) 相同的图形经过平移或旋转后, 图形未变, 而方程形式发生变化. 因此, 存在不同形式的方程对应相同的图形. 如何在图形不变的意义下化简方程?

(3) 依据二次曲面图形的类型, 能否对一般的二次曲面方程给出完整的分类?

通过对本章的学习我们就能够解决上面的问题. 解决这些问题的主要思路是先确定二次曲面的中心、对称面 (如果有的话); 通过中心和对称面构造新的坐标系, 在保持图形不变的情况下, 通过旋转和平移变换化简方程, 从而判定曲面的类型并给出完整的分类.

5.1 空间直角坐标变换

5.1.1 空间直角坐标变换公式

因为同一个点在不同的坐标系下有不同的坐标, 所以二次曲面在不同的坐标系下, 其方程也不相同. 如果能选取适当的坐标系, 就能够使二次曲面的方程变得简洁, 而且便于识别曲面的类型和讨论它的几何性质. 类似于平面直角坐标变换的情形, 我们首先需要弄清楚同一个点在两个不同的直角坐标系中坐标之间的关系, 这样的关系式称为**坐标变换公式**.

设 $\sigma_1 = \{O; \boldsymbol{i}, \boldsymbol{j}, \boldsymbol{k}\}$ 及 $\sigma_2 = \{O'; \boldsymbol{i}', \boldsymbol{j}', \boldsymbol{k}'\}$ 是空间的两个右手直角坐标系. 点

O' 在 σ_1 下的坐标是 (x_0, y_0, z_0), $\boldsymbol{i}', \boldsymbol{j}', \boldsymbol{k}'$ 在 σ_1 下的坐标分别是

$$(c_{11}, c_{21}, c_{31}),\ (c_{12}, c_{22}, c_{32}),\ (c_{13}, c_{23}, c_{33}),$$

那么形式上有

$$(\boldsymbol{i}', \boldsymbol{j}', \boldsymbol{k}') = (\boldsymbol{i}, \boldsymbol{j}, \boldsymbol{k})\begin{pmatrix} c_{11} & c_{12} & c_{13} \\ c_{21} & c_{22} & c_{23} \\ c_{31} & c_{32} & c_{33} \end{pmatrix},$$

其中矩阵 $C = (c_{ij})$ 称为从 σ_1 到 σ_2 的**过渡矩阵**.

设空间中任一点 P 在 σ_1 和 σ_2 下的坐标分别为 (x, y, z), (x', y', z'), 则

$$\begin{aligned}
\overrightarrow{OP} &= \overrightarrow{OO'} + \overrightarrow{O'P} = (x_0\boldsymbol{i} + y_0\boldsymbol{j} + z_0\boldsymbol{k}) + \left(x'\boldsymbol{i}' + y'\boldsymbol{j}' + z'\boldsymbol{k}'\right) \\
&= (x_0\boldsymbol{i} + y_0\boldsymbol{j} + z_0\boldsymbol{k}) + x'(c_{11}\boldsymbol{i} + c_{21}\boldsymbol{j} + c_{31}\boldsymbol{k}) \\
&\quad + y'(c_{12}\boldsymbol{i} + c_{22}\boldsymbol{j} + c_{32}\boldsymbol{k}) + z'(c_{13}\boldsymbol{i} + c_{23}\boldsymbol{j} + c_{33}k) \\
&= (x_0 + c_{11}x' + c_{12}y' + c_{13}z')\,\boldsymbol{i} + (y_0 + c_{21}x' \\
&\quad + c_{22}y' + c_{23}z')\,\boldsymbol{j} + (z_0 + c_{31}x' + c_{32}y' + c_{33}z')\,\boldsymbol{k}.
\end{aligned}$$

从而有

$$\begin{cases} x = c_{11}x' + c_{12}y' + c_{13}z' + x_0, \\ y = c_{21}x' + c_{22}y' + c_{23}z' + y_0, \\ z = c_{31}x' + c_{32}y' + c_{33}z' + z_0. \end{cases}$$

记 $\boldsymbol{x} = (x, y, z)^{\mathrm{T}}, \boldsymbol{x}' = (x', y', z')^{\mathrm{T}}, \boldsymbol{x}_0 = (x_0, y_0, z_0)^{\mathrm{T}}$, 则写成矩阵形式

$$\boldsymbol{x} = C\boldsymbol{x}' + \boldsymbol{x}_0,$$

称为点的**直角坐标变换公式**.

注意到 $\boldsymbol{i}, \boldsymbol{j}, \boldsymbol{k}$ 及 $\boldsymbol{i}', \boldsymbol{j}', \boldsymbol{k}'$ 是两组两两互相垂直的单位向量, 因此 $\boldsymbol{i}'^2 = \boldsymbol{j}'^2 = \boldsymbol{k}'^2 = 1$, $\boldsymbol{i}' \cdot \boldsymbol{j}' = \boldsymbol{j}' \cdot \boldsymbol{k}' = \boldsymbol{i}' \cdot \boldsymbol{k}' = 0$. 这样有如下关系

$$c_{11}^2 + c_{21}^2 + c_{31}^2 = c_{12}^2 + c_{22}^2 + c_{32}^2 = c_{13}^2 + c_{23}^2 + c_{33}^2 = 1,$$

$$c_{11}c_{12} + c_{21}c_{22} + c_{31}c_{32} = c_{12}c_{13} + c_{22}c_{23} + c_{32}c_{33} = c_{11}c_{13} + c_{21}c_{23} + c_{31}c_{33} = 0,$$

$$C^{\mathrm{T}}C = \begin{pmatrix} c_{11} & c_{21} & c_{31} \\ c_{12} & c_{22} & c_{32} \\ c_{13} & c_{23} & c_{33} \end{pmatrix}\begin{pmatrix} c_{11} & c_{12} & c_{13} \\ c_{21} & c_{22} & c_{23} \\ c_{31} & c_{32} & c_{33} \end{pmatrix} = \begin{pmatrix} 1 & 0 & 0 \\ 0 & 1 & 0 \\ 0 & 0 & 1 \end{pmatrix} = E,$$

于是 $C^{-1}=C^{\mathrm{T}}$, 说明矩阵 C 是正交矩阵. 因而从 σ_2 到 σ_1 的过渡矩阵 $C^{-1}=C^{\mathrm{T}}$. 此外, $\sigma_1=\{O;\boldsymbol{i},\boldsymbol{j},\boldsymbol{k}\}$ 及 $\sigma_2=\{O';\boldsymbol{i}',\boldsymbol{j}',\boldsymbol{k}'\}$ 都是右手系, 因此混合积 $(\boldsymbol{i}',\boldsymbol{j}',\boldsymbol{k}')=(\boldsymbol{i},\boldsymbol{j},\boldsymbol{k})=1$, 并且

$$\det C=\begin{vmatrix} c_{11} & c_{12} & c_{13} \\ c_{21} & c_{22} & c_{23} \\ c_{31} & c_{32} & c_{33} \end{vmatrix}=1.$$

下面讨论两种特殊的坐标变换.

1. 移轴. 设坐标系 σ_1 与 σ_2 的原点 O 与 O' 不同, 但坐标向量相同. 此时新坐标系 II 可看作由旧坐标系 σ_1 通过平行移动使 O 与 O' 重合而得到. 这种坐标变换称为**平移变换**, 简称为**移轴**, 这时的过渡矩阵是单位矩阵, 直角坐标变换公式变为

$$\begin{cases} x=x'+x_0, \\ y=y'+y_0, \\ z=z'+z_0, \end{cases}$$

称为空间坐标系的**移轴公式**.

2. 转轴. 设坐标系 σ_1 与 σ_2 具有相同的坐标原点 O, 但坐标向量不同. 这时新坐标系 σ_2 是由旧坐标系 σ_1 绕原点 O 旋转, 使得 $\boldsymbol{i},\boldsymbol{j},\boldsymbol{k}$ 分别与 $\boldsymbol{i}',\boldsymbol{j}',\boldsymbol{k}'$ 重合而得到的. 称这种坐标变换叫做**旋转变换**, 简称为**转轴**. 直角坐标变换公式变为

$$\begin{cases} x=c_{11}x'+c_{12}y'+c_{13}z', \\ y=c_{21}x'+c_{22}y'+c_{23}z', \\ z=c_{31}x'+c_{32}y'+c_{33}z' \end{cases}$$

即 $\boldsymbol{x}=C\boldsymbol{x}'$.

设 $\boldsymbol{i}'$ 在 σ_1 中的方向角为 $\alpha_1,\beta_1,\gamma_1$, $\boldsymbol{j}'$ 的方向角为 $\alpha_2,\beta_2,\gamma_2$, $\boldsymbol{k}'$ 的方向角为 $\alpha_3,\beta_3,\gamma_3$, 如表 5.1 所示.

表 5.1 新坐标系三个单位向量在旧坐标系下的方向角

	x轴($\boldsymbol{i}$)	y轴($\boldsymbol{j}$)	z轴($\boldsymbol{k}$)
$x'(\boldsymbol{i}')$	α_1	β_1	γ_1
$y'(\boldsymbol{j}')$	α_2	β_2	γ_2
$y'(\boldsymbol{k}')$	α_3	β_3	γ_3

因为单位向量的坐标就是它的方向余弦, 所以有

$$\begin{aligned} \boldsymbol{i}'&=\boldsymbol{i}\cos\alpha_1+\boldsymbol{j}\cos\beta_1+\boldsymbol{k}\cos\gamma_1, \\ \boldsymbol{j}'&=\boldsymbol{i}\cos\alpha_2+\boldsymbol{j}\cos\beta_2+\boldsymbol{k}\cos\gamma_2, \\ \boldsymbol{k}'&=\boldsymbol{i}\cos\alpha_3+\boldsymbol{j}\cos\beta_3+\boldsymbol{k}\cos\gamma_3, \end{aligned}$$

这时公式进一步改写成

$$\begin{cases} x = x'\cos\alpha_1 + y'\cos\alpha_2 + z'\cos\alpha_3, \\ y = x'\cos\beta_1 + y'\cos\beta_2 + z'\cos\beta_3, \\ x = x'\cos\gamma_1 + y'\cos\gamma_2 + z'\cos\gamma_3, \end{cases}$$

这个公式称为**空间直角坐标变换的转轴公式**.

在空间坐标旋转变换中, 有一种特殊情形, 即是绕轴旋转. 它保持一个坐标轴不动, 另两个坐标轴在其所在平面内绕原点旋转. 例如保持 z 轴不动, x 轴与 y 轴在 xOy 平面内绕 z 轴逆时针旋转 θ 角. 在这种情形下, 转轴公式是

$$\begin{pmatrix} x \\ y \\ z \end{pmatrix} = \begin{pmatrix} \cos\theta & -\sin\theta & 0 \\ \sin\theta & \cos\theta & 0 \\ 0 & 0 & 1 \end{pmatrix} \begin{pmatrix} x' \\ y' \\ z' \end{pmatrix}$$

一般的坐标变换可以通过先移轴再转轴或者先转轴后移轴得到.

5.1.2　利用坐标变换的例子

例 5.1.1　利用移轴化简曲面方程

$$x^2 + z^2 - 5xy - 2x + 5y + 2z + 2 = 0,$$

并判别该方程表示的曲面.

解　将原方程变形为 $(x-1)^2 - 5(x-1)y + (z+1)^2 = 0$. 令

$$\begin{cases} x = x' + 1, \\ y = y', \\ z = z' - 1, \end{cases}$$

则在新坐标系中, 曲面方程为 $x'^2 - 5x'y' + z'^2 = 0$, 这是关于 x', y', z' 的二次齐次方程. 它表示顶点为 $(1, 0, -1)$ 的二次锥面.

例 5.1.2　利用绕轴旋转以判别方程 $z = xy$ 所表示的曲面.

解　将转轴公式, 代入方程 $z = xy$, 得

$$\begin{aligned} z' &= \cos\theta\sin\theta\left(x'^2 - y'^2\right) + \left(\cos^2\theta - \sin^2\theta\right)x'y' \\ &= \frac{1}{2}\sin 2\theta\left(x'^2 - y'^2\right) + \cos 2\theta x'y'. \end{aligned}$$

为消去交叉项 $x'y'$, 取 $\theta = \dfrac{\pi}{4}$, 于是绕 z 轴旋转转轴公式为

$$\begin{cases} x = \dfrac{1}{\sqrt{2}}(x' - y'), \\ y = \dfrac{1}{\sqrt{2}}(x' + y'), \\ z = z' \end{cases}$$

这时将原方程变为 $z' = \dfrac{x'^2}{2} - \dfrac{y'^2}{2}$, 它表示双曲抛物面.

例 5.1.3 应用坐标变换将平面方程

$$ax + by + cz + d = 0,\ \ a^2 + b^2 + c^2 \neq 0$$

化成 $z = 0$ 的形式.

解 (1) 假设 $c \neq 0$, 再分两种情形讨论:

①当 $a = b = 0$ 时, 原式为 $cz + d = 0$, 用移轴公式

$$x = x', y = y', z = z' - \frac{d}{c}$$

便将原方程可化成 $z' = 0$.

②若 a, b 中有一个不为零, 不妨设 $b \neq 0$. 原方程可以写成

$$ax + b\left(y + \frac{d}{b}\right) + cz = 0,$$

建立新的坐标系, 使得新坐标系的原点 O' 在 $\left(0, -\dfrac{d}{b}, 0\right)$, 且以此平面为 $x'O'y'$ 坐标面, 便将原来的方程化成 $\boldsymbol{z}' = 0$.

(2) 假设 $b \neq 0$ 或 $a \neq 0$. 类似于 (1), 经过适当的坐标变换可分别化为 $y = 0$ 或 $x = 0$ 的形式, 然后再作坐标变换 (请读者补述), 这两种形式均可化为 $z = 0$ 的形式.

例 5.1.4 在右手直角坐标系中, 判断曲面 $S: (2x+y+z)^2 - (x-y-z)^2 = y-z$ 是什么曲面?

解 考虑三个平面

$$\Pi_1: 2x + y + z = 0,$$
$$\Pi_2: x - y - z = 0,$$
$$\Pi_3: y - z = 0,$$

它们的法向量分别是 $\boldsymbol{n}_1 = (2, 1, 1), \boldsymbol{n}_2 = (1, -1, -1), \boldsymbol{n}_3 = (0, 1, -1)$. 易知它们两两垂直, 因而可作为新的坐标系的三个坐标轴的方向向量. 因为

$$(\boldsymbol{n}_1, \boldsymbol{n}_2, \boldsymbol{n}_3) = \begin{vmatrix} 2 & 1 & 1 \\ 1 & -1 & -1 \\ 0 & 1 & -1 \end{vmatrix} = 6 > 0,$$

所以 $\boldsymbol{n}_1,\boldsymbol{n}_2,\boldsymbol{n}_3$ 依次构成右手系. 因此取 $\boldsymbol{n}_1^0,\boldsymbol{n}_2^0,\boldsymbol{n}_3^0$ 分别是新右手直角坐标系的坐标向量 $\boldsymbol{e}_1',\boldsymbol{e}_2',\boldsymbol{e}_3'$, 即

$$\boldsymbol{e}_1'=\left(\frac{2}{\sqrt{6}},\frac{1}{\sqrt{6}},\frac{1}{\sqrt{6}}\right),$$

$$\boldsymbol{e}_2'=\left(\frac{1}{\sqrt{3}},-\frac{1}{\sqrt{3}},-\frac{1}{\sqrt{3}}\right),$$

$$\boldsymbol{e}_3'=\left(0,\frac{1}{\sqrt{2}},-\frac{1}{\sqrt{2}}\right).$$

三个平面的交点 $(0,0,0)$ 作为新右手直角坐标系的原点, 因而从旧系到新系的点的坐标变换公式为

$$\begin{pmatrix} x\\ y\\ z\end{pmatrix}=\begin{pmatrix} \frac{2}{\sqrt{6}} & \frac{1}{\sqrt{3}} & 0\\ \frac{1}{\sqrt{6}} & -\frac{1}{\sqrt{3}} & \frac{1}{\sqrt{2}}\\ \frac{1}{\sqrt{6}} & -\frac{1}{\sqrt{3}} & -\frac{1}{\sqrt{2}}\end{pmatrix}\begin{pmatrix} x'\\ y'\\ z'\end{pmatrix},$$

由此得

$$\begin{pmatrix} x'\\ y'\\ z'\end{pmatrix}=\begin{pmatrix} \frac{2}{\sqrt{6}} & \frac{1}{\sqrt{6}} & \frac{1}{\sqrt{6}}\\ \frac{1}{\sqrt{3}} & -\frac{1}{\sqrt{3}} & -\frac{1}{\sqrt{3}}\\ 0 & \frac{1}{\sqrt{2}} & -\frac{1}{\sqrt{2}}\end{pmatrix}\begin{pmatrix} x\\ y\\ z\end{pmatrix},$$

曲面 S 在新的右手直角坐标系下的方程为 $(\sqrt{6}x')^2-(\sqrt{3}y')^2=\sqrt{2}z'$, 即

$$\frac{x'^2}{1}-\frac{y'^2}{2}=\frac{\sqrt{2}z'}{6},$$

故 S 是双曲抛物面.

讨论　本题直接用变量代换 $\begin{cases} x'=2x+y+z,\\ y'=x-y-z,\\ z'=y-z\end{cases}$ 化简方程会出现什么情况?

例 5.1.5　在平面右手直角坐标系中, 方程 $\dfrac{x^2}{4}+\dfrac{y^2}{9}=1$ 表示椭圆, 作坐标变换 $\begin{cases} x=2x',\\ y=3y',\end{cases}$ 得方程 $x'^2+y'^2=1$, 它已不能完全表达原方程所表示曲线的几何性质.

对于如何选取这样合适的新坐标系, 将在接下来的章节中详细介绍.

5.1.3 本章的主要结果

先给出本章的主要结果

定理 5.1.1 适当选取坐标系, 二次曲面的方程总可化为下列 17 种标准方程之一.

(1) $\dfrac{x^2}{a^2}+\dfrac{y^2}{b^2}+\dfrac{z^2}{c^2}=1$ (椭球面)

(2) $\dfrac{x^2}{a^2}+\dfrac{y^2}{b^2}+\dfrac{z^2}{c^2}=-1$ (虚椭球面)

(3) $\dfrac{x^2}{a^2}+\dfrac{y^2}{b^2}+\dfrac{z^2}{c^2}=0$ (点或称虚母线二次锥面)

(4) $\dfrac{x^2}{a^2}+\dfrac{y^2}{b^2}-\dfrac{z^2}{c^2}=1$ (单叶双曲面)

(5) $\dfrac{x^2}{a^2}+\dfrac{y^2}{b^2}-\dfrac{z^2}{c^2}=-1$ (双叶双曲面)

(6) $\dfrac{x^2}{a^2}+\dfrac{y^2}{b^2}-\dfrac{z^2}{c^2}=0$ (二次锥面)

(7) $\dfrac{x^2}{a^2}+\dfrac{y^2}{b^2}=2z$ (椭圆抛物面)

(8) $\dfrac{x^2}{a^2}-\dfrac{y^2}{b^2}=2z$ (双曲抛物面)

(9) $\dfrac{x^2}{a^2}+\dfrac{y^2}{b^2}=1$ (椭圆柱面)

(10) $\dfrac{x^2}{a^2}+\dfrac{y^2}{b^2}=-1$ (虚椭圆柱面)

(11) $\dfrac{x^2}{a^2}+\dfrac{y^2}{b^2}=0$ (交于一条实直线的一对共轭虚平面)

(12) $\dfrac{x^2}{a^2}-\dfrac{y^2}{b^2}=1$ (双曲柱面)

(13) $\dfrac{x^2}{a^2}-\dfrac{y^2}{b^2}=0$ (一对相交平面)

(14) $x^2=2py$ (抛物柱面)

(15) $x^2=a^2$ (一对平行平面)

(16) $x^2=-a^2$ (一对平行的共轭虚平面)

(17) $x^2=0$ (一对重合平面)

其中 $a,b,c,p\in\mathbf{R}^+$.

习　题

1. 已知转轴后的新坐标系的三个坐标向量为 $\boldsymbol{e}_1'=\left(-\frac{1}{3},\frac{2}{3},\frac{2}{3}\right)$, $\boldsymbol{e}_2'=\left(\frac{2}{3},-\frac{1}{3},\frac{2}{3}\right)$, $\boldsymbol{e}_3'=\left(\frac{2}{3},\frac{2}{3},-\frac{1}{3}\right)$, 试求转轴公式和点 $M(-1,1,0)$ 在新坐标系中的坐标.

2. 已知相互垂直的三条直线

$$l_1\colon x=y=z,\quad l_2\colon x=\frac{y}{-2}=z,\quad l_3\colon x=-z,y=0,$$

试求以这三条直线为新坐标轴的坐标变换公式.

3. 在右手直角坐标系 $\sigma_1=\{O;\boldsymbol{e}_1,\boldsymbol{e}_2,\boldsymbol{e}_3\}$ 中, 已给三个互相垂直的平面

$$\Pi_1: x+y+z-1=0,\quad \Pi_2: x-z+1=0,\quad \Pi_3: x-2y+z+2=0,$$

确定新的坐标系 $\sigma_2=\{O';\boldsymbol{e}_1',\boldsymbol{e}_2',\boldsymbol{e}_3'\}$, 使得 Π_1,Π_2,Π_3 分别为 $y'O'z',z'O'x',x'O'y'$ 坐标面, 且 O 在新坐标系的第一卦限内, 求 σ_1 到 σ_2 的点的坐标变换公式.

4. 在空间直角坐标系中, 方程 $x^2+y^2=2xy$ 的图像表示 (　　).

(A) 球面,　(B) 旋转曲面,　(C) 抛物曲面,　(D) 平面.

5. 试将方程 $2x+3y+4z+5=0$ 用适当的坐标变换变成新方程 $x'=0$.

6. 在右手直角坐标系 $Oxyz$ 中, 方程 $9x^2-25y^2+16z^2-24xz+80x+60z=0$ 表示什么曲面?

7. 将右手直角坐标系 $\sigma_1=\{O;\boldsymbol{e}_1,\boldsymbol{e}_2,\boldsymbol{e}_3\}$ 绕方向 $v=(1,1,1)$ 右旋 $\frac{\pi}{3}$, 原点不动, 得坐标系 $\sigma_2=\{O;\boldsymbol{e}_1',\boldsymbol{e}_2',\boldsymbol{e}_3'\}$, 求 σ_1 到 σ_2 的点的坐标变换公式.

5.2　二次曲面的渐近方向和中心

二次曲面的一般方程为

$$a_{11}x^2+a_{22}y^2+a_{33}z^2+2a_{12}xy+2a_{13}xz+2a_{23}yz+2a_{14}x+2a_{24}y+2a_{34}z+a_{44}=0,$$

其中 a_{ij} 为实参数.

为方便, 先给出下面记号.

$$F(x,y,z):=a_{11}x^2+a_{22}y^2+a_{33}z^2+2a_{12}xy+2a_{13}xz+2a_{23}yz+2a_{14}x+2a_{24}y+2a_{34}z+a_{44},$$

$$F_1(x,y,z):=a_{11}x+a_{12}y+a_{13}z+a_{14},$$

$$F_2(x,y,z):=a_{12}x+a_{22}y+a_{23}z+a_{24},$$

$$F_3(x,y,z):=a_{13}x+a_{23}y+a_{33}z+a_{34},$$

$$F_4(x,y,z):=a_{14}x+a_{24}y+a_{34}z+a_{44},$$

$$\varPhi(x,y,z):=a_{11}x^2+a_{22}y^2+a_{33}z^2+2a_{12}xy+2a_{13}xz+2a_{23}yz,$$

$$\begin{aligned}
\varPhi_1(x,y,z) &:= a_{11}x + a_{12}y + a_{13}z,\\
\varPhi_2(x,y,z) &:= a_{12}x + a_{22}y + a_{23}z,\\
\varPhi_3(x,y,z) &:= a_{13}x + a_{23}y + a_{33}z,\\
\varPhi_4(x,y,z) &:= a_{14}x + a_{24}y + a_{34}z.
\end{aligned}$$

则有

$$F(x,y,z) := xF_1(x,y,z) + yF_2(x,y,z) + zF_3(x,y,z) + F_4(x,y,z),$$

$$\varPhi(x,y,z) := x\varPhi_1(x,y,z) + y\varPhi_2(x,y,z) + z\varPhi_3(x,y,z).$$

二次曲面 $F(x,y,z) = 0$ 的系数矩阵为 $A = \begin{pmatrix} a_{11} & a_{12} & a_{13} & a_{14}\\ a_{12} & a_{22} & a_{23} & a_{24}\\ a_{13} & a_{23} & a_{33} & a_{34}\\ a_{14} & a_{24} & a_{34} & a_{44} \end{pmatrix}$，而 $\varPhi(x,y,z)$ 的系数矩阵为

$$A^* = \begin{pmatrix} a_{11} & a_{12} & a_{13}\\ a_{12} & a_{22} & a_{23}\\ a_{13} & a_{23} & a_{33} \end{pmatrix}.$$

记

$$\begin{aligned}
I_1 &= a_{11} + a_{22} + a_{33},\\
I_2 &= \begin{vmatrix} a_{11} & a_{12}\\ a_{12} & a_{22} \end{vmatrix} + \begin{vmatrix} a_{11} & a_{13}\\ a_{13} & a_{33} \end{vmatrix} + \begin{vmatrix} a_{22} & a_{23}\\ a_{23} & a_{33} \end{vmatrix},\\
I_3 &= \begin{vmatrix} a_{11} & a_{12} & a_{13}\\ a_{12} & a_{22} & a_{23}\\ a_{13} & a_{23} & a_{33} \end{vmatrix}.
\end{aligned}$$

设过点 (x_0, y_0, z_0) 的直线 $\begin{cases} x = x_0 + Xt,\\ y = y_0 + Yt,\\ z = z_0 + Zt \end{cases}$ 与二次曲面 $F(x,y,z) = 0$ 相交, 则

$$\begin{aligned}
\varPhi(X,Y,Z)t^2 + 2\big[&XF_1(x_0,y_0,z_0) + YF_2(x_0,y_0,z_0)\\
&+ZF_3(x_0,y_0,z_0)\big]t + F(x_0,y_0,z_0) = 0.
\end{aligned}$$

现讨论该直线与二次曲面相交的情况.

情形 1 $\varPhi(X,Y,Z) \neq 0$

上面的等式是关于 t 的二次方程, 由二次方程的判别式, 定义

$$\varDelta = [XF_1(x_0,y_0,z_0) + YF_2(x_0,y_0,z_0) + ZF_3(x_0,y_0,z_0)]^2 - \varPhi(X,Y,Z)F(x_0,y_0,z_0).$$

(1) $\Delta > 0$, 有两不等实根, 则直线与二次曲面有两不同实交点;

(2) $\Delta = 0$, 有两相等实根, 则有两重合交点, 交点坐标为实数, 称为**实交点**;

(3) $\Delta < 0$, 则无实交点, 有两共轭虚根, 仍称有两共轭**虚交点**.

情形 2　$\Phi(X,Y,Z)=0$

(1) $XF_1(x_0,y_0,z_0)+YF_2(x_0,y_0,z_0)+ZF_3(x_0,y_0,z_0)\neq 0$, 有唯一交点;

(2) $XF_1(x_0,y_0,z_0)+YF_2(x_0,y_0,z_0)+ZF_3(x_0,y_0,z_0)=0$ 但 $F(x_0,y_0,z_0)\neq 0$, 无交点;

(3) $XF_1(x_0,y_0,z_0)+YF_2(x_0,y_0,z_0)+ZF_3(x_0,y_0,z_0)=0$ 且 $F(x_0,y_0,z_0)=0$, 有无穷多个交点, 该直线落在二次曲面上.

5.2.1　二次曲面的渐近方向

定义 5.2.1　满足 $\Phi(X,Y,Z)=0$ 的方向 $X:Y:Z$ 称为二次曲面 $F(x,y,z)=0$ 的**渐近方向**, 否则称为**非渐近方向**.

对于给定的二次曲面 $F(x,y,z)=0$ 与过点 (x_0,y_0,z_0), 且以 (X,Y,Z) 为方向的直线, 当 $X:Y:Z$ 是渐近方向时, 直线与曲面只有一个交点, 或没有交点, 或整条直线在曲面上; 当 $X:Y:Z$ 为非渐近方向时, 总有两个交点.

5.2.2　二次曲面的中心

以非渐近方向为方向的直线与二次曲面交于两个点, 由这两点决定的线段叫二次曲面的**弦**. 下面给出二次曲面中心的两个等价定义.

定义 5.2.2　点 C 叫做二次曲面 S 的**对称中心**, 如果曲面 S 上的任意点 M_1 关于 C 的对称点 M_2 也在 S 上.

定义 5.2.2′　点 C 叫做二次曲面 S 的**中心**, 如果它是二次曲面通过它的所有弦的中点.

显然, 二次曲面的中心是二次曲面的对称中心.

定理 5.2.1　点 $C(x_0,y_0,z_0)$ 是二次曲面的中心 $\Leftrightarrow$

$$\begin{cases} F_1(x_0,y_0,z_0)=a_{11}x_0+a_{12}y_0+a_{13}z_0+a_{14}=0,\\ F_2(x_0,y_0,z_0)=a_{12}x_0+a_{22}y_0+a_{23}z_0+a_{24}=0,\\ F_3(x_0,y_0,z_0)=a_{13}x_0+a_{23}y_0+a_{33}z_0+a_{34}=0.\end{cases}$$

证　过 C 点, 以任意非渐近方向的直线交曲面 S 于 M_1,M_2 两点, $M_i(x_i,y_i,z_i)$ 对应的参数为 $t_i, i=1,2$. 因为点 C 为 S 的中心, 故 C 为线段 M_1M_2 中点, 再根据直线的方向向量为非零向量得 $t_1+t_2=0$, 根据前面直线与二次曲面交点的方程, 由韦达定理得

$$XF_1(x_0,y_0,z_0)+YF_2(x_0,y_0,z_0)+ZF_3(x_0,y_0,z_0)=0.$$

根据直线方向的任意性, 得 $F_1(x_0,y_0,z_0)=F_2(x_0,y_0,z_0)=F_3(x_0,y_0,z_0)=0$.

推论 5.2.1 坐标原点是二次曲面 $F(x,y,z)=0$ 的中心 $\Leftrightarrow$ $F(x,y,z)$ 不含有 x,y,z 的一次项.

根据上面中心方程组系数矩阵 A^* 与增广矩阵 B

$$A^*=\begin{pmatrix} a_{11} & a_{12} & a_{13} \\ a_{12} & a_{22} & a_{23} \\ a_{13} & a_{23} & a_{33} \end{pmatrix},\quad B=\begin{pmatrix} a_{11} & a_{12} & a_{13} & a_{14} \\ a_{12} & a_{22} & a_{23} & a_{24} \\ a_{13} & a_{23} & a_{33} & a_{34} \end{pmatrix}$$

的秩 r 与 R, 有

(1) $r=R=3$, 则 $|A^*|=I_3=\begin{vmatrix} a_{11} & a_{12} & a_{13} \\ a_{12} & a_{22} & a_{23} \\ a_{13} & a_{23} & a_{33} \end{vmatrix}\neq 0$, 中心方程组有唯一解, 二次曲面有唯一中心;

(2) $r=R=2$, 有无数多解, 这些解可用一个参数线性表示, 相应的中心构成一条直线;

(3) $r=R=1$, 有无数多解, 这些解可用两个参数线性表示, 相应的中心构成一个平面;

(4) $r\neq R$, 无解, 二次曲面无中心.

定义 5.2.3 有唯一中心的二次曲面叫**中心二次曲面**; 无中心的二次曲面叫**无心二次曲面**; 有无数中心构成一条直线的二次曲面叫**线心二次曲面**; 有无数中心构成一平面的二次曲面叫**面心二次曲面**; 二次曲面中的无心曲面、线心曲面与面心曲面统称为**非中心二次曲面**.

推论 5.2.2 $F(x,y,z)=0$ 是中心二次曲面 $\Leftrightarrow$ $I_3\neq 0$.

例 5.2.1 证明椭球面 $\dfrac{x^2}{a^2}+\dfrac{y^2}{b^2}+\dfrac{z^2}{c^2}=1$ 与双曲面 $\dfrac{x^2}{a^2}+\dfrac{y^2}{b^2}-\dfrac{z^2}{c^2}=\pm 1$均是中心曲面, 原点为它们的唯一中心.

证 它们对应 I_3 分别为

$$\begin{vmatrix} \dfrac{1}{a^2} & 0 & 0 \\ 0 & \dfrac{1}{b^2} & 0 \\ 0 & 0 & \dfrac{1}{c^2} \end{vmatrix}=\frac{1}{a^2b^2c^2}\neq 0\text{与}\begin{vmatrix} \dfrac{1}{a^2} & 0 & 0 \\ 0 & \dfrac{1}{b^2} & 0 \\ 0 & 0 & -\dfrac{1}{c^2} \end{vmatrix}=-\frac{1}{a^2b^2c^2}\neq 0.$$

所以椭球面与双曲面都是中心曲面, 它们的中心方程组分别为

$$\begin{cases} F_1(x,y,z)=\dfrac{x}{a^2}=0, \\ F_2(x,y,z)=\dfrac{y}{b^2}=0, \\ F_3(x,y,z)=\dfrac{z}{c^2}=0 \end{cases} \quad 与 \quad \begin{cases} F_1(x,y,z)=\dfrac{x}{a^2}=0, \\ F_2(x,y,z)=\dfrac{y}{b^2}=0, \\ F_3(x,y,z)=-\dfrac{z}{c^2}=0, \end{cases}$$

因此仅有原点 $(0,0,0)$ 是它们的中心.

例 5.2.2　抛物面 $\dfrac{x^2}{a^2}\pm\dfrac{y^2}{b^2}=2z$ 为非中心二次曲面, 因为 $F_3(x,y,z)=-1$, 与中心方程组矛盾.

例 5.2.3　圆柱面 $y^2+z^2-c^2=0$ 为线心曲面, 因为 $F_1(x,y,z)=0$, $F_2(x,y,z)=y$, $F_3(x,y,z)=z$, 曲面有一条中心直线 $\begin{cases} y=0, \\ z=0, \end{cases}$ 中心直线就是它的对称轴. 此外, 它也是非中心二次曲面, 因为 $I_3=\begin{vmatrix} 0 & 0 & 0 \\ 0 & 1 & 0 \\ 0 & 0 & 1 \end{vmatrix}=0.$

讨论　在二次曲面中哪些是中心二次曲面, 哪些是非中心二次曲面, 并进一步区分是线心曲面、面心曲面还是无心曲面?

假设二次曲面 S 的中心存在且唯一, 以中心 $C(x_0,y_0,z_0)$ 为顶点、每条母线的方向均为二次曲面的渐近方向的锥面称为 S 的**渐近锥面**. 根据锥面方程的求法和渐近方向的定义知, 渐近锥面方程为

$$\Phi(x-x_0,y-y_0,z-z_0)=0.$$

思考题　有渐近锥面的二次曲面应该满足哪些条件, 在二次曲面中哪些有渐近锥面?

习　题

1. 求二次曲面 $y^2+2xz+4x-2y+6z-5=0$ 和 $z^2=1$ 的中心.

2. 方程 $z=x^2-y^2-2y$ 的图形是 (　　).

(A) 中心二次曲面;　　(B) 无心二次曲面;

(C) 线心二次曲面;　　(D) 面心二次曲面.

3. 判断下列各二次曲面何者是中心曲面, 何者是非中心曲面, 并进一步区分是线心曲面、面心曲面还是无心曲面.

(1) $3x^2+5y^2+3z^2-4xy+2xz-2yz+2x+12y+10z+20=0$;

(2) $4x^2-y^2-z^2+2yz-8x-4y+8z-2=0$.

4. 求下列各二次曲面的渐近锥面.

(1) $2xz + y^2 - 2z^2 - 1 = 0$;

(2) $x^2 + y^2 + z^2 - 4xy - 4xz - 4yz - 3 = 0$;

(3) $5x^2 + 9y^2 + 9z^2 - 12xy - 6xz + 12x - 36z = 0$.

5. 求下列二次曲线的中心.

(1) $x^2 - 4y^2 - 2x + 8y - 7 = 0$;

(2) $3x^2 - 4xy + 6y^2 - 8x - 4y + 3 = 0$;

(3) $4x^2 - 4xy + y^2 + 6x - 3y + 2 = 0$.

6. 求下列二次曲面的中心.

(1) $4x^2 + y^2 + 9z^2 - 4xy - 6yz + 12xz + 8x - 4y + 12z - 5 = 0$;

(2) $5x^2 + 9y^2 + 9z^2 - 12xy - 6xz + 12x - 36z = 0$.

7. 讨论直线 $\dfrac{x}{X} = \dfrac{y}{Y} = \dfrac{z}{Z}$ 与锥面 $ax^2 + by^2 + cz^2 = 0$ 的相关位置.

8. 求二次曲面 $x^2 + 3y^2 - 4z^2 + 4z - 2y - 5 = 0$ 和直线 $\begin{cases} \dfrac{x+3}{4} = \dfrac{y}{2}, \\ z = 0 \end{cases}$ 的交点.

9. 求直线 $l: \begin{cases} x = -1 + 4t, \\ y = 2t, \\ z = 0 \end{cases}$ 与曲面 $\Sigma: x^2 + z^2 - 2xy - yz + 4zx + 3x - 5z = 0$ 的交点, 并证明 Σ 上有平行于 l 的直线, 求出它的方程.

5.3 二次曲面的对称面与主径面

5.3.1 径面与奇向

对于二次曲面的研究发现, 一族平行弦的中点轨迹均落在同一个平面上.

定理 5.3.1 二次曲面的一族平行弦的中点的轨迹是一个平面.

证 设 $X:Y:Z$ 为二次曲面的任意一个非渐近方向, 任取沿方向 $X:Y:Z$ 的一条弦 M_1M_2, 设其中点为 (x_0, y_0, z_0), 则弦的方程可写成

$$\begin{cases} x = x_0 + Xt, \\ y = y_0 + Yt, \\ z = z_0 + Zt. \end{cases}$$

弦的两端点是由二次方程

$$\Phi(X,Y,Z)t^2 + 2\big[XF_1(x_0,y_0,z_0) + YF_2(x_0,y_0,z_0) + ZF_3(x_0,y_0,z_0)\big]t + F(x_0,y_0,z_0) = 0$$

的两根 t_1 和 t_2 所决定. (x_0, y_0, z_0) 为弦的中点, 则 $t_1 + t_2 = 0$, 于是

$$XF_1(x_0,y_0,z_0) + YF_2(x_0,y_0,z_0) + ZF_3(x_0,y_0,z_0) = 0,$$

把上式中的 (x_0, y_0, z_0) 改写为 (x, y, z) 便得平行弦中点的轨迹方程为

$$XF_1(x,y,z) + YF_2(x,y,z) + ZF_3(x,y,z) = 0.$$

展开得

$$\begin{aligned}&(a_{11}X + a_{12}Y + a_{13}Z)x + (a_{12}X + a_{22}Y + a_{23}Z)y\\ &+(a_{13}X + a_{23}Y + a_{33}Z)z + (a_{14}X + a_{24}Y + a_{34}Z) = 0,\end{aligned}$$

即

$$\Phi_1(X,Y,Z)x + \Phi_2(X,Y,Z)y + \Phi_3(X,Y,Z)z + \Phi_4(X,Y,Z) = 0.$$

因为 $X:Y:Z$ 为非渐近方向, 有

$$\Phi(X,Y,Z) = X\Phi_1(X,Y,Z) + Y\Phi_2(X,Y,Z) + Z\Phi_3(X,Y,Z) \neq 0,$$

因此 $\Phi_1(X,Y,Z)$, $\Phi_2(X,Y,Z)$, $\Phi_3(X,Y,Z)$ 不全为零, 所以上式为三元一次方程, 表示一个平面.

定义 5.3.1　二次曲面沿非渐近方向 (X,Y,Z) 的所有平行弦的中点所在的平面

$$\Phi_1(X,Y,Z)x + \Phi_2(X,Y,Z)y + \Phi_3(X,Y,Z)z + \Phi_4(X,Y,Z) = 0$$

叫做**共轭于方向**(X,Y,Z)**的直径面**, 简称**径面**.

推论 5.3.1　中心二次曲面的任何径面必通过它的中心; 线心二次曲面的任何径面通过它的中心线; 面心二次曲面的径面与它的中心平面重合.

如果方向 $X:Y:Z$ 为二次曲面的渐近方向, 那么平行于它的弦不存在, 但如果仍有 $\Phi_1(X,Y,Z)$, $\Phi_2(X,Y,Z)$, $\Phi_3(X,Y,Z)$ 不全为零, 我们也把平面

$$\Phi_1(X,Y,Z)x + \Phi_2(X,Y,Z)y + \Phi_3(X,Y,Z)z + \Phi_4(X,Y,Z) = 0$$

叫做共轭于渐近方向 $X:Y:Z$ 的径面.

定义 5.3.2　如果方向 $X:Y:Z$ 满足

$$\begin{cases}\Phi_1(X,Y,Z) = a_{11}X + a_{12}Y + a_{13}Z = 0,\\ \Phi_2(X,Y,Z) = a_{12}X + a_{22}Y + a_{23}Z = 0,\\ \Phi_3(X,Y,Z) = a_{13}X + a_{23}Y + a_{33}Z = 0,\end{cases}$$

那么称方向 $X:Y:Z$ 为二次曲面的**奇异方向**, 简称**奇向**; 否则, 称为**非奇方向**.

显然, 奇向必是渐近方向.

命题 5.3.1　二次曲面有奇向 $\Leftrightarrow I_3 = 0$.

由此可知, 只有中心二次曲面没有奇向.

定理 5.3.2 二次曲面的奇向平行于二次曲面的任何径面.

证 设二次曲面 S 的奇向为 $X_0:Y_0:Z_0$, 则

$$\Phi_1(X_0,Y_0,Z_0)=\Phi_2(X_0,Y_0,Z_0)=\Phi_3(X_0,Y_0,Z_0)=0.$$

因此

$$\begin{aligned}&X_0\Phi_1(X,Y,Z)+Y_0\Phi_2(X,Y,Z)+Z_0\Phi_3(X,Y,Z)\\=&X_0(a_{11}X+a_{12}Y+a_{13}Z)+Y_0(a_{12}X+a_{22}Y+a_{23}Z)+Z_0(a_{13}X+a_{23}Y+a_{33}Z)\\=&X(a_{11}X_0+a_{12}Y_0+a_{13}Z_0)+Y(a_{12}X_0+a_{22}Y_0+a_{23}Z_0)\\&+Z(a_{13}X_0+a_{23}Y_0+a_{33}Z_0)\\=&X\Phi_1(X_0,Y_0,Z_0)+Y\Phi_2(X_0,Y_0,Z_0)+Z\Phi_3(X_0,Y_0,Z_0)\\=&0.\end{aligned}$$

所以二次曲面的奇向 $X_0:Y_0:Z_0$ 平行于 S 的任意径面.

例 5.3.1 求椭圆抛物面 $\dfrac{x^2}{a^2}+\dfrac{y^2}{b^2}=2z$ 的径面和奇向, 并且验证定理 4.3.2.

解 椭圆抛物面为无心曲面, 所以它有奇向 $X_0:Y_0:Z_0$. 因为

$$\Phi_1(X,Y,Z)=\frac{X}{a^2},\quad \Phi_2(X,Y,Z)=\frac{Y}{b^2},\quad \Phi_3(X,Y,Z)=0,$$

取曲面的奇向为 $X_0:Y_0:Z_0=0:0:1$, 任取非奇方向 $X:Y:Z$, 又有 $\Phi_4(X,Y,Z)=-Z$, 因此共轭于非奇方向 $X:Y:Z$ 的径面方程为 $\dfrac{X}{a^2}x+\dfrac{Y}{b^2}y-Z=0$, 显然它平行于奇向 $0:0:1$.

例 5.3.2 已知二次曲面 $x^2+2y^2-z^2-2xy-2yz-2zx-4x-1=0$, 求

(1) 共轭于方向 $(1,-1,0)$ 的直径面;

(2) 平行于平面 $x+2y-z+1=0$ 的直径面所共轭的方向;

(3) 通过 $(0,0,0)$ 和 $(1,1,0)$ 的直径面.

解 (1) 因为

$$\begin{aligned}\Phi_1(X,Y,Z)&=a_{11}X+a_{12}Y+a_{13}Z=X-Y-Z,\\\Phi_2(X,Y,Z)&=a_{12}X+a_{22}Y+a_{23}Z=-X+2Y-Z,\\\Phi_3(X,Y,Z)&=a_{13}X+a_{23}Y+a_{33}Z=-X-Y-Z,\\\Phi_4(X,Y,Z)&=a_{14}X+a_{24}Y+a_{34}Z=-2X,\end{aligned}$$

共轭于方向 (X,Y,Z) 的直径面方程为

$$\Phi_1(X,Y,Z)x+\Phi_2(X,Y,Z)y+\Phi_3(X,Y,Z)z+\Phi_4(X,Y,Z)=0.$$

即 $(X-Y-Z)x+(-X+2Y-Z)y+(-X-Y-Z)z-2X=0$, 因此共轭于方向 $(1,-1,0)$ 的直径面为

$$2x-3y-2=0.$$

(2) 设所求共轭方向为 (X,Y,Z), 由两平面的法向量平行有

$$\frac{X-Y-Z}{1}=\frac{-X+2Y-Z}{2}=\frac{-X-Y-Z}{-1},$$

解得共轭方向 $X:Y:Z=1:1:-1$.

(3) 因所求的直径平面通过 $(0,0,0)$ 和 $(1,1,0)$, 代入直径面方程得

$$\begin{cases} -2X=0, \\ (X-Y-Z)+(-X+2Y-Z)-2X=0, \end{cases}$$

解得 $X:Y:Z=0:2:1$, 故所求直径面的方程为 $x-y+z=0$.

5.3.2 主径面和主方向

下面给出二次曲面对称面和主径面的定义.

定义 5.3.3 平面 Π 叫做二次曲面 S 的**对称面**, 如果曲面 S 上的任意点 M_1 关于 Π 的对称点 M_2 也在 S 上.

定义 5.3.4 若二次曲面的径面垂直于它所共轭的方向, 则称该径面为二次曲面的**主径面**.

主径面不一定是对称面, 共轭于非渐近方向 $X:Y:Z$ 的主径面才是对称面. 反过来, 对称平面必是二次曲面的主径面.

定义 5.3.5 二次曲面主径面的共轭方向 (即垂直于主径面的方向), 或者二次曲面的奇向, 叫做**二次曲面的主方向**.

定理 5.3.3 方向 $\boldsymbol{v}=(X,Y,Z)$ 为二次曲面主方向 $\Leftrightarrow \exists\lambda$ 使得 $A^*\boldsymbol{v}^{\mathrm{T}}=\lambda\boldsymbol{v}^{\mathrm{T}}$ 成立.

证 情形 1 如果二次曲面的主方向 $X:Y:Z$ 是非渐近方向, 它与其共轭径面

$$\begin{aligned}&(a_{11}X+a_{12}Y+a_{13}Z)x+(a_{12}X+a_{22}Y+a_{23}Z)y\\&+(a_{13}X+a_{23}Y+a_{33}Z)z+(a_{14}X+a_{24}Y+a_{34}Z)=0\end{aligned}$$

垂直, 于是有

$$(a_{11}X+a_{12}Y+a_{13}Z):(a_{12}X+a_{22}Y+a_{23}Z):(a_{13}X+a_{23}Y+a_{33}Z)=X:Y:Z.$$

令比值为 λ, 则

$$\begin{cases} a_{11}X+a_{12}Y+a_{13}Z=\lambda X, \\ a_{12}X+a_{22}Y+a_{23}Z=\lambda Y, \\ a_{13}X+a_{23}Y+a_{33}Z=\lambda Z. \end{cases}$$

情形 2 如果二次曲面的主方向 $X:Y:Z$ 是奇向, 即

$$\begin{cases} a_{11}X+a_{12}Y+a_{13}Z=0, \\ a_{12}X+a_{22}Y+a_{23}Z=0, \\ a_{13}X+a_{23}Y+a_{33}Z=0. \end{cases}$$

两种情形均可统一写出矩阵的形式

$$A^*\boldsymbol{v}^{\mathrm{T}}=\lambda\boldsymbol{v}^{\mathrm{T}}, \quad \boldsymbol{v}=(X,Y,Z).$$

显然, 方向 $X:Y:Z$ 成为二次曲面的奇向 $\Leftrightarrow \lambda=0$.

$A^*\boldsymbol{v}^{\mathrm{T}}=\lambda\boldsymbol{v}^{\mathrm{T}}$ 改写为

$$\begin{cases} (a_{11}-\lambda)X+a_{12}Y+a_{13}Z=0, \\ a_{12}X+(a_{22}-\lambda)Y+a_{23}Z=0, \\ a_{13}X+a_{23}Y+(a_{33}-\lambda)Z=0. \end{cases}$$

这是一个关于 X,Y,Z 的齐次线性方程组, 根据附录 1, 齐次线性方程组解不全为零

$$\Leftrightarrow \begin{vmatrix} a_{11}-\lambda & a_{12} & a_{13} \\ a_{12} & a_{22}-\lambda & a_{23} \\ a_{13} & a_{23} & a_{33}-\lambda \end{vmatrix}=0 \Leftrightarrow -\lambda^3+I_1\lambda^2-I_2\lambda+I_3=0.$$

定义 5.3.6 方程 $-\lambda^3+I_1\lambda^2-I_2\lambda+I_3=0$ 叫做**二次曲面的特征方程**, 特征方程的根叫做**二次曲面的特征根**.

求特征根 λ, 代入 $A^*\boldsymbol{v}^{\mathrm{T}}=\lambda\boldsymbol{v}^{\mathrm{T}}$, 可求出相应的主方向 $X:Y:Z$. 当 $\lambda=0$ 时, 对应的主方向为二次曲面的奇向; 当 $\lambda\neq 0$ 时, 对应的主方向叫做非奇主方向, 代入其共轭径面方程得共轭于这个非奇主方向的主径面.

例 5.3.3 求二次曲面

$$3x^2+y^2+3z^2-2xy-2xz-2yz+4x+14y+4z-23=0$$

的主方向与主径面.

解 这个二次曲面的系数矩阵

$$A=\begin{pmatrix} 3 & -1 & -1 & 2 \\ -1 & 1 & -1 & 7 \\ -1 & -1 & 3 & 2 \\ 2 & 7 & 2 & -23 \end{pmatrix},$$

则

$$I_1 = 3+1+3 = 7,$$

$$I_2 = \begin{vmatrix} 3 & -1 \\ -1 & 1 \end{vmatrix} + \begin{vmatrix} 3 & -1 \\ -1 & 3 \end{vmatrix} + \begin{vmatrix} 1 & -1 \\ -1 & 3 \end{vmatrix} = 12,$$

$$I_3 = \begin{vmatrix} 3 & -1 & -1 \\ -1 & 1 & -1 \\ -1 & -1 & 3 \end{vmatrix} = 0.$$

二次曲面的特征方程为 $-\lambda^3+7\lambda^2-12\lambda=0$, 所以特征根为 $\lambda=4,\ 3,\ 0$.

将 $\lambda=4$ 代入 $A^*\boldsymbol{v}^{\mathrm{T}}=\lambda\boldsymbol{v}^{\mathrm{T}}$ 得

$$\begin{cases} -X-Y-Z=0, \\ -X-3Y-Z=0, \\ -X-Y-Z=0. \end{cases}$$

解得对应于特征根 $\lambda=4$ 的主方向为 $X:Y:Z=1:0:(-1)$, 将其代入共轭径面方程

$$\varPhi_1(X,Y,Z)x+\varPhi_2(X,Y,Z)y+\varPhi_3(X,Y,Z)z+\varPhi_4(X,Y,Z)=0,$$

化简得共轭于此主方向的主径面为 $x-z=0$.

同理, 对应于 $\lambda=3$ 的主方向为 $X:Y:Z=1:(-1):1$, 共轭于此主方向的主径面为 $x-y+z-1=0$; 对应于 $\lambda=0$ 的主方向为 $X:Y:Z=1:2:1$, 此方向为奇向.

命题 5.3.2 二次曲面的特征根和主方向有下面性质:

(1) 特征方程的三个根至少有一个不为零, 因而二次曲面总有一个非奇主方向;

(2) 二次曲面的特征根都是实数;

(3) 不同的特征根对应的主方向相互垂直;

(4) 二次曲面存在三个两两垂直的主径面.

证 (1) 反设三个特征根全为 0, 那么根据根与系数的关系

$$I_1=a_{11}+a_{22}+a_{33}=\lambda_1+\lambda_2+\lambda_3=0,$$
$$I_2=a_{11}a_{22}+a_{11}a_{33}+a_{22}a_{33}-(a_{12}^2+a_{13}^2+a_{23}^2)=\lambda_1\lambda_2+\lambda_2\lambda_3+\lambda_3\lambda_1=0.$$

于是 $I_1^2-2I_2=a_{11}^2+a_{22}^2+a_{33}^2+2(a_{12}^2+a_{13}^2+a_{23}^2)=0$. 因此

$$a_{11}=a_{22}=a_{33}=a_{12}=a_{13}=a_{23}=0.$$

进而说明二次曲面不含有二次项, 这是一个矛盾. 因此特征方程三个根不全为 0.

(2) 设 λ 为特征方程的任意一个根, 列向量 $\boldsymbol{\eta}$ 是属于特征值 λ 的主方向, 于是

$$\lambda\boldsymbol{\eta} = A^*\boldsymbol{\eta}.$$

两边同时右乘 $\overline{\boldsymbol{\eta}^{\mathrm{T}}}$($\overline{\boldsymbol{\eta}^{\mathrm{T}}}$ 表示 $\boldsymbol{\eta}^{\mathrm{T}}$ 复共轭向量), 根据 $\boldsymbol{A}^* = \overline{(\boldsymbol{A}^*)^{\mathrm{T}}}$, 得

$$\overline{\boldsymbol{\eta}^{\mathrm{T}}}\lambda\boldsymbol{\eta} = \overline{\boldsymbol{\eta}^{\mathrm{T}}}A^*\boldsymbol{\eta} = \overline{\boldsymbol{\eta}^{\mathrm{T}}(\boldsymbol{A}^*)^{\mathrm{T}}}\boldsymbol{\eta} = \overline{(\boldsymbol{A}^*\boldsymbol{\eta})^{\mathrm{T}}}\boldsymbol{\eta} = \overline{(\boldsymbol{A}^*\boldsymbol{\eta})^{\mathrm{T}}}\boldsymbol{\eta} = \overline{\lambda}\overline{\boldsymbol{\eta}^{\mathrm{T}}}\boldsymbol{\eta}.$$

于是 $\lambda\overline{\boldsymbol{\eta}^{\mathrm{T}}}\boldsymbol{\eta} = \overline{\lambda}\overline{\boldsymbol{\eta}^{\mathrm{T}}}\boldsymbol{\eta}$. 因为 $\overline{\boldsymbol{\eta}^{\mathrm{T}}}\boldsymbol{\eta} > 0$, 因此 $\lambda = \overline{\lambda}$, 从而 λ 是实数.

(3) 设 λ_1, λ_2 是二次曲面两个相异特征根, η_1, η_2 分别是 λ_1, λ_2 对应的主方向, 于是

$$\lambda_1\boldsymbol{\eta}_1 = A^*\boldsymbol{\eta}_1, \quad \lambda_2\boldsymbol{\eta}_2 = A^*\boldsymbol{\eta}_2.$$

因为 $(\boldsymbol{A}^*)^{\mathrm{T}} = \boldsymbol{A}^*$, 于是

$$\lambda_1\boldsymbol{\eta}_1^{\mathrm{T}}\eta_2 = (\lambda_1\boldsymbol{\eta}_1)^{\mathrm{T}}\boldsymbol{\eta}_2 = (\boldsymbol{A}^*\boldsymbol{\eta}_1)^{\mathrm{T}}\boldsymbol{\eta}_2 = \boldsymbol{\eta}_1^{\mathrm{T}}\boldsymbol{A}^*\boldsymbol{\eta}_2 = \boldsymbol{\eta}_1^{\mathrm{T}}(\boldsymbol{A}^*\boldsymbol{\eta}_2) = \boldsymbol{\eta}_1^{\mathrm{T}}(\boldsymbol{\lambda}_2\boldsymbol{\eta}_2) = \lambda_2\boldsymbol{\eta}_1^{\mathrm{T}}\boldsymbol{\eta}_2,$$

因为 $\lambda_1 \neq \lambda_2$, 所以 $\boldsymbol{\eta}_1^{\mathrm{T}}\boldsymbol{\eta}_2$, 从而说明 $\boldsymbol{\eta}_1, \boldsymbol{\eta}_2$ 相互垂直.

(3) 先证 A^* 可对角化, 即存在正交矩阵 $\boldsymbol{P}$, 使得

$$\boldsymbol{P}^{-1}\boldsymbol{A}^*\boldsymbol{P} = \begin{pmatrix} \lambda_1 & 0 & 0 \\ 0 & \lambda_2 & 0 \\ 0 & 0 & \lambda_3 \end{pmatrix},$$

其中 $\lambda_1, \lambda_2, \lambda_3$ 是二次曲面特征方程的三个根.

对矩阵的阶数进行归纳, 显然, 1 阶矩阵结论成立, 假设结论对 2 阶实对称矩阵成立. 设 $\boldsymbol{\eta}_1$ 为对应的 λ_1 的主方向, 单位化后仍然为主方向, 不妨仍记为 η_1. 将 η_1 扩充为三维空间的标准正交基 $\boldsymbol{\eta}_1, \xi_2, \xi_3$. 于是 $P_1 = (\eta_1, \xi_2, \xi_3)$ 为正交矩阵, 于是

$$\begin{aligned}\boldsymbol{P}_1^{\mathrm{T}}\boldsymbol{A}^*\boldsymbol{P}_1 &= \boldsymbol{P}_1^{-1}\boldsymbol{A}^*\boldsymbol{P}_1 = \boldsymbol{P}_1^{-1}(\boldsymbol{A}^*\boldsymbol{\eta}_1, \boldsymbol{A}^*\boldsymbol{\xi}_2, \boldsymbol{A}^*\boldsymbol{\xi}_3) = \boldsymbol{P}_1^{-1}(\lambda_1\boldsymbol{\eta}_1, \boldsymbol{A}^*\boldsymbol{\xi}_2, \boldsymbol{A}^*\boldsymbol{\xi}_3) \\ &= (\lambda_1\boldsymbol{P}_1^{-1}\boldsymbol{\eta}_1, \boldsymbol{P}_1^{-1}\boldsymbol{A}^*\boldsymbol{\xi}_2, \boldsymbol{P}_1^{-1}\boldsymbol{A}^*\boldsymbol{\xi}_3) = \begin{pmatrix} \lambda_1 & c \\ 0 & \boldsymbol{A}_1 \end{pmatrix}.\end{aligned}$$

因为 $\boldsymbol{P}_1^{\mathrm{T}}\boldsymbol{A}^*\boldsymbol{P}_1$ 仍为实对称矩阵, 因此 $c = 0$, $\boldsymbol{A}_1$ 为 2 阶实对称矩阵. 利用归纳假设存在 2 阶正交矩阵 Q 使得

$$\boldsymbol{Q}^{-1}\boldsymbol{A}_1\boldsymbol{Q} = \begin{pmatrix} \lambda_2 & 0 \\ 0 & \lambda_3 \end{pmatrix}$$

令 $\boldsymbol{P}_2 = \begin{pmatrix} 1 & 0 \\ 0 & \boldsymbol{Q} \end{pmatrix}$, $\boldsymbol{P} = \boldsymbol{P}_1\boldsymbol{P}_2$, 则 $\boldsymbol{P}, \boldsymbol{P}_2$ 均为正交矩阵, 于是

$$\boldsymbol{P}^{-1}\boldsymbol{A}^*\boldsymbol{P} = \boldsymbol{P}^{\mathrm{T}}\boldsymbol{A}^*P = (\boldsymbol{P}_1\boldsymbol{P}_2)^{\mathrm{T}}\boldsymbol{A}^*\boldsymbol{P}_1\boldsymbol{P}_2 = \boldsymbol{P}_2^{\mathrm{T}}(\boldsymbol{P}_1^{\mathrm{T}}\boldsymbol{A}^*\boldsymbol{P}_1)\boldsymbol{P}_2$$

$$
\begin{aligned}
&= \begin{pmatrix} 1 & 0 \\ 0 & \boldsymbol{Q}^{\mathrm{T}} \end{pmatrix} \begin{pmatrix} \lambda_1 & 0 \\ 0 & \boldsymbol{A}_1 \end{pmatrix} \begin{pmatrix} 1 & 0 \\ 0 & \boldsymbol{Q} \end{pmatrix} \\
&= \begin{pmatrix} \lambda_1 & 0 \\ 0 & \boldsymbol{Q}^{\mathrm{T}}\boldsymbol{A}_1\boldsymbol{Q} \end{pmatrix} \\
&= \begin{pmatrix} \lambda_1 & 0 & 0 \\ 0 & \lambda_2 & 0 \\ 0 & 0 & \lambda_3 \end{pmatrix}.
\end{aligned}
$$

于是

$$
\boldsymbol{A}^*\boldsymbol{P} = \boldsymbol{P} \begin{pmatrix} \lambda_1 & 0 & 0 \\ 0 & \lambda_2 & 0 \\ 0 & 0 & \lambda_3 \end{pmatrix}.
$$

令 $\boldsymbol{P} = (\eta_1, \eta_2, \eta_3)$, 有 $\lambda_i\eta_i = \boldsymbol{A}\boldsymbol{\eta}_i$, $i = 1, 2, 3$. 可以得到矩阵 $\boldsymbol{P}$ 的三个列向量, 就是三个两两垂直的主方向, 因此存在三个两两垂直的主径面.

思考题　阐述矩阵特征值和特征向量在此处的几何意义.

习　　题

1. 求二次曲面 $x^2 + y^2 + 4z^2 + 2xy - 4xz - 4yz - 4x - 4y + 8z = 0$ 的奇向.
2. 已知曲面 $4x^2 + y^2 + z^2 + 4xy - 4xz - 2yz + x - y + 1 = 0$, 求过原点的径面.
3. 求下列二次曲面的主方向和主径面

(1) $2x^2 + 2y^2 - 5z^2 + 2xy - 2x - 4y - 4z + 2 = 0$;

(2) $x^2 + y^2 - 2xy + 2x - 4y - 2z + 3 = 0$;

(3) $14x^2 + 14y^2 + 8z^2 - 4yz - 4xz - 8xy + 18x - 18y + 5 = 0$.

4. 定义二次曲线的对称轴、主轴与主方向.

5.4　二次曲面的化简与分类

本节介绍二次曲面方程的化简, 给出选取直角坐标变换的方法.

定理 5.4.1　在直角坐标系 $Oxyz$ 中, 给定二次曲面的方程为

$$
a_{11}x^2 + a_{22}y^2 + a_{33}z^2 + 2a_{12}xy + 2a_{13}xz + 2a_{23}yz + 2a_{14}x + 2a_{24}y + 2a_{34}z + a_{44} = 0.
$$

如果选取曲面三个两两相互垂直的单位主方向作为新坐标系 $Ox'y'z'$ 的坐标向量, 那么该曲面在新坐标系的方程形如

$$
\lambda_1 x'^2 + \lambda_2 y'^2 + \lambda_3 z'^2 + 2a'_{14}x' + 2a'_{24}y' + 2a'_{34}z' + a_{44} = 0,
$$

其中 $\lambda_1,\lambda_2,\lambda_3$ 为二次曲面的特征根.

证 由于二次曲面的每个特征根至少对应一个主方向, 因此二次曲面至少三个主方向. 我们任选三个两两相互垂直的主方向, 并且将其单位化后设为 $\boldsymbol{i},\boldsymbol{j},\boldsymbol{k}$, 假定分别对应于特征值 $\lambda_1,\lambda_2,\lambda_3$, 且使得混合积 $(\boldsymbol{i},\boldsymbol{j},\boldsymbol{k})=1$, 将它们作为新坐标系的三个坐标向量, 作矩阵 $P=(\boldsymbol{i}\ \boldsymbol{j}\ \boldsymbol{k})$, 即以单位主方向的坐标排成 P 的列向量, 这样矩阵 P 对应于某个旋转变换, 因此, 在新坐标系下, 不改变原来方程的图形形状. 下证在新坐标系下二次曲面方程不再含有交叉项.

根据附录 2, P 为正交矩阵, 且

$$A^*P=A^*(\boldsymbol{i}\ \boldsymbol{j}\ \boldsymbol{k})=(A^*\boldsymbol{i}\ \ A^*\boldsymbol{j}\ \ A^*\boldsymbol{k})=(\lambda_1\boldsymbol{i}\ \ \lambda_2\boldsymbol{j}\ \ \lambda_3\boldsymbol{k}).$$

于是

$$P^{\mathrm{T}}A^*P=\begin{pmatrix}\boldsymbol{i}^{\mathrm{T}}\\ \boldsymbol{j}^{\mathrm{T}}\\ \boldsymbol{k}^{\mathrm{T}}\end{pmatrix}(\lambda_1\boldsymbol{i}\ \ \lambda_2\boldsymbol{j}\ \ \lambda_3\boldsymbol{k})=\begin{pmatrix}\lambda_1&0&0\\0&\lambda_2&0\\0&0&\lambda_3\end{pmatrix}.$$

设 $\boldsymbol{x}=(x,y,z)^{\mathrm{T}}$ 和 $\boldsymbol{x}'=(x',y',z')^{\mathrm{T}}$, 作直角坐标变换 $\boldsymbol{x}=P\boldsymbol{x}'$, 则

$$\boldsymbol{x}^{\mathrm{T}}A^*\boldsymbol{x}=(\boldsymbol{x}'^{\mathrm{T}}P^{\mathrm{T}})A^*(P\boldsymbol{x}')=\boldsymbol{x}'^{\mathrm{T}}(P^{\mathrm{T}}A^*P)\boldsymbol{x}'=\lambda_1x'^2+\lambda_2y'^2+\lambda_3z'^2.$$

因此得到上面结论.

通过配方或平移变换, 可进一步化简一次项, 或确定新坐标系的原点. 对于中心二次曲面, 选取中心作为新坐标系的原点; 对于非中心二次曲面, 其中线心和面心曲面可任取一个中心点作为新坐标系的原点; 对于无心曲面我们选取曲面的顶点 (即对称轴与曲面的交点) 作为新坐标系的原点, 这样我们就得到了本章中给出的主要定理 (定理 5.1.1 和定理 5.4.2).

定理 5.4.2 适当选取坐标系, 二次曲面的方程总可化为下列五个简化方程之一.

(Ⅰ) $\lambda_1x^2+\lambda_2y^2+\lambda_3z^2+I_4/I_3=0,\quad \lambda_1\lambda_2\lambda_3\neq 0;$

(Ⅱ) $\lambda_1x^2+\lambda_2y^2+2qz=0,\quad \lambda_1\lambda_2q\neq 0;$

(Ⅲ) $\lambda_1x^2+\lambda_2y^2+d=0,\quad \lambda_1\lambda_2\neq 0;$

(Ⅳ) $\lambda_1x^2+2py=0,\quad \lambda_1p\neq 0;$

(Ⅴ) $\lambda_1x^2+d=0,\quad \lambda_1\neq 0.$

例 5.4.1 化简下列方程, 并写出坐标变换公式.

(1) $14x^2+14y^2+8z^2-4yz-4xz-8xy+18x-18y+5=0;$

(2) $5x^2+5y^2+2z^2+2xy+4yz-4xz+4x-4y-4z-6=0.$

解　(1) 曲面的系数矩阵

$$A=\begin{pmatrix}14 & -4 & -2 & 9\\ -4 & 14 & -2 & -9\\ -2 & -2 & 8 & 0\\ 9 & -9 & 0 & 5\end{pmatrix},$$

$$I_1=36,\ I_2=\begin{vmatrix}14 & -4\\ -4 & 14\end{vmatrix}+\begin{vmatrix}14 & -2\\ -2 & 8\end{vmatrix}+\begin{vmatrix}14 & -2\\ -2 & 8\end{vmatrix}=396,\ I_3=36^2,$$

特征方程是 $-\lambda^3+36\lambda^2-396\lambda+36^2=0$, 即 $(\lambda-6)(\lambda^2-30\lambda+216)=0$. 解得三个特征根

$$\lambda_1=6,\lambda_2=12,\lambda_3=18.$$

特征根 $\lambda_1=6$ 的主方向满足方程组

$$\begin{cases}8X-4Y-2Z=0,\\ -4X+8Y-2Z=0,\\ -2X-2Y+2Z=0.\end{cases}$$

得到主方向 $X:Y:Z=1:1:2$.

特征根 $\lambda_2=12$ 的主方向满足方程组

$$\begin{cases}2X-4Y-2Z=0,\\ -4X+2Y-2Z=0,\\ -2X-2Y-4Z=0.\end{cases}$$

得到主方向 $X:Y:Z=1:1:(-1)$.

特征根 $\lambda_3=18$ 的主方向满足方程组

$$\begin{cases}-4X-4Y-2Z=0,\\ -4X-4Y-2Z=0,\\ -2X-2Y-10Z=0.\end{cases}$$

得到主方向 $X:Y:Z=1:(-1):0$.

曲面的中心是 $\left(-\frac{1}{2},\frac{1}{2},0\right)$, 直角坐标变换是

$$\begin{pmatrix}x\\ y\\ z\end{pmatrix}=\begin{pmatrix}\frac{1}{\sqrt{6}} & \frac{1}{\sqrt{3}} & \frac{1}{\sqrt{2}}\\ \frac{1}{\sqrt{6}} & \frac{1}{\sqrt{3}} & -\frac{1}{\sqrt{2}}\\ \frac{2}{\sqrt{6}} & -\frac{1}{\sqrt{3}} & 0\end{pmatrix}\begin{pmatrix}x'\\ y'\\ z'\end{pmatrix}+\begin{pmatrix}-\frac{1}{2}\\ \frac{1}{2}\\ 0\end{pmatrix}.$$

简化后方程变为 $6x'^2+12y'^2+18z'^2-4=0$, 它表示椭球面.

(2) 二次曲面的特征根为 $0,6,6$. 分别取对应的主方向为 $-1:1:2$, $1:1:0$ 和 $1:-1:-1$. 使用的直角坐标变换为

$$\begin{pmatrix} x \\ y \\ z \end{pmatrix} = \begin{pmatrix} -\dfrac{1}{\sqrt{6}} & \dfrac{1}{\sqrt{2}} & \dfrac{1}{\sqrt{3}} \\ \dfrac{1}{\sqrt{6}} & \dfrac{1}{\sqrt{2}} & -\dfrac{1}{\sqrt{3}} \\ -\dfrac{2}{\sqrt{6}} & 0 & -\dfrac{1}{\sqrt{3}} \end{pmatrix} \begin{pmatrix} x' \\ y' \\ z' \end{pmatrix} + \begin{pmatrix} 0 \\ 0 \\ -\dfrac{1}{\sqrt{3}} \end{pmatrix}$$

曲面的简化方程是 $y'^2+z'^2=\dfrac{4}{3}$, 它表示圆柱面.

下面, 我们将利用二次曲面化简的结果, 给出两个判别二次旋转曲面的充分必要条件.

命题 5.4.1 二次曲面是非平凡的旋转曲面当且仅当二次曲面有两个相等的非零特征根.

证 依据前面的定理, 二次曲面方程 $F(x,y,z)=0$ 可以化简为以下五个简化方程之一:

(1) $\lambda_1x^2+\lambda_2y^2+\lambda_3z^2+d=0,\quad \lambda_1\lambda_2\lambda_3\neq 0$;(中心二次曲面)

(2) $\lambda_1x^2+\lambda_2y^2+2qz=0,\quad \lambda_1\lambda_2q\neq 0$;(无心二次曲面)

(3) $\lambda_1x^2+\lambda_2y^2+d=0,\quad \lambda_1\lambda_2\neq 0$;(线心二次曲面)

(4) $\lambda_1x^2+2py=0,\quad \lambda_1p\neq 0$;(面心二次曲面)

(5) $\lambda_1x^2+d=0,\quad \lambda_1\neq 0$.(一对重合平面)

除开平凡的情形 (5), 若二次曲面 $F(x,y,z)=0$ 有两个相等的非零特征根, 则可将上述五种形式可简化为下列三种形式:

① $\lambda_1x^2+\lambda_1y^2+\lambda_3z^2+d=0,\quad \lambda_1\lambda_1\lambda_3\neq 0$;

② $\lambda_1x^2+\lambda_1y^2+2qz=0,\quad \lambda_1\lambda_1q\neq 0$;

③ $\lambda_1x^2+\lambda_1y^2+d=0,\quad \lambda_1\lambda_1\neq 0$;

其中 $\lambda_1=\lambda_2\neq 0$ 表示相等的特征根, λ_3 表示第三个特征根 (二次曲面有三个特征根).

上述三种形式的方程均可看作是一条曲线绕一条轴旋转得到的, 如:

$$\lambda_1x^2+\lambda_1y^2+2qz=0,\quad \lambda_1\lambda_1q\neq 0;$$

可以看作曲线

$$\begin{cases} \lambda_1x^2+2qz=0, \\ y=0 \end{cases}$$

绕 z 旋转得到的. 其他两种情形类似.

反过来, 若二次曲面是非平凡的旋转曲面, 则五种形式中只有①、②和③满足, 于是二次曲面有两个相等的非零特征根.

根据维基百科, 关于三次方程的根, 我们有如下结论:

引理 5.4.1　设一元三次方程 $ax^3+bx^2+cx+d=0$, 令

$$\Delta = 18abcd - 4b^3d + b^2c^2 - 4ac^3 - 27a^2d^2$$

则

(1) 当 $\Delta > 0$ 时, 方程有三个互异的实根;

(2) 当 $\Delta = 0$ 时, 方程有三个实根, 其中有一对重根;

(3) 当 $\Delta < 0$ 时, 方程有一个实根, 和一对非实数的共轭复根.

二次曲面的特征方程为 $-\lambda^3+I_1\lambda^2-I_2\lambda+I_3=0$, 利用上面的结论, 容易得到二次曲面特征方程有实重根的条件是

$$\Delta = 18I_1I_2I_3 - 4I_1^3I_3 + I_1^2I_2^2 - 4I_2^3 - 27I_3^2 = 0.$$

例 5.4.2　如果二次曲面的特征方程为 $\lambda^3+14\lambda^2+49\lambda=0$, 判断该二次曲面是否为一个旋转曲面?

解　由于二次曲面的特征方程为 $\lambda^3+14\lambda^2+49\lambda=0$, 所以 $\lambda_1=\lambda_2=-7, \lambda_3=0$. 因此二次曲面有两个相等的非零特征根, 那么该二次曲面为旋转曲面.

例 5.4.3　已知二次曲面 $2y^2+4xy+2x-4y+6z+5=0$, 判断该二次曲面是否为旋转曲面?

解　根据题意, 可求得二次曲面的特征方程为 $\lambda^3+2\lambda^2-4\lambda-8=0$, 求解得到 $\lambda_1=\lambda_2=-2, \lambda_3=2$. 根据特征根判别法, 可知该二次曲面为旋转曲面.

根据二次旋转曲面生成的特征以及它是线心二次曲面的事实, 可以将二次旋转曲面看成为一族球心在旋转轴上的同心球面与一族垂直于旋转轴的平行平面的交线生成的一族纬圆形成的曲面. 假设二次旋转曲面旋转轴的方向为 (A,B,C). 设这族平行平面束为

$$Ax+By+Cz+D=\lambda,$$

其中 λ 为可以变动的参数. 利用中心方程组, 取二次曲面的一个中心设为 (x_0,y_0,z_0). 这样, 设这族球面为

$$(x-x_0)^2+(y-y_0)^2+(z-z_0)^2=f(\lambda).$$

由于消除 λ 后, 可化为二次曲面的方程, 因此, $f(\lambda)$ 关于 λ 或为常数, 或为次数不超过 2 的多项式.

根据上面的推导, 我们有下面关于二次旋转曲面的判定定理.

命题 5.4.2 设二次曲面方程改写成以 (x_0, y_0, z_0) 为中心的方程

$$K\left[(x-x_0)^2+(y-y_0)^2+(z-z_0)^2\right]+L(Ax+By+Cz+D)^2+M=0.$$

其中 $K, L, M, x_0, y_0, z_0, A, B, C, D$ 均为常数且 $K \neq 0$, A, B, C 不全为 0, 则 S 或为实旋转曲面, 或为虚旋转曲面, 或是一个点; 并且该旋转曲面旋转轴的方程为

$$\frac{x-x_0}{A}=\frac{y-y_0}{B}=\frac{z-z_0}{C}.$$

证 令 $Ax+By+Cz+D=\lambda$, 代入改写的方程, 则有

$$(x-x_0)^2+(y-y_0)^2+(z-z_0)^2=f(\lambda),$$

令 $f(\lambda)=-\dfrac{1}{K}\left(L\lambda^2+M\right)$. 通过上述知识, 可以知道 $Ax+By+Cz+D=\lambda$ 表示为一族法方向为 (A, B, C) 的平行平面; 而

$$(x-x_0)^2+(y-y_0)^2+(z-z_0)^2=f(\lambda),$$

表示以 (x_0, y_0, z_0) 为心的同心球面. 它们联立起来表示圆心在同一方向的平行圆, 形成一个旋转曲面. 当 $f(\lambda)>0$, 表示实旋转曲面; 当 $f(\lambda)$ 恒为 0 时, 表示一点; 当 $f(\lambda)<0$, 表示虚的旋转曲面. 这族平行圆的法方向为 (A, B, C), 所在同心球面的球心为 (x_0, y_0, z_0), 所以旋转曲面的旋转轴为 $\dfrac{x-x_0}{A}=\dfrac{y-y_0}{B}=\dfrac{z-z_0}{C}$.

例 5.4.4 针对上个例子, 证明曲面 S: $2y^2+4xz+2x-4y+6z+5=0$ 为旋转曲面, 并且求出其对称轴.

证 可以求出 S 的中心为 $\left(-\dfrac{3}{2}, 1, -\dfrac{1}{2}\right)$, 于是将 S 的中心视为平行圆所在球面的球心进行配方有:

$$2\left[\left(x+\frac{3}{2}\right)^2+(y-1)^2+\left(z+\frac{1}{2}\right)^2\right]-2x^2-2z^2+4xz-4x+4z-2=0,$$

上面式子中的部分

$$\begin{aligned}
&-2x^2-2z^2+4xz-4x+4z-2\\
=&-2\left[\left(x^2-2xz+z^2\right)+2(x-z)+1\right]\\
=&-2\left[(x-z)^2+2(x-z)+1\right]\\
=&-2(x-z+1)^2,
\end{aligned}$$

所以原方程改写为

$$2\left[\left(x+\frac{3}{2}\right)^2+(y-1)^2+\left(z+\frac{1}{2}\right)^2\right]-2(x-z+1)^2=0$$

因此曲面 S 为一旋转曲面, 且对称轴为 $\dfrac{x+\frac{3}{2}}{1}=\dfrac{y-1}{0}=\dfrac{z+\frac{1}{2}}{-1}$.

例 5.4.5　判定曲面 S:$(bx-cy)^2+(cx-az)^2+(ay-bz)^2=0$ 是否为旋转曲面? 若是, 写出 S 的旋转轴方程.

解　将原方程改写为

$$\left(b^2+c^2\right)x^2+\left(a^2+c^2\right)y^2+\left(a^2+b^2\right)z^2-2abxy-2acxz-2bcyz=1,$$

求得曲面 S 的中心为 $(0,0,0)$, 于是将 S 的中心视为平行圆所在球面的球心进行配方有:

$$\left(a^2+b^2+c^2\right)\left(x^2+y^2+z^2\right)-a^2x^2-b^2y^2-c^2z^2-2abxy-2acxz-2bcyz=1,$$

上面式子中的部分

$$-a^2x^2-b^2y^2-c^2z^2-2abxy-2acxz-2bcyz=-(ax+by+cz)^2,$$

因此原方程可改写为

$$\left(a^2+b^2+c^2\right)\left(x^2+y^2+z^2\right)-(ax+by+cz)^2=1,$$

所以 S 为旋转曲面, 且旋转轴方程为 $\dfrac{x}{a}=\dfrac{y}{b}=\dfrac{z}{c}$.

例 5.4.6　确定 c 的值, 使得 $2x^2+3y^2+cz^2+2xz-8=0$ 表示旋转曲面.

解　由题意可得, 将原方程改写为

$$3\left(x^2+y^2+z^2\right)-\left[x^2-(c-3)z^2-2xz\right]-8=0,$$

且 $\left[x^2-(c-3)z^2-2xz\right]$ 应该为 x,z 的平方式子, 即有下列等式成立

$$x^2-(c-3)z^2-2xz=(x-z)^2.$$

所以, 解得 $c=2$.

思考题　二次曲面为直纹面, 其系数满足什么条件?

习　题

1. 化简下列方程, 写出坐标变换公式, 并指出它是何种曲面.

(1) $2xy + 2xz + 2yz + 9 = 0$;

(2) $x^2 + 2yz - 2y + 2z - 1 = 0$;

(3) $2y^2 - 2xy - 2yz + 2xz + 2x + y - 3z - 5 = 0$;

(4) $x^2 + 4y^2 + 4z^2 - 4xy + 4xz - 8yz + 6x + 6z - 5 = 0$;

(5) $5x^2 + 7y^2 + 6z^2 - 4xz - 4yz - 6x - 10y - 4z + 7 = 0$;

(6) $5x^2 - 16y^2 + 5z^2 + 8xy - 14xz + 8yz + 4x + 20y + 4z - 24 = 0$;

(7) $2x^2 + 2y^2 + 3z^2 + 4xy + 2xz + 2yz - 4x + 6y - 2z + 3 = 0$;

(8) $2x^2 + 5y^2 + 5z^2 + 4xy - 4xz - 8yz - 1 = 0$;

(9) $x^2 + 3y^2 + 3z^2 - 2yz - 2x - 2 = 0$;

2. 证明: 方程 $xy = z$ 表示的曲面是双曲抛物面.

3. 二次曲面通过点 $O(0,0,0)$, $A(1,-1,1)$, $B(0,0,1)$, 它的三个主径面为

$$x + y + z = 0, 2x - y - z = 0, y - z + 1 = 0,$$

求这个二次曲面的方程.

4. 求曲面 $a(x^2 + 2yz) + b(y^2 + 2xz) + c(z^2 + 2xy) = 1$, $abc \neq 0$ 是旋转曲面的条件.

5. 确定 c 的值, 使 $5x^2 + 3y^2 + cz^2 + 2xz + 15 = 0$ 表示旋转曲面.

6. 试说明二次曲面 $y^2 + (1 - \lambda^2)(z^2 - 2z) + 2\lambda zx - 2x = 0$ 表示旋转曲面.

7. 证明: 二次方程 $F(x, y, z) = 0$ 表示圆柱面的条件是 $I_3 = I_4 = 0$, $I_1^2 = 4I_2$, $I_1 \cdot K_2 < 0$, 其中

$$K_2 = \begin{vmatrix} a_{11} & a_{12} & a_{14} \\ a_{12} & a_{22} & a_{24} \\ a_{14} & a_{24} & a_{44} \end{vmatrix} + \begin{vmatrix} a_{11} & a_{13} & a_{14} \\ a_{13} & a_{33} & a_{34} \\ a_{14} & a_{34} & a_{44} \end{vmatrix} + \begin{vmatrix} a_{22} & a_{23} & a_{24} \\ a_{23} & a_{33} & a_{34} \\ a_{24} & a_{34} & a_{44} \end{vmatrix}.$$

8. 化简下列二次曲线的方程, 并画出其草图.

(1) $x^2 - 4y^2 - 2x + 8y - 7 = 0$;

(2) $x^2 - xy + y^2 + 2x - 4y = 0$.

5.5　二次曲面的不变量

由于二次曲面经直角坐标变换后, 曲面方程的形式虽然发生了变化, 但曲面的几何形状并未改变. 而后者可用不变量来刻画确定曲面几何特征的内在性质. 这种不变量用二次曲面方程的系数来表达. 寻找二次曲面以及其他几何对象 (例如, 平面二次曲线) 的不变量是解析几何研究中的一个重要方面, 为深入刻画几何对象提供了新的内容.

5.5.1　不变量与半不变量

定义 5.5.1　设 $I(a_{11}, a_{12}, \cdots, a_{44})$ 是由二次曲面方程的系数 $a_{11}, a_{12}, a_{22}, \cdots, a_{44}$ 的函数, 如果这个函数 I 的值在任意直角坐标变换下不变, 那么称这个函数为二次曲线在直角坐标变换下的**不变量**; 如果这个函数 I 的值仅在转轴变换下不变, 那么称这个函数为二次曲面在直角坐标变换下的**半不变量**.

回顾前面的记号

$$I_1 = a_{11} + a_{22} + a_{33},$$

$$I_2 = \begin{vmatrix} a_{11} & a_{12} \\ a_{12} & a_{22} \end{vmatrix} + \begin{vmatrix} a_{11} & a_{13} \\ a_{13} & a_{33} \end{vmatrix} + \begin{vmatrix} a_{22} & a_{23} \\ a_{23} & a_{33} \end{vmatrix},$$

$$I_3 = \det A^* = \begin{vmatrix} a_{11} & a_{12} & a_{13} \\ a_{12} & a_{22} & a_{23} \\ a_{13} & a_{23} & a_{33} \end{vmatrix},$$

$$I_4 = \det A = \begin{vmatrix} a_{11} & a_{12} & a_{13} & a_{14} \\ a_{12} & a_{22} & a_{23} & a_{24} \\ a_{13} & a_{23} & a_{33} & a_{34} \\ a_{14} & a_{24} & a_{34} & a_{44} \end{vmatrix}.$$

定理 5.5.1　I_1, I_2, I_3 和 I_4 是二次曲面在直角坐标变换下的不变量.

证　二次曲面方程可以改写成矩阵形式

$$F(x,y,z) = (\boldsymbol{x}^{\mathrm{T}}\ 1)\begin{pmatrix} A^* & \boldsymbol{a} \\ \boldsymbol{a}^{\mathrm{T}} & a_{44} \end{pmatrix}\begin{pmatrix} \boldsymbol{x} \\ 1 \end{pmatrix} = 0,$$

其中 $\boldsymbol{a}^{\mathrm{T}} = (a_{14}, a_{24}, a_{34})$, $\boldsymbol{x}^{\mathrm{T}} = (x, y, z)$. 作任意直角坐标变换

$$\boldsymbol{x} = T\boldsymbol{x}' + \boldsymbol{x}_0,$$

其中 T 为正交矩阵, $\boldsymbol{x}_0^{\mathrm{T}} = (x_0 + y_0 + z_0)$. 代入二次曲面的方程得

$$\begin{aligned} 0 &= \left(\boldsymbol{x}'^{\mathrm{T}} T^{\mathrm{T}} + \boldsymbol{x}_0^{\mathrm{T}}\ 1\right)\begin{pmatrix} A^* & \boldsymbol{a} \\ \boldsymbol{a}^{\mathrm{T}} & a_{44} \end{pmatrix}\begin{pmatrix} T\boldsymbol{x}' + \boldsymbol{x}_0 \\ 1 \end{pmatrix} \\ &= \left(\boldsymbol{x}'^{\mathrm{T}}\ 1\right)\begin{pmatrix} T^{\mathrm{T}} & 0 \\ \boldsymbol{x}_0^{\mathrm{T}} & 1 \end{pmatrix}\begin{pmatrix} A^* & \boldsymbol{a} \\ \boldsymbol{a}^{\mathrm{T}} & a_{44} \end{pmatrix}\begin{pmatrix} T & \boldsymbol{x}_0 \\ 0 & 1 \end{pmatrix}\begin{pmatrix} \boldsymbol{x}' \\ 1 \end{pmatrix} \\ &= (\boldsymbol{x}'\ 1)\begin{pmatrix} T^{\mathrm{T}} A^* T & T^{\mathrm{T}} A^* \boldsymbol{x}_0 + T^{\mathrm{T}}\boldsymbol{a} \\ \boldsymbol{x}_0^{\mathrm{T}} A^* T + \boldsymbol{a}^{\mathrm{T}} T & \boldsymbol{x}_0^{\mathrm{T}} A^* \boldsymbol{x}_0 + \boldsymbol{a}^{\mathrm{T}}\boldsymbol{x}_0 + \boldsymbol{x}_0^{\mathrm{T}}\boldsymbol{a} + a_{44} \end{pmatrix}\begin{pmatrix} \boldsymbol{x}' \\ 1 \end{pmatrix} \end{aligned}$$

$$= \left(\boldsymbol{x}'^{\mathrm{T}}\ 1\right)\begin{pmatrix} T^{\mathrm{T}}A^*T & T^{\mathrm{T}}A^*\boldsymbol{x}_0+T^{\mathrm{T}}\mathbf{a} \\ \boldsymbol{x}_0^{\mathrm{T}}A^*T+\boldsymbol{a}^{\mathrm{T}}T & F(x_0,y_0,z_0)\end{pmatrix}\begin{pmatrix}\boldsymbol{x}' \\ 1\end{pmatrix},$$

它是二次曲面在新坐标系 $O'x'y'z'$ 下的方程. 该方程所对应的矩阵

$$A' = \begin{pmatrix} T^{\mathrm{T}}A^*T & T^{\mathrm{T}}A^*\boldsymbol{x}_0+T^{\mathrm{T}}\boldsymbol{a} \\ \boldsymbol{x}_0^{\mathrm{T}}A^*T+\boldsymbol{a}^{\mathrm{T}}T & F(x_0,y_0,z_0)\end{pmatrix},$$

由于 $A'^* = T^{\mathrm{T}}A^*T$, 其中 T 为正交矩阵, 所以对任意实数 λ, 我们有

$$\begin{aligned}\det(A'^*-\lambda E) &= \det\left(T^{\mathrm{T}}A^*T-\lambda E\right)=\det\left(T^{\mathrm{T}}(A^*-\lambda E)T\right)\\ &= \det T^{\mathrm{T}}\cdot\det(A^*-\lambda E)\cdot\det T=\det\left(T^{\mathrm{T}}T\right)\cdot\det(A^*-\lambda E),\end{aligned}$$

因此 $\det(A'^*-\lambda E)=\det(A^*-\lambda E)$, 两边展开得

$$-\lambda^3+I_1'\lambda^2-I_2'\lambda+I_3'=-\lambda^3+I_1\lambda^2-I_2\lambda+I_3.$$

由 λ 的任意性, 我们有 $I_1'=I_1$, $I_2'=I_2$, $I_3'=I_3$. 又由于

$$\begin{aligned} I_4' = \det A' &= \left|\begin{pmatrix} T^{\mathrm{T}} & 0 \\ \boldsymbol{x}_0^{\mathrm{T}} & 1\end{pmatrix}\begin{pmatrix} A^* & \boldsymbol{a} \\ \boldsymbol{a}^{\mathrm{T}} & a_{44}\end{pmatrix}\begin{pmatrix} T & \boldsymbol{x}_0 \\ 0 & 1\end{pmatrix}\right| \\ &= \begin{vmatrix} T^{\mathrm{T}} & 0 \\ \boldsymbol{x}_o^{\mathrm{T}} & 1\end{vmatrix}\begin{vmatrix} A^* & \boldsymbol{a} \\ \boldsymbol{a}^{\mathrm{T}} & a_{44}\end{vmatrix}\begin{vmatrix} T & \boldsymbol{x}_0 \\ 0 & 1\end{vmatrix} \\ &= \det T^{\mathrm{T}}\cdot\det A\cdot\det T=\det A=I_4,\end{aligned}$$

所以 $I_i\,(i=1,2,3,4)$ 是二次曲面在直角坐标变换下的不变量.

推论 5.5.1 在直角坐标变换下, 二次曲面的特征方程不变的, 从而特征根亦不变.

由根与方程系数之间的关系有

$$I_1=\lambda_1+\lambda_2+\lambda_3,\ I_2=\lambda_1\lambda_2+\lambda_2\lambda_3+\lambda_3\lambda_1,\ I_3=\lambda_1\lambda_2\lambda_3.$$

下面再引入两个量, 令

$$K_1=\begin{vmatrix} a_{11} & a_{14} \\ a_{14} & a_{44}\end{vmatrix}+\begin{vmatrix} a_{22} & a_{24} \\ a_{24} & a_{44}\end{vmatrix}+\begin{vmatrix} a_{33} & a_{34} \\ a_{34} & a_{44}\end{vmatrix},$$

$$K_2=\begin{vmatrix} a_{11} & a_{12} & a_{14} \\ a_{12} & a_{22} & a_{24} \\ a_{14} & a_{24} & a_{44}\end{vmatrix}+\begin{vmatrix} a_{11} & a_{13} & a_{14} \\ a_{13} & a_{33} & a_{34} \\ a_{14} & a_{34} & a_{44}\end{vmatrix}+\begin{vmatrix} a_{22} & a_{23} & a_{24} \\ a_{23} & a_{33} & a_{34} \\ a_{24} & a_{34} & a_{44}\end{vmatrix},$$

K_1 和 K_2 的表示与矩阵 A 相关.

定理 5.5.2　K_1 与 K_2 在转轴变换下不变.

证　设转轴变换 $x = Tx'$, 原来的二次曲面方程为

$$F(x,y,z) = \begin{pmatrix} \boldsymbol{x}^{\mathrm{T}} & 1 \end{pmatrix} A \begin{pmatrix} \boldsymbol{x} \\ 1 \end{pmatrix} = 0.$$

则转轴变换后变成

$$F'(x',y',z') = \begin{pmatrix} \boldsymbol{x}'^{\mathrm{T}} & 1 \end{pmatrix} A' \begin{pmatrix} \boldsymbol{x}' \\ 1 \end{pmatrix} = 0$$

需证 $K_1'=K_1$, $K_2'=K_2$. 构造新的二次曲面方程

$$G(x,y,z) = F(x,y,z) - \lambda\left(x^2+y^2+z^2\right) = 0,$$

其中 λ 为任意实数. 注意在转轴变换下,

$$x^2+y^2+z^2 = x'^2+y'^2+z'^2,$$

因此 $G(x,y,z)=0$ 经转轴变为

$$G'(x',y',z') = F'(x',y',z') - \lambda\left(x'^2+y'^2+z'^2\right) = 0.$$

因为 I_4 是不变量, 所以 $I_4(G')=I_4(G)$, 即

$$\begin{vmatrix} a'_{11}-\lambda & a'_{12} & a'_{13} & a'_{14} \\ a'_{12} & a'_{22}-\lambda & a'_{23} & a'_{24} \\ a'_{13} & a'_{23} & a'_{33}-\lambda & a'_{34} \\ a'_{14} & a'_{24} & a'_{34} & a'_{44} \end{vmatrix} = \begin{vmatrix} a_{11}-\lambda & a_{12} & a_{13} & a_{14} \\ a_{12} & a_{22}-\lambda & a_{23} & a_{24} \\ a_{13} & a_{23} & a_{33}-\lambda & a_{34} \\ a_{14} & a_{24} & a_{34} & a_{44} \end{vmatrix}.$$

两边展开得

$$-a'_{44}\lambda^3 + K_1'\lambda^2 - K_2'\lambda + |A'| = -a_{44}\lambda^3 + K_1\lambda^2 - K_2\lambda + |A|.$$

这是关于 λ 的恒等式. 已知 $a'_{44}=a_{44}$, $|A'|=|A|$. 比较 λ 的一次项和二次项系数, 便得到

$$K_1'=K_1, \quad K_2'=K_2.$$

类似地, 可以证明下面命题.

命题 5.5.1　给定二次曲面 $F(x,y,z)=0$,

(1) 当 $I_3=I_4=0$ 时, K_2 是在直角坐标变换下的不变量;

(2) 当 $I_2=I_3=I_4=K_2=0$ 时, K_1 是在直角坐标变换下的不变量.

5.5.2 利用不变量化简二次曲面方程

根据前面的定理, 对于任意的二次曲面, 总可以选取适当的坐标系, 将它的方程表示为五个简化方程中的一个. 进一步, 我们可以利用不变量确定这个五个简化方程中的常数项.

定理 5.5.3 用不变量表示二次曲面的简化方程如下:

(1) 当 $I_3\neq 0$ 时, 方程为 $\lambda_1x^2+\lambda_2y^2+\lambda_3z^2+\dfrac{I_4}{I_3}=0$;

(2) 当 $I_3=0, I_4\neq 0$ 时, 方程为 $\lambda_1x^2+\lambda_2x^2\pm 2\sqrt{-\dfrac{I_4}{I_2}}z=0$;

(3) 当 $I_3=I_4=0, I_2\neq 0$ 时, 方程为 $\lambda_1x^2+\lambda_2y^2+\dfrac{K_2}{I_2}=0$;

(4) 当 $I_2=I_3=I_4=0, K_2\neq 0$ 时, 方程为

$$\lambda_1x^2\pm 2\sqrt{-\frac{K_2}{I_1}}y=0\left(\text{或}I_1x^2\pm 2\sqrt{-\frac{K_2}{I_1}}y=0\right);$$

(5) 当 $I_2=I_3=I_4=K_2=0$ 时, 方程为 $\lambda_1x^2+\dfrac{K_1}{I_1}=0\left(\text{或}I_1x^2+\dfrac{K_1}{I_1}=0\right)$.

其中, 各方程出现的 $\lambda_1, \lambda_2, \lambda_3$ 表示二次曲面的非零特征根.

证 (1) 对应于二次曲面的简化方程

$$\lambda_1x^2+\lambda_2y^2+\lambda_3z^2+d=0,\quad \lambda_1\lambda_2\lambda_3\neq 0.$$

于是

$$I_3=\begin{vmatrix}\lambda_1&0&0\\0&\lambda_2&0\\0&0&\lambda_3\end{vmatrix}=\lambda_1\lambda_2\lambda_3\neq 0,\quad I_4=\begin{vmatrix}\lambda_1&0&0&0\\0&\lambda_2&0&0\\0&0&\lambda_3&0\\0&0&0&d\end{vmatrix}=\lambda_1\lambda_2\lambda_3d=I_3d,$$

因此 $d=\dfrac{I_4}{I_3}$.

(2) 对应于简化方程

$$\lambda_1x^2+\lambda_2y^2+2qz=0,\quad \lambda_1\lambda_2q\neq 0,$$

于是

$$I_2=\begin{vmatrix}\lambda_1&0\\0&\lambda_2\end{vmatrix}+\begin{vmatrix}\lambda_1&0\\0&0\end{vmatrix}+\begin{vmatrix}\lambda_2&0\\0&0\end{vmatrix}=\lambda_1\lambda_2\neq 0,$$

$$I_3=\begin{vmatrix}\lambda_1 & 0 & 0\\ 0 & \lambda_2 & 0\\ 0 & 0 & 0\end{vmatrix}=0,\quad I_4=\begin{vmatrix}\lambda_2 & 0 & 0 & 0\\ 0 & \lambda_2 & 0 & 0\\ 0 & 0 & 0 & q\\ 0 & 0 & q & 0\end{vmatrix}=-\lambda_1\lambda_2 q^2=-I_2q^2,$$

因此 $q=\pm\sqrt{-\dfrac{I_4}{I_2}}$.

(3) 对应于二次曲面的简化方程

$$\lambda_1x^2+\lambda_2y^2+d,\quad \lambda_1\lambda_2\neq 0.$$

于是

$$I_1=\lambda_1+\lambda_2,\quad I_2=\lambda_1\lambda_2,\quad I_3=0,\quad I_4=0,$$

$$K_2=\begin{vmatrix}\lambda_1 & 0 & 0\\ 0 & \lambda_2 & 0\\ 0 & 0 & d\end{vmatrix}+\begin{vmatrix}\lambda_1 & 0 & 0\\ 0 & 0 & 0\\ 0 & 0 & d\end{vmatrix}+\begin{vmatrix}\lambda_2 & 0 & 0\\ 0 & 0 & 0\\ 0 & 0 & d\end{vmatrix}=d\lambda_1\lambda_2=dI_2$$

因此 $d=\dfrac{K_2}{I_2}$.

(4) 对应于二次曲面的简化方程

$$\lambda_1x^2+d=0,\quad \lambda_1\neq 0.$$

于是

$$I_1=\lambda_1,\quad I_2=I_3=I_4=K_2=0,$$

$$K_2=\begin{vmatrix}\lambda_1 & 0 & 0\\ 0 & 0 & p\\ 0 & p & 0\end{vmatrix}+\begin{vmatrix}\lambda_1 & 0 & 0\\ 0 & 0 & 0\\ 0 & 0 & 0\end{vmatrix}+\begin{vmatrix}0 & 0 & 0\\ 0 & 0 & 0\\ 0 & 0 & 0\end{vmatrix}=-\lambda_1p^2$$

因此 $p=\pm\sqrt{-\dfrac{K_2}{I_1}}$.

(5) 对应于二次曲面的简化方程

$$\lambda_1x^2+2py=0,\quad \lambda_1p\neq 0.$$

于是

$$I_1=\lambda_1,\quad I_2=I_3=I_4=0,$$

$$K_1=\begin{vmatrix}\lambda_1 & 0\\ 0 & d\end{vmatrix}+\begin{vmatrix}0 & 0\\ 0 & d\end{vmatrix}+\begin{vmatrix}0 & 0\\ 0 & d\end{vmatrix}=d\lambda_1$$

因此 $d=\dfrac{K_1}{I_1}$.

例 5.5.1 利用不变量化简方程

$$9x^2+4y^2+4z^2+12xy+8yz+12xz+4x+y+10z+1=0.$$

并指出它是什么曲面.

解 二次曲面的系数矩阵为

$$A=\begin{pmatrix} 9 & 6 & 6 & 2 \\ 6 & 4 & 4 & \frac{1}{2} \\ 6 & 4 & 4 & 5 \\ 2 & \frac{1}{2} & 5 & 1 \end{pmatrix}.$$

计算不变量

$$I_1=9+4+4=17,$$

$$I_2=\begin{vmatrix} 9 & 6 \\ 6 & 4 \end{vmatrix}+\begin{vmatrix} 9 & 6 \\ 6 & 4 \end{vmatrix}+\begin{vmatrix} 4 & 4 \\ 4 & 4 \end{vmatrix}=0,$$

$$I_3=\begin{vmatrix} 9 & 6 & 6 \\ 6 & 4 & 4 \\ 6 & 4 & 4 \end{vmatrix}=0,\quad I_4=\begin{vmatrix} 9 & 6 & 6 & 2 \\ 6 & 4 & 4 & \frac{1}{2} \\ 6 & 4 & 4 & 5 \\ 2 & \frac{1}{2} & 5 & 1 \end{vmatrix}=0.$$

$$K_2=\begin{vmatrix} 9 & 6 & 2 \\ 6 & 4 & \frac{1}{2} \\ 2 & \frac{1}{2} & 1 \end{vmatrix}+\begin{vmatrix} 9 & 6 & 2 \\ 6 & 4 & 5 \\ 2 & 5 & 1 \end{vmatrix}+\begin{vmatrix} 4 & 4 & \frac{1}{2} \\ 4 & 4 & 5 \\ \frac{1}{2} & 5 & 1 \end{vmatrix}=-\frac{833}{4}.$$

因此 $I_1=17$, $I_2=I_3=I_4=0, K_2\neq 0$, 属于上面定理中的第四种简化形式. 因此, 特征方程为 $-\lambda^3+17\lambda^2=0$, 求解特征根, 得到 $\lambda_1=17$, $\lambda_2=0$, $\lambda_3=0$. 又

$$-\frac{K_2}{I_1}=\frac{833}{4\times 17}=\frac{49}{4},$$

所以曲面的简化方程为 $17x'^2 \pm 7y' = 0$, 该曲面是抛物柱面.

例 5.5.2　求 a, b 之值, 使二次曲面

$$x^2 + y^2 - z^2 + axz + 2byz - 2x - 4y + 2z = 0$$

表示二次锥面.

解　二次锥面的不变量 $I_3 \neq 0, I_4 = 0$, 所以

$$I_4 = \begin{vmatrix} 1 & 0 & a & -1 \\ 0 & 1 & b & -2 \\ a & b & -1 & 1 \\ -1 & -2 & 1 & 0 \end{vmatrix} = 4a^2 + b^2 - 4ab - 2a - 4b + 4 = 0.$$

习　题

1. 已知二次曲面的不变量 $I_3 = 0$, $I_4 \neq 0$, 证明 $I_2 I_4 < 0$.

2. 已知二次曲面的不变量 $I_2 = I_3 = I_4 = 0$, 证明: 若 $K_2 \neq 0$, 则 $I_2 K_2 < 0$.

3. 利用不变量求下列二次曲面的简化方程, 并指出它表示什么曲面.

(1) $x^2 + y^2 + z^2 + 4xy - 4xz - 4yz - 3 = 0$;

(2) $x^2 + 3y^2 + z^2 + 2xy + 2yz + 2xz - 2x + 4y + 4z + 12 = 0$;

(3) $xy + yz + xz - a^2 = 0$;

(4) $x^2 + 7y^2 + z^2 + 10xy + 10yz + 2xz + 8x + 4y + 8z - 6 = 0$;

(5) $2y^2 + 4xz + 2x - 4y + 6z + 5 = 0$;

(6) $x^2 - 2y^2 + z^2 + 4xy - 8xz - 4yz - 14x - 4y + 14z + 16 = 0$;

(7) $4x^2 + y^2 + z^2 + 4xy + 4xz + 2yz - 24x + 32 = 0$;

(8) $5x^2 + 5y^2 + 8z^2 - 8xy - 4xz - 4yz = 0$.

4. 问 d 为何值时, 方程 $2y^2 + 4xz + 2x - 4y + 6z + d = 0$ 表示一个锥面?

5. 就 k 的值讨论二次曲面 $kx^2 + 4y^2 + 9z^2 + 4xy + 6xz + 12yz + 16x + 16y - 32z + 8 = 0$ 的形状.

5.6　二次曲面的切线与切平面

定义 5.6.1　如果直线与二次曲面相交于重合的两个点或该直线全部在二次曲面上, 那么这条直线叫二次曲面的**切线**(tangent line), 重合的交点称为**切点**(tangent point).

若直线全部在二次曲面上, 直线上每一点均是切点.

定义 5.6.2　若二次曲面在一点的全体切线构成一个平面, 则称该平面为**二次曲面在该点处的切平面**(tangent plane).

定义 5.6.3 如果点 $P(x_0, y_0, z_0)$ 满足

$$F(x_0, y_0, z_0) = F_1(x_0, y_0, z_0) = F_2(x_0, y_0, z_0) = F_3(x_0, y_0, z_0) = 0,$$

那么点 P 叫做二次曲面 $F(x, y, z) = 0$ 的**奇异点**, 简称**奇点**(singular point). 二次曲面的非奇异点叫做二次曲面的**正常点**(proper point).

定理 5.6.1 设 $P_0(x_0, y_0, z_0)$ 是二次曲面 $F(x, y, z) = 0$ 的正常点, 则该曲面在点 P_0 处的切平面为

$$(x - x_0)F_1(x_0, y_0, z_0) + (y - y_0)F_2(x_0, y_0, z_0) + (z - z_0)F_3(x_0, y_0, z_0) = 0. \quad (5.6.1)$$

而且, 二次曲面 $F(x, y, z) = 0$ 在任何奇点处不存在切平面.

证 设过点 P_0 的直线方程为

$$\begin{cases} x = x_0 + Xt, \\ y = y_0 + Yt, \\ z = z_0 + Zt. \end{cases}$$

1. 它与曲面二次曲面 $F(x, y, z) = 0$ 相交于两个重合点 $\Leftrightarrow$

$$\varPhi(X, Y, Z) \neq 0, \quad \varDelta = [XF_1(x_0, y_0, z_0) + YF_2(x_0, y_0, z_0) + ZF_3(x_0, y_0, z_0)]^2 = 0.$$

2. 直线全部在二次曲面上 $\Leftrightarrow$

$$\varPhi(X, Y, Z) = 0, \quad \varDelta = [XF_1(x_0, y_0, z_0) + YF_2(x_0, y_0, z_0) + ZF_3(x_0, y_0, z_0)]^2 = 0.$$

综合 1, 2 两种情况: 过点 P_0 的直线是二次曲面的切线 $\Leftrightarrow$

$$\varDelta = [XF_1(x_0, y_0, z_0) + YF_2(x_0, y_0, z_0) + ZF_3(x_0, y_0, z_0)]^2 = 0.$$

任取切线上一点 $P(x, y, z)$. 则 $X : Y : Z = (x - x_0) : (y - y_0) : (z - z_0)$.

1′ $F_1(x_0, y_0, z_0)$, $F_2(x_0, y_0, z_0)$, $F_3(x_0, y_0, z_0)$ 不全为零. 则充要条件等价于方程 (6.3.1), 它表示一个平面, 即为曲面在点 P_0 的切平面.

2′ $F_1(x_0, y_0, z_0)$, $F_2(x_0, y_0, z_0)$, $F_3(x_0, y_0, z_0)$ 全为零, $\varDelta = 0$ 恒成立, 因此通过点 P_0 的任何一条直线都是二次曲面的切线.

如果 (x_0, y_0, z_0) 是二次曲面的正常点, 那么曲面在点 (x_0, y_0, z_0) 处存在唯一的切平面, 它的方程是 (5.6.1).

讨论 举出一个二次曲面的中心也是该二次曲面的奇点的例子.

例 5.6.1 求二次曲面 $F(x, y, z) = x^2 + y^2 + z^2 - 4xy - 4xz - 4yz + 2x + 2y + 2z + 18 = 0$ 在点 $(1, 2, 3)$ 的切平面方程.

解　因为 $F(1,2,3)=1+4+9-8-12-24+2+4+6+18=0$, 所以点 $(1,2,3)$ 在二次曲面上, 又因为

$$
\begin{aligned}
F_1(x,y,z) &= x-2y-2z+1,\\
F_2(x,y,z) &= -2x+y-2z+1,\\
F_3(x,y,z) &= -2x-2y+z+1,
\end{aligned}
$$

所以 $F_1(1,2,3)=-8$, $F_2(1,2,3)=-5$, $F_3(1,2,3)=-2$. 这说明 $(1,2,3)$ 是已知曲面上的正常点, 所以根据公式得在点 $(1,2,3)$ 处的切平面方程为 $-8(x-1)-5(y-2)-2(z-3)=0$, 即 $8x+5y+2z-24=0$.

习　　题

1. 给定球面 $x^2+y^2+z^2+2x-4y+4z-40=0$, 求

(1) 过点 $(1,5,4)$ 的切平面方程;　　(2) 以 $(2,6,10)$ 为顶点的切锥面方程.

2. 证明: 平面 $18x+13y-2z+12=0$ 与二次曲面

$$x^2+2y^2+6xz+4yz+2y-4z+24=0$$

相切, 并求出切点坐标.

3. 求二次曲面 $x^2-3y^2+z^2-2=0$ 上具有方向 $1:2:2$ 的切线的轨迹.

4. 求二次曲面 $x^2+y^2+z^2-2y-2z-2=0$ 过点 $(0,-1,1)$ 的切平面方程.

阅读材料: 二次型*

二次型理论在几何、物理等学科有广泛应用, 它是解析几何问题的自然推广. 二次型 (quadratic form) 的系统研究是从 18 世纪开始的, 它起源于对二次曲线和二次曲面的分类问题的讨论, 将二次曲线和二次曲面的方程变形, 选有主轴方向的轴作为坐标轴以简化方程的形式.

1748 年, 瑞士数学家欧拉 (L. Euler, 1707~1783) 讨论了三元二次型的化简问题.

1801 年, 德国数学家高斯 (C. F. Gauss, 1777~1855) 在《算术研究》中引进二次型的正定、负定、半正定和半负定等术语.

1826 年, 法国数学家柯西 (A. L. Cauchy, 1789~1857) 开始研究化三元二次型为标准形问题. 他利用特征根概念解决了 n 元二次型化简问题, 并且证明了两个 n 元二次型

* 摘自: http://course.shufe.edu.cn/jpkc/jcjx/xx/xxds.htu. 作了部分删减和补充.

$$f(x_1, x_2, \cdots, x_n) = X^T AX, g(x_1, x_2, \cdots, x_n) = X^T BX$$

可用非退化线性替换 $X = PY$ 同时化成标准形. 并且在其著作中给出结论：当方程是标准形时，二次曲面用二次项的符号来进行分类. 然而，那时并不太清楚，在化简成标准形时，为何总是得到同样数目的正项和负项? 英国数学家西尔维斯特 (J. J. Sylvester, 1814~1897) 回答了这个问题，他在 1852 年给出了 n 个变量的二次型的惯性定理，即任何 n 元实二次型经过非退化线性替换总可以化成规范形 $y_1^2 + y_2^2 + \cdots + y_p^2 - y_{p+1}^2 - \cdots - y_r^2$，并且 p, r 是不变量，但是当时他没有给出证明. 后来，普鲁士数学家雅可比 (C. G. J. Jacobi, 1804~1851) 重新发现并且证明了这个结果.

二次型化简的进一步研究涉及二次型或矩阵的特征方程的概念. 三元二次型的特征值均是实数这一结论则是由法国数学家阿歇特 (J. N. Hachette, 1769~1834)、蒙日 (G. Monge, 1746~1818) 和泊松 (S.-D. Poisson, 1781~1840) 建立的.

高斯

蒙日

泊松

1854 年，约当研究了矩阵化为标准型的问题. 1858 年，德国数学家魏尔斯特拉斯 (W. Weierstrass, 1815~1897, 微积分严格化领袖) 比较系统地完成了二次型的理论并将其推广到双线性型. 德国数学家赫尔维茨 (A. Hurwitz, 1859~1919) 给出了利用行列式判别二次型正定性的赫尔维茨定理.

魏尔斯特拉斯

赫尔维茨

1657 年, 法国律师和业余数学家费马 (P. de Fermat, 1601~1665) 指出方程 $x^2 - ay^2 = 1$ (a 为非平方正整数) 有无穷多整数解, 后来, 布龙克尔等人给出了求解的试验性方法, 但对费马的断言没有给出证明. 1765 年, 欧拉通过把 $\sqrt{a}$ 表示成连分数, 改进了求解方法, 但仍没有给出证明.

1766~1769 年, 法国籍意大利裔数学家和天文学家拉格朗日 (J. Lagrange, 1736~1813) 证明了费马的结论, 并给出一个求解方法, 据此方法可得到方程的所有整数解. 更一般地, 拉格朗日给出了方程

$$F(x,y) = a_{11}x^2 + 2a_{12}xy + a_{22}y^2 + 2a_{13}x + 2a_{23}y + a_{33} = 0$$

的解, 他是通过建立二元二次型的一般理论达到这个目的的.

参考文献

[1] 廖华奎, 王宝富. 2007. 解析几何. 2 版. 北京: 科学出版社.

[2] Gray A. 1997. Modern Differential Geometry of Curves and Surfaces with Mathematica. 2nd ed. Boca Raton: CRC Press: 201-202.

[3] http://mathworld.wolfram.com/VivianisCurve.html[2013-11-28].

[4] http://www.josleys.com/index.php[2013-11-28].

[5] http://www.mathcurve.com/[2013-11-28].

[6] http://en.wikipedia.org/wiki/Right_conoid[2013-11-28].

[7] http://mathworld.wolfram.com/PlueckersConoid.html[2013-11-28].

[8] http://www.mathcurve.com/surfaces/mobiussurface/mobiussurface.shtml[2013-11-28].

[9] http://www.mathcurve.com/surfaces/cayley/cayley.shtml[2013-11-28].

[10] Emch A. 1920. On a certain class of rational ruled surfaces. Amer. J. Math, 42: 189-210.

[11] MacDonnell J. 1984. A ruled Moebius band which self-intersects in a straight line. Amer. Math, Monthly 91: 125-127.

[12] Ma C, Wang Y, Shi Y. G. 2013. A new class of ruled surfaces. Journal of Neijiang Normal University, 28(6): 1-3.

[13] Marar W L, Mond D. 1996. Real map-germs with good perturbations. Topology 35: 157-165.

[14] http://alem3d.obidos.org/en/triplep/math[2013-11-28].

[15] 李小凤, 彭靖, 顾兴龙, 等. 2013. 曲面围成区域简图的画法. 内江师范学院大学生科研项目.

[16] 王敬赓. 2010. 解析几何. 北京: 高等教育出版社.

[17] 王青, 罗莹, 李娇, 等. 2013. 马鞍面的手工制作流程. 内江师范学院大学生科研项目.

[18] http://www.cutoutfoldup.com/972-hyperbolic-paraboloid-from-parabolic-cross-sections.php[2013-11-28].

[19] http://www.georgehart.com/skewers/skewer-hyperboloid.html[2013-11-28].

[20] http://www.cutoutfoldup.com/965-helicoid-string-art.php[2013-11-28].

[21] Tofil J. 2007. Application of Catalan surface in designing roof structures - an important issue in the education of a future architect engineer, International Conference on Engineering Education - ICEE 2007.

[22] http://www.cutoutfoldup.com/942-ellipsoid-from-circular-cross-sections.php[2013-11-28].

[23] http://www.cutoutfoldup.com/980-clifford-torus.php[2013-11-28].

[24] http://www.cutoutfoldup.com/939-hyperbolic-paraboloid-and-plucker-s-conoid.php [2013-11-28].

[25] http://www.mathcurve.com/surfaces/cubic/cubique_reglee.shtml[2013-11-28].

[26] http://www.professores.uff.br/hjbortol/arquivo/2007.1/qs/quadric-surfaces_en.html [2013-11-28].

[27] Beyer W H. 1987. CRC Standard Mathematical Tables. 28th ed. Boca Raton, FL: CRC Press: 210–211.

[28] 纪永强. 2013. 空间解析几何. 北京：高等教育出版社.

[29] 吕杰, 陈奇斌, 李建全, 等. 2009. 解析几何. 北京：科学出版社.

[30] 吕林根, 许子道. 2006. 解析几何. 4 版. 北京：高等教育出版社.

[31] 丘维声. 1996. 解析几何. 2 版. 北京：北京大学出版社.

[32] 宋卫东. 2003. 解析几何. 北京：高等教育出版社.

[33] 谢冬秀. 2009. 解析几何. 北京：科学出版社.

[34] Gray A. 1997. Modern Differential Geometry of Curves and Surfaces with Mathematica. 2nd ed. Boca Raton: CRC Press, 435-437.

[35] Hilbert D, Cohn-Vossen S. 1999. Geometry and the Imagination. New York: Chelsea: 12-19.

附录1

行列式与 Cramer 法则

一个 n 阶的行列式 (determinant) 是与 n 阶方阵有关的一个数值. 它是由解线性方程组产生的一种算式, 可以按某个算法给出与矩阵元素有关的表达式. 行列式提供了一个线性方程组系数矩阵的重要信息.

1. 二阶和三阶行列式的计算

如二阶行列式

$$\begin{vmatrix} b_2 & c_2 \\ b_3 & c_3 \end{vmatrix} = b_2c_3 - b_3c_2.$$

三阶行列式可以降阶成几个二阶行列式的计算, 按照第一行展开得到含有二阶行列式运算式

$$\begin{vmatrix} a_1 & b_1 & c_1 \\ a_2 & b_2 & c_2 \\ a_3 & b_3 & c_3 \end{vmatrix} = a_1 \begin{vmatrix} b_2 & c_2 \\ b_3 & c_3 \end{vmatrix} - b_1 \begin{vmatrix} a_2 & c_2 \\ a_3 & c_3 \end{vmatrix} + c_1 \begin{vmatrix} a_2 & b_2 \\ a_3 & b_3 \end{vmatrix}.$$

三阶行列式也可按照第一列展开得到含有二阶行列式运算式

$$\begin{vmatrix} a_1 & b_1 & c_1 \\ a_2 & b_2 & c_2 \\ a_3 & b_3 & c_3 \end{vmatrix} = a_1 \begin{vmatrix} b_2 & c_2 \\ b_3 & c_3 \end{vmatrix} - a_2 \begin{vmatrix} b_1 & c_1 \\ b_3 & c_3 \end{vmatrix} + a_3 \begin{vmatrix} b_1 & c_1 \\ b_2 & c_2 \end{vmatrix}.$$

本教材仅需掌握二阶和三阶行列式的计算. n 阶行列式的递推公式参见拉普拉斯展开定理 (Laplace expansion).

例 1 计算 $D = \begin{vmatrix} -5 & 2 & 1 \\ 0 & 7 & 0 \\ 8 & -3 & -9 \end{vmatrix}$.

解

$$\begin{vmatrix} -5 & 2 & 1 \\ 0 & 7 & 0 \\ 8 & -3 & -9 \end{vmatrix} = -5\times(-1)^{1+1}\begin{vmatrix} 7 & 0 \\ -3 & -9 \end{vmatrix} + 2\times(-1)^{1+2}\begin{vmatrix} 0 & 0 \\ 8 & -9 \end{vmatrix} + 1\times(-1)^{1+3}\begin{vmatrix} 0 & 7 \\ 8 & -3 \end{vmatrix}$$

$$= -5\times(-63) - 2\times 0 - 1\times 56 = 259\text{(按第一行展开)};$$

$$\begin{vmatrix} -5 & 2 & 1 \\ 0 & 7 & 0 \\ 8 & -3 & -9 \end{vmatrix} = -5\times(-1)^{1+1}\begin{vmatrix} 7 & 0 \\ -3 & -9 \end{vmatrix} + 8\times(-1)^{3+1}\begin{vmatrix} 2 & 1 \\ 7 & 0 \end{vmatrix}$$

$$= -5\times(-63) + 8\times(-7) = 259\text{(按第一列展开)};$$

$$\begin{vmatrix} -5 & 2 & 1 \\ 0 & 7 & 0 \\ 8 & -3 & -9 \end{vmatrix} = 7\times(-1)^{2+2}\begin{vmatrix} -5 & 1 \\ 8 & -9 \end{vmatrix} = 7\times(45-8) = 259\text{(按第二行展开)}.$$

2. 行列式的性质

(1) 行列式与它的转置行列式相等;

(2) 互换行列式的两行 (列), 行列式变号;

(3) 行列式中如果有两行 (列) 元素成比例, 则此行列式等于零;

(4) 把行列式的某一列 (行) 的各元素乘以同一数然后加到另一列 (行) 对应的元素上去, 行列式不变;

(5) 行列式的某一行 (列) 中所有的元素都乘以同一数 k, 等于用数 k 乘此行列式.

3. Cramer 法则

瑞士数学家克莱姆 (G. Cramer, 1704~1752) 在 1750 年发表的文章中给出线性方程组有唯一解时解的精确表达式.

含有 n 个未知数 $x_1, x_2, \cdots, x_n$ 的 n 个线性方程

$$\begin{cases} a_{11}x_1 + a_{12}x_2 + \cdots + a_{1n}x_n = b_1, \\ a_{21}x_1 + a_{22}x_2 + \cdots + a_{2n}x_n = b_2, \\ \qquad\cdots\cdots \\ a_{n1}x_1 + a_{n2}x_2 + \cdots + a_{nn}x_n = b_n. \end{cases} \tag{1}$$

若常数项 $b_1, b_2, \cdots, b_n$ 不全为零, 则称此方程组为**非齐次线性方程组**. 将该方程组

的系数组成的行列式

$$D=\begin{vmatrix} a_{11} & a_{12} & \cdots & a_{1n} \\ a_{21} & a_{22} & \cdots & a_{2n} \\ \vdots & \vdots & & \vdots \\ a_{n1} & a_{n2} & \cdots & a_{nn} \end{vmatrix},$$

用常数项 $b_1, b_2, \cdots, b_n$ 代替 D 中第 j 列, 组成的行列式记为 D_j, 即

$$D_j=\begin{vmatrix} a_{11} & \cdots & a_{1j-1} & b_1 & a_{1j+1} & \cdots & a_{1n} \\ a_{21} & \cdots & a_{2j-1} & b_2 & a_{2j+1} & \cdots & a_{2n} \\ \vdots & \ddots & \vdots & \vdots & \vdots & \ddots & \vdots \\ a_{n1} & \cdots & a_{nj-1} & b_n & a_{nj+1} & \cdots & a_{nn} \end{vmatrix}, \quad j=1,2,\cdots,n.$$

定理 (Crammer 法则) 若线性方程组的系数行列式 $D\neq 0$, 则线性方程组 (1) 有唯一解

$$x_1=\frac{D_1}{D},\ x_2=\frac{D_2}{D},\ \cdots,\ x_n=\frac{D_n}{D}.$$

例 2 当 $\begin{vmatrix} a_{11} & a_{12} \\ a_{21} & a_{22} \end{vmatrix}\neq 0$ 时, 求二元一次方程组 $\begin{cases} a_{11}x+a_{12}y=b_1, \\ a_{21}x+a_{22}y=b_2 \end{cases}$ 的唯一实数解.

解 唯一解为

$$x=\frac{\begin{vmatrix} b_1 & a_{12} \\ b_2 & a_{22} \end{vmatrix}}{\begin{vmatrix} a_{11} & a_{12} \\ a_{21} & a_{22} \end{vmatrix}}, \quad y=\frac{\begin{vmatrix} a_{11} & b_1 \\ a_{21} & b_2 \end{vmatrix}}{\begin{vmatrix} a_{11} & a_{12} \\ a_{21} & a_{22} \end{vmatrix}}.$$

例 3 当 $D=\begin{vmatrix} a_1 & b_1 & c_1 \\ a_2 & b_2 & c_2 \\ a_3 & b_3 & c_3 \end{vmatrix}\neq 0$, 求三元一次方程组 $\begin{cases} a_1x+b_1y+c_1z=d_1, \\ a_2x+b_2y+c_2z=d_2, \\ a_3x+b_3y+c_3z=d_3 \end{cases}$ 的唯一解.

解 设 $D_1=\begin{vmatrix} d_1 & b_1 & c_1 \\ d_2 & b_2 & c_2 \\ d_3 & b_3 & c_3 \end{vmatrix}$, $D_2=\begin{vmatrix} a_1 & d_1 & c_1 \\ a_2 & d_2 & c_2 \\ a_3 & d_3 & c_3 \end{vmatrix}$, $D_3=\begin{vmatrix} a_1 & b_1 & d_1 \\ a_2 & b_2 & d_2 \\ a_3 & b_3 & d_3 \end{vmatrix}$, 则唯一解为

$$x=\frac{D_1}{D},\ y=\frac{D_2}{D},\ z=\frac{D_3}{D}.$$

例 4　解线性方程组

$$\begin{cases} 2x_1 + x_2 - 5x_3 = -1, \\ x_1 - 3x_2 = -5, \\ 2x_2 - 3x_3 = 1. \end{cases}$$

解　因为 $D = \begin{vmatrix} 2 & 1 & -5 \\ 1 & -3 & 0 \\ 0 & 2 & -3 \end{vmatrix} = 11,$

$$D_1 = \begin{vmatrix} -1 & 1 & -5 \\ -5 & -3 & 0 \\ 1 & 2 & -3 \end{vmatrix} = 11,\ D_2 = \begin{vmatrix} 2 & -1 & -5 \\ 1 & -5 & 0 \\ 0 & 1 & -3 \end{vmatrix} = 22,\ D_3 = \begin{vmatrix} 2 & 1 & -1 \\ 1 & -3 & -5 \\ 0 & 2 & 1 \end{vmatrix} = 11.$$

所以 $x_1 = \dfrac{D_1}{D} = 1, x_2 = \dfrac{D_2}{D} = 2, x_3 = \dfrac{D_3}{D} = 1.$

练习　解线性方程组 $\begin{cases} x_1 - 2x_2 + x_3 = -2, \\ 2x_1 + x_2 + -3x_3 = 1, \\ -x_1 + x_2 - x_3 = 0. \end{cases}$

解　由于方程组的系数行列式

$$D = \begin{vmatrix} 1 & -2 & 1 \\ 2 & 1 & -3 \\ -1 & 1 & -1 \end{vmatrix} = -5 \neq 0,$$

同理可得

$$D_3 = \begin{vmatrix} 1 & -2 & -2 \\ 2 & 1 & 1 \\ -1 & 1 & 0 \end{vmatrix} = -5, D_2 = \begin{vmatrix} 1 & -2 & 1 \\ 2 & 1 & -3 \\ -1 & 0 & -1 \end{vmatrix} = -10,$$

$$D_1 = \begin{vmatrix} -2 & -2 & 1 \\ 1 & 1 & -3 \\ 0 & 1 & -1 \end{vmatrix} = -5,$$

故方程组的解为

$$x_1 = \frac{D_1}{D} = 1, \quad x_2 = \frac{D_2}{D} = 2, \quad x_3 = \frac{D_3}{D} = 1.$$

对应于方程组 (1) 的齐次线性方程组为

$$\begin{cases} a_{11}x_1+a_{12}x_2+\cdots+a_{1n}x_n=0, \\ a_{21}x_1+a_{22}x_2+\cdots+a_{2n}x_n=0, \\ \quad\cdots\cdots \\ a_{n1}x_1+a_{n2}x_2+\cdots+a_{nn}x_n=0. \end{cases} \tag{2}$$

推论　如果齐次线性方程组的系数行列式 $D\neq 0$, 则方程组 (2) 只有零解, 反之, 如果齐次线性方程组 (2) 有非零解, 则其系数行列式 $D=0$.

例 5　λ 为何值时, 齐次线性方程组 $\begin{cases} (1-\lambda)\,x-2y=0, \\ -3x+(2-\lambda)\,y=0, \end{cases}$ 只有零解.

解　当 $D\neq 0$ 时, 方程组只有零解, 由

$$D=\begin{vmatrix} 1-\lambda & -2 \\ -3 & 2-\lambda \end{vmatrix}=(1-\lambda)(2-\lambda)-6\neq 0,$$

即 $\lambda^2-3\lambda-4\neq 0$ 得 $\lambda\neq -1, \lambda\neq 4$. 所以 $\lambda\neq -1$ 且 $\lambda\neq 4$ 时, 方程组只有零解.

附录2

实对称矩阵和正交矩阵

设 $A=(a_{ij})_{n\times n}$, 记 $A^{\mathrm{T}}=(a_{ji})_{n\times n}$ 为矩阵 A 的转置. 若方阵 $A=(a_{ij})_{n\times n}$, $a_{ij}\in\mathbf{R}$ 且满足 $A^{\mathrm{T}}=A$, 则称 A 为**实对称矩阵**(real symmetric matrix).

由定义知, 实对称矩阵必是方阵, 且它的元素均为实数且 $a_{ij}=a_{ji}$, 因而实对称矩阵的形式为

$$\begin{pmatrix} a_{11} & a_{12} & \cdots & a_{1n} \\ a_{12} & a_{22} & \cdots & a_{2n} \\ \vdots & \vdots & & \vdots \\ a_{1n} & a_{2n} & \cdots & a_{nn} \end{pmatrix}.$$

如果 n 阶实数矩阵 P 满足 $P^{\mathrm{T}}P=E$, 其中 E 为单位矩阵, 则称 P 为**实正交矩阵**(real orthogonal matrix).

1. 实对称矩阵的性质

(1) 同阶实对称矩阵的和、差、数乘都是实对称矩阵;

(2) 任意实方阵与其转置之和为实对称矩阵;

(3) 实对称矩阵的所有特征值均为实数, 特征向量均是实向量;

(4) 实对称矩阵的不同特征值对应的特征向量是正交的;

(5) 对任意一个 n 阶实对称矩阵 A, k 重特征值 λ 必有 k 个线性无关的特征向量, 或者说必有秩 $\mathrm{Rank}(\lambda E-A)=n-k$;

(6) 对任意一个 n 阶实对称矩阵 A, 都存在一个 n 阶正交矩阵 P, 使 $P^{\mathrm{T}}AP=P^{-1}AP$ 成为对角形且对角线上的元素为 A 的特征值.

2. 正交矩阵的判定

(1) 实数方阵 P 满足 $PP^{\mathrm{T}}=E$, 则 P 为正交矩阵;

(2) 实数方阵 P 满足 $P^{T}=P^{-1}$, 则 P 为正交矩阵;

(3) 实数方阵 P 的行 (或列) 向量组是单位正交向量组, 则 P 为正交矩阵.

3. 正交矩阵的性质

若 P 是正交矩阵, 则 P 有以下性质:

(1) $|P| = \pm 1$;

(2) P^{-1}, P^*, P^{T} 和 $P^k, k = 1, 2, \cdots$ 均是正交矩阵.

附录3

期中测试题 (前 2 章) 及参考答案

一、单项选择题(在每小题列出的四个选项中只有一个选项是符合题目要求的. 本大题共 5 小题, 每小题 2 分, 共 10 分.)

1. 设 $\boldsymbol{a},\boldsymbol{b},\boldsymbol{c}$ 均为非零向量, $\boldsymbol{a}$ 与非零向量 $(\boldsymbol{c}\cdot\boldsymbol{a})\boldsymbol{b}-(\boldsymbol{a}\cdot\boldsymbol{b})\boldsymbol{c}$ 的关系是 (　　).

A. 不平行也不垂直　　B. 平行不相等

C. 垂直　　D. 相等

2. 已知向量 $\boldsymbol{a},\boldsymbol{b},\boldsymbol{c}$ 下列等式中正确的是 (　　).

A. $(\boldsymbol{a}+\boldsymbol{b})\cdot(\boldsymbol{a}-\boldsymbol{b})=|\boldsymbol{a}|^2-|\boldsymbol{b}|^2$　　B. $\boldsymbol{a}(\boldsymbol{a}\cdot\boldsymbol{b})=|\boldsymbol{a}|^2\boldsymbol{b}$

C. $(\boldsymbol{a}+\boldsymbol{b})\times(\boldsymbol{a}-\boldsymbol{b})=\boldsymbol{a}\times\boldsymbol{a}-\boldsymbol{b}\times\boldsymbol{b}$　　D. $(\boldsymbol{a}+\boldsymbol{b})\times(\boldsymbol{a}-\boldsymbol{b})=\boldsymbol{a}\times\boldsymbol{a}+\boldsymbol{b}\times\boldsymbol{b}$

3. 若 $\boldsymbol{a}\times\boldsymbol{b}=\boldsymbol{a}-\boldsymbol{b}$, 则 (　　).

A. $\boldsymbol{a}=\boldsymbol{b}$　　B. $\boldsymbol{a}=\boldsymbol{0}$　　C. $\boldsymbol{b}=\boldsymbol{0}$　　D. $\boldsymbol{a}\perp\boldsymbol{b}$

4. 向量组 $\boldsymbol{\alpha}_1,\boldsymbol{\alpha}_2,\cdots,\boldsymbol{\alpha}_n$ 线性无关的充要条件为 (　　).

A. $\boldsymbol{\alpha}_1,\boldsymbol{\alpha}_2,\cdots,\boldsymbol{\alpha}_n$ 均不为零

B. 向量组中任两个向量的分量不成比例

C. 向量组中任一个向量不能由其余向量线性表示

D. 向量组中有一部分向量线性无关

5. 直线 $\dfrac{x-x_0}{X}=\dfrac{y-y_0}{Y}=\dfrac{z-z_0}{Z}$ 与平面 $Ax+By+Cz+D=0$ 平行的充要条件是 (　　).

A. $AX+BY+CZ=0$　　B. $A:B:C=X:Y:Z$

C. $AX+BY+CZ=0, Ax_0+By_0+Cz_0+D\neq 0$　　D. $A:B:C\neq X:Y:Z$

二、填空题(把正确答案填在题中横线上. 本大题共 10 个小题, 每小题 2 分, 共 20 分.)

1. 在直角坐标系中, 求平面 $\Pi: 2x+3y+z+1=0$ 与直线 $l:\begin{cases}x+y-z=0,\\ 2x-2y+3z-1=0\end{cases}$ 的夹角________.

2. 已知 $|\boldsymbol{a}|=3$, $|\boldsymbol{b}|=26$, $|\boldsymbol{a}\times\boldsymbol{b}|=72$, 则 $\boldsymbol{a}\cdot\boldsymbol{b}=$________.

3. 已知 $\angle(\boldsymbol{a}\ ,\boldsymbol{b})=\dfrac{2\pi}{3}$, 且 $|\boldsymbol{a}|=1$, $|\boldsymbol{b}|=2$, 则 $(\boldsymbol{a}\times\boldsymbol{b})^2=$________.

4. $|\boldsymbol{a}\times\boldsymbol{b}|$ 的几何意义是________.

5. 三向量 $\boldsymbol{a},\boldsymbol{b},\boldsymbol{c}$ 的混合积 $(\boldsymbol{abc})$ 的几何意义是________.

6. 两向量的的内积为零的充分必要条件是________.

7. 两向量的外积为零的充分必要条件是________.

8. 已知四面体的顶点 $A=(0,0,0)$, $B=(6,0,6)$, $C=(4,3,0)$, $D=(2,-1,3)$, 则它的体积是________.

9. 设 $\boldsymbol{a}=(3,-2,1)$, $\boldsymbol{b}=(-1,k,-5)$, 如果 $\mathrm{Prj}_{\boldsymbol{a}}\boldsymbol{b}=-\sqrt{14}$, 那么 $k=$________.

10. 点 $(1,2,1)$ 到平面 $x+2y+2z-10=0$ 的距离为________.

三、计算题(本大题共 5 个小题, 每题 10 分, 共 50 分.)

1. 已知 a , b , c 两两垂直, 且 $|\boldsymbol{a}|=1$, $|\boldsymbol{b}|=2$, $|\boldsymbol{c}|=3$, 求 $\boldsymbol{s}=\boldsymbol{a}+\boldsymbol{b}+\boldsymbol{c}$ 的长度与它和 $\boldsymbol{a}$, $\boldsymbol{b}$, $\boldsymbol{c}$ 的夹角.

2. 将直线 $\begin{cases} 2x+y-z+1=0 \\ 3x-y-2z-3=0 \end{cases}$ 化为标准方程.

3. 在直角坐标系中, 求经过点 $M_1(3,-1,4)$, $M_2(1,0,-3)$, 垂直于平面 $2x+5y+z+1=0$ 的平面方程.

4. 求通过点 $P(1,0,-2)$, 且与平面 $3x-y+2z-1=0$ 平行, 与直线 $\dfrac{x-1}{4}=\dfrac{y-3}{-2}=\dfrac{z}{1}$ 相交的直线方程.

5. 已知空间的两条直线 $l_1:\dfrac{x-4}{1}=\dfrac{y-3}{-2}=\dfrac{z-8}{1}$; $l_2:\dfrac{x+1}{7}=\dfrac{y+1}{-6}=\dfrac{z+1}{1}$.

(1) 证明此两条直线异面; (2) 求两直线的公垂线方程; (3) 求连接两直线的线段的中点轨迹方程.

四、证明题(本大题共 2 个小题, 每小题 10 分, 共 20 分.)

1. 如果 $\boldsymbol{a}=\boldsymbol{p}\times\boldsymbol{n},\boldsymbol{b}=\boldsymbol{q}\times\boldsymbol{n},\boldsymbol{c}=\boldsymbol{r}\times\boldsymbol{n}$, 那么 $\boldsymbol{a},\boldsymbol{b},\boldsymbol{c}$ 共面.

2. 已知直线$l_1:\begin{cases} cy+bz-bc=0, \\ x=0 \end{cases}$ 与 $l_2:\begin{cases} ax-az-ac=0, \\ y=0, \end{cases}$ 其中 $abc\neq 0$. 证明 l_1,l_2 为异面直线.

参考答案

一、选择题

1. C;　　2. A;　　3. A;　　4. C;　　5. C.

二、填空题

1. $-\dfrac{17\sqrt{3}}{42}$;　　2. ± 30;　　3. 3;　　4. 平行四边形的面积

5. 平行六面体的体积; 6. 两向量垂直或两向量中至少有一个为零向量

7. 两向量平行或两向量中至少有一个为零向量;　8.1;　9.3;　10.1.

三、计算题

1. 解: $\because a$、b、c 两两垂直, $\therefore \boldsymbol{a}\cdot\boldsymbol{b}=\boldsymbol{a}\cdot\boldsymbol{c}=\boldsymbol{b}\cdot\boldsymbol{c}=0$.

$$|\boldsymbol{S}|=\sqrt{(\boldsymbol{a}+\boldsymbol{b}+\boldsymbol{c})^2}=\sqrt{|\boldsymbol{a}|+|\boldsymbol{b}|+|\boldsymbol{c}|+2\boldsymbol{ab}+2\boldsymbol{ac}+2\boldsymbol{bc}}=\sqrt{1+4+9}=\sqrt{14}.$$

$$\cos\angle(\boldsymbol{s},\boldsymbol{a})=\frac{\boldsymbol{s}\cdot\boldsymbol{a}}{|\boldsymbol{s}|\cdot|\boldsymbol{a}|}=\frac{\boldsymbol{a}\cdot\boldsymbol{a}}{|\boldsymbol{s}|\cdot|\boldsymbol{a}|}=\frac{1}{\sqrt{14}}=\frac{\sqrt{14}}{14},$$

$$\cos\angle(\boldsymbol{s},\boldsymbol{b})=\frac{\boldsymbol{s}\cdot\boldsymbol{b}}{|\boldsymbol{s}|\cdot|\boldsymbol{b}|}=\frac{\boldsymbol{b}\cdot\boldsymbol{b}}{|\boldsymbol{s}|\cdot|\boldsymbol{b}|}=\frac{4}{\sqrt{14}}=\frac{2\sqrt{14}}{7},$$

$$\cos\angle(\boldsymbol{s},\boldsymbol{c})=\frac{\boldsymbol{s}\cdot\boldsymbol{c}}{|\boldsymbol{s}|\cdot|\boldsymbol{c}|}=\frac{9\sqrt{14}}{14}.$$

2. 解: 令 $y=0$, 得 $\begin{cases}2x-z+1=0,\\3x-2z-3=0.\end{cases}$ 从而解得 $\begin{cases}x=-5,\\z=-9.\end{cases}$ $\therefore$ 标准方程为

$$\frac{x+5}{-3}=\frac{y}{1}=\frac{z+9}{-5}$$

$\therefore$ 点 $M(-5,0,-9)$ 在直线上, 直线的方向向量.

$$\begin{aligned}\boldsymbol{v}&=\boldsymbol{n}_1\times\boldsymbol{n}_2\\&=(2,1,-1)\times(3,-1,-2)\\&=(-3,1,-5).\end{aligned}$$

3. 解: 该平面的一个方向向量为 $\overrightarrow{M_1M_2}=(-2,1,-7)$, 该平面垂直平面

$$2x+5y+z+1=0.$$

即该平面的另一个方向向量为 $\boldsymbol{n}=(2,5,1)$. 设该平面上的一点 $M(x,y,z)$, 则

$$\begin{vmatrix}x-3&y+1&z-4\\-2&1&-7\\2&5&1\end{vmatrix}=0.$$

故该平面的方程为 $3x-y-z-6=0$.

4. 解: 所求直线为如下两平面方程的交线:

$$\pi_1: 3(x-1)-y+2(z+2)=0,$$

$$\pi_2: \begin{vmatrix} x-1 & y & z+2 \\ 4 & -2 & 1 \\ 0 & 3 & 2 \end{vmatrix}=0.$$

因此, 直线方程为 $\begin{cases} 3x-y+2z+1=0, \\ -7x-8y+12z+31=0. \end{cases}$

5. 解: (1) 因为 $M_1(4,3,8)\in l_1$, $M_2(-1,-1,-1)\in l_2$, 所以 $\overrightarrow{M_1M_2}=(-5,-4,-9)$, $\overrightarrow{v_1}=(1,-2,1)$, $\overrightarrow{v_2}=(7,-6,1)$.

$$\therefore \left|(\overrightarrow{M_1M_2},\overrightarrow{v_1},\overrightarrow{v_2})\right|=\begin{vmatrix} -5 & -4 & -9 \\ 1 & -2 & 1 \\ 7 & -6 & 1 \end{vmatrix}=116\neq 0.$$

因此两直线异面.

(2) 此该公垂线的方向向量 $v=n_1\times n_2=(1,-2,1)\times(7,-6,1)=(4,6,8)$.

$$\begin{cases} \begin{vmatrix} x-4 & y-3 & z-8 \\ 1 & -2 & 1 \\ 4 & 6 & 8 \end{vmatrix}=0, \\ \begin{vmatrix} x+1 & y+1 & z+1 \\ 7 & -6 & 1 \\ 4 & 6 & 8 \end{vmatrix}=0. \end{cases}$$

$\therefore$ 该公垂线方程为:

$$\begin{cases} -11x-2y+7z-6=0, \\ -27x-26y+33z-20=0. \end{cases}$$

(3) 直线 l_1 参数方程为 $\begin{cases} x=4+t, \\ y=3-2t, \quad (t\in\mathbf{R}) \\ z=8+t. \end{cases}$

直线 l_2 参数方程为 $\begin{cases} x=-1+7s, \\ y=-1-6s, \quad (s\in\mathbf{R}) \\ z=-1+s. \end{cases}$ 在直线 l_1 上任取一点 $M_1(x_1,y_1,z_1)$,

在直线 l_2 上任取一点 $M_2(x_2, y_2, z_2)$. 则 M_1 与 M_2 的中点

$$M_0\left(\frac{X_1+X_2}{2}, \frac{Y_1+Y_2}{2}, \frac{Z_1+Z_2}{2}\right).$$

$$\therefore \text{中点 } M \text{ 的轨迹方程为} \begin{cases} x = \dfrac{3+t+7s}{2}, \\ y = \dfrac{2-2t-6s}{2}, \quad (t, s \in \mathbf{R}) \\ z = \dfrac{7+t+s}{2}. \end{cases}$$

四、证明题

1. 证明: 要证明三个向量共面, 等价于证明它们的混合积为零.

$$\begin{aligned}(\boldsymbol{a}, \boldsymbol{b}, \boldsymbol{c}) &= [(\boldsymbol{p}\times\boldsymbol{n})\times(\boldsymbol{q}\times\boldsymbol{n})]\cdot(\boldsymbol{r}\times\boldsymbol{n}) \\ &= ([(\boldsymbol{p}\times\boldsymbol{n})\cdot\boldsymbol{n}]\boldsymbol{q} - [(\boldsymbol{p}\times\boldsymbol{n})\cdot\boldsymbol{q}]\boldsymbol{n})\cdot(\boldsymbol{r}\times\boldsymbol{n}) \\ &= -[(\boldsymbol{p}\times\boldsymbol{n})\cdot\boldsymbol{q}][\boldsymbol{n}\cdot(\boldsymbol{r}\times\boldsymbol{n})] \\ &= 0\end{aligned}$$

因此三个向共面.

2. 证明: 点 $M_1(0, b, 0)$ 在 l_1 上, 点 $M_2(c, 0, 0)$ 在 l_2 上, 因此 $\overrightarrow{M_1M_2} = (c, -b, 0)$. 直线 l_1 的有个方向向量为 $\overrightarrow{v_1} = (0, b, -c)$; 直线 l_2 的有个方向向量为 $\overrightarrow{v_2} = (a, 0, a)$.

$$\therefore abc \neq 0.$$

$$\therefore \left|(\overrightarrow{M_1M_2}, \overrightarrow{v_1}, \overrightarrow{v_2})\right| = \begin{vmatrix} c & -b & 0 \\ 0 & b & -c \\ a & 0 & a \end{vmatrix} = 2abc \neq 0.$$

$\therefore l_1, l_1$ 为异面直线.

附录4

期末测试题及参考答案

一、单项选择题(在每小题列出的四个选项中只有一个选项是符合题目要求的. 本大题共 5 小题, 每小题 2 分, 共 10 分.)

1. 已知向量 $\boldsymbol{a}, \boldsymbol{b}, \boldsymbol{c}$, 下列等式中正确的是 (　　).

A. $(\boldsymbol{a}+\boldsymbol{b})\cdot(\boldsymbol{a}-\boldsymbol{b})=|\boldsymbol{a}|^2-|\boldsymbol{b}|^2$　　B. $(\boldsymbol{a}\cdot\boldsymbol{b})\boldsymbol{a}=|\boldsymbol{a}|^2\boldsymbol{b}$

C. $(\boldsymbol{a}+\boldsymbol{b})\times(\boldsymbol{a}-\boldsymbol{b})=\boldsymbol{a}\times\boldsymbol{a}-\boldsymbol{b}\times\boldsymbol{b}$　　D. $(\boldsymbol{a}\cdot\boldsymbol{b})^2=|\boldsymbol{a}|^2|\boldsymbol{b}|^2$

2. 与混合积 $(\boldsymbol{a}\times\boldsymbol{b})\cdot\boldsymbol{c}$ 相等的是 (　　).

A. $(\boldsymbol{a}\times\boldsymbol{c})\cdot\boldsymbol{b}$　　B. $\boldsymbol{c}\cdot(\boldsymbol{b}\times\boldsymbol{a})$　　C. $(\boldsymbol{c}\times\boldsymbol{b})\cdot\boldsymbol{a}$　　D. $\boldsymbol{b}\cdot(\boldsymbol{c}\times\boldsymbol{a})$

3. 平面 $3x+2y+6z-12=0$ 与三坐标平面所围成的四面体体积是 (　　).

A. 10　　B. 48　　C. 8　　D. 12

4. 给定方程 $\dfrac{x^2}{a^2-k}+\dfrac{y^2}{b^2-k}+\dfrac{z^2}{c^2-k}=1, a>b>c>0$, 当 $b^2>k>c^2$ 时表示 (　　)

A. 椭球面　　B. 单叶双曲面　　C. 双叶双曲面　　D. 双曲抛物面

5. 方程 $z=x^2-y^2-2y$ 的图形是 (　　).

A. 中心二次曲面　　B. 无心二次曲面

C. 线心二次曲面　　D. 面心二次曲面

二、判断题(本大题共 8 小题, 每小题 2 分, 共 16 分.)

1. 两个向量平行的充分必要条件它们的向量积为零.　(　　)

2. 若 $\boldsymbol{a}\neq 0, \boldsymbol{a}\cdot\boldsymbol{b}=\boldsymbol{a}\cdot\boldsymbol{c}$, 则 $\boldsymbol{b}=\boldsymbol{c}$.　(　　)

3. 空间中任一平面都可以用三元一次方程来表示的.　(　　)

4. 两异面直线的公垂线存在且唯一.　(　　)

5. 任一空间曲线都可以看成某两个曲面的交线.　(　　)

6. 单叶双曲面不是直纹面.　(　　)

7. 旋转曲面可以看成由一族平行纬圆生成的曲面.　(　　)

8. 二次曲面的中心一定存在且唯一.　(　　)

三、填空题(把正确答案填在题中横线上. 本大题共 7 小题, 每小题 2 分, 共 14 分.)

1. 若向量 $\boldsymbol{a}=(1,-2,1)$, $\boldsymbol{b}=(-3,\lambda,-3)$ 平行, 则 $\lambda=$________.

2. 已知 $\boldsymbol{a}=(-1,2,1)$, $\boldsymbol{b}=(0,1,1)$, 那么与 $\boldsymbol{a}$, $\boldsymbol{b}$ 都垂直的单位向量是________.

3. 方程 $4x^2-9y^2-z^2=36$ 在在空间直角坐标系中表示的图形是________.

4. 如果 n 阶实数矩阵 A 满足 $AA^T=E$, 其中 E 为单位矩阵, 则称矩阵 A 为是________.

5. 直线 $\begin{cases} y-1=0, \\ z+2=0 \end{cases}$ 的标准方程为____.

6. $F(x,y,z)=0$ 是中心二次曲面的充分必要条件是________.

7. 以曲线 $\begin{cases} y^2=2z \\ x=0 \end{cases}$ 为母线, z 轴为旋转轴的旋转曲面方程是________.

四、计算题(本大题共 4 个小题, 每小题 10 分, 共 40 分.)

1. 求过点 $(1,-1,1)$ 且垂直于两平面 $x+y-2z=0$ 和 $x-2y+5z=0$ 的平面方程.

2. 求通过点 $M_0(1,4,-2)$ 且与两平面

$$\Pi_1: 6x+2y+2z+3=0, \quad \Pi_2: 3x-5y-2z-1=0$$

均平行的直线方程.

3. 求母线方向为 $(2,-3,4)$, 准线为 $\begin{cases} x^2+y^2=9, \\ z=1 \end{cases}$ 的柱面方程.

4. 求曲面 $14x^2+14y^2+8z^2-8xy-4xz-4yz+18x-18y+5=0$ 的中心.

五、证明题(本大题共 2 个小题, 每小题 10 分, 共 20 分.)

1. 证明: 若 $\boldsymbol{a}\times\boldsymbol{b}=\boldsymbol{c}\times\boldsymbol{d}$, $\boldsymbol{a}\times\boldsymbol{c}=\boldsymbol{b}\times\boldsymbol{d}$, 则 $\boldsymbol{a}-\boldsymbol{d}$ 与 $\boldsymbol{b}-\boldsymbol{c}$ 共线.

2. 证明曲面 S: $x^2+2xz+z^2=1-y^2$ 是一个柱面.

参考答案

一、选择题

1. A	2. D	3. C	4. B	5. B

二、判断题

1. √	2. ×	3. √	4. √
5. √	6. ×	7. √	8. ×

三、填空题

1. 6;　2. $\left(\frac{\sqrt{3}}{3},\frac{\sqrt{3}}{3},-\frac{\sqrt{3}}{3}\right)$ 或 $-\left(\frac{\sqrt{3}}{3},\frac{\sqrt{3}}{3},-\frac{\sqrt{3}}{3}\right)$;　3. 双叶双曲面;

4. 正交矩阵;　5. $\frac{x}{1}=\frac{y-1}{0}=\frac{z+2}{0}$ 或与之等价的方程;

6. $I_3\neq 0$ 或系数矩阵的行列式不等于 0;　7. $x^2+y^2=2z$

四、计算题

1. 解：平面 $x+y-2z=0$ 的法向量为 $(\mathbf{1},\mathbf{1},-\mathbf{2})$；平面 $x-2y+5z=0$ 的法向量为 $(\mathbf{1},-\mathbf{2},\mathbf{5})$；该平面的法向量为 $\begin{vmatrix} \boldsymbol{i} & \boldsymbol{j} & \boldsymbol{k} \\ 1 & 1 & -2 \\ 1 & -2 & 5 \end{vmatrix}=\boldsymbol{i}-7\boldsymbol{j}-3\boldsymbol{k}$, 平面的方程为 $(x-1)-7(y+1)-3(z-1)=0$, 即 $x-7y-3z-5=0$.

2. 解：平面 $\Pi_1:6x+2y+2z+3=0$ 的法向量为 $(\mathbf{6},\mathbf{2},\mathbf{2})$；平面 $\Pi_2:3x-5y-2z-1=0$ 的法向量为 $(\mathbf{3},-\mathbf{5},-\mathbf{2})$；直线的方向向量 $\mathbf{v}=(X,Y,Z)$ 与已知两平面均平行, 所以

$$\begin{cases} 6X+2Y+2Z=0, \\ 3X-5Y-2Z=0. \end{cases}$$

得到 $X:Y:Z=1:3:(-6)$, 于是直线的方程为

$$\frac{x-1}{1}=\frac{y-4}{3}=\frac{z+2}{-6}.$$

注：利用构造两个平面的方法, 参考结果如下

$$\begin{cases} 3x+y+z-5=0, \\ 3x-5y-2z+13=0. \end{cases}$$

3. 解：柱面上的点 (x,y,z) 一定在经过准线上一点 (x_0,y_0,z_0) 的母线上, 所以

$$\begin{cases} x_0^2+y_0^2=9, \\ z_0=1, \\ x=x_0+2t, \\ y=y_0-3t, \\ z=z_0+4t. \end{cases}$$

消去 x_0,y_0,z_0,t 得到柱面方程：

$$16x^2+16y^2+13z^2+24yz-16xz+16x-24y-26z-131=0.$$

4. 解：曲面的中心满足

$$\begin{cases} 14x-4y-2z+9=0, \\ -4x+14y-2z-9=0, \\ -2x-2y+8z=0, \end{cases}$$

此方程组有唯一解 $\left(-\frac{1}{2},\frac{1}{2},0\right)$, 即为中心.

五、证明题

1. 证：

$$\begin{aligned}(\boldsymbol{a}-\boldsymbol{d})\times(\boldsymbol{b}-\boldsymbol{c})&=\boldsymbol{a}\times\boldsymbol{b}-\boldsymbol{a}\times\boldsymbol{c}-\boldsymbol{d}\times\boldsymbol{b}+\boldsymbol{d}\times\boldsymbol{c}\\&=\boldsymbol{a}\times\boldsymbol{b}-\boldsymbol{c}\times\boldsymbol{d}-\boldsymbol{a}\times\boldsymbol{c}+\boldsymbol{b}\times\boldsymbol{d}=\boldsymbol{0},\end{aligned}$$

故 $\boldsymbol{a}-\boldsymbol{d}$ 与 $\boldsymbol{b}-\boldsymbol{c}$ 共线.

2. 证：以曲面 S 和平面 $z=0$ 的交线 $\Gamma:\begin{cases} x^2+2xz+z^2=1-y^2, \\ z=0. \end{cases}$ 即 $\Gamma:\begin{cases} x^2+y^2=1 \\ z=0 \end{cases}$ 为准线, 方向 $\boldsymbol{v}=\{l,m,n\}$ 为母线的方向, 建立柱面方程.

设 $M_1(x_1,y_1,z_1)$ 为准线上任意一点, 则过 $M_1(x_1,y_1,z_1)$ 的母线方程为

$$\frac{x-x_1}{l}=\frac{y-y_1}{m}=\frac{z-z_1}{n}$$

且 $x_1^2+y_1^2=1$, $z_1=0$, 代入得 $x_1=x-\frac{l}{n}z, y_1=y-\frac{m}{n}z$ 代入 (2) 式, 即得所求柱面方程:

$$\left(x-\frac{l}{n}z\right)^2+\left(y-\frac{m}{n}z\right)^2=1.$$

令 $l:n=-1, m:n=0$, 则 $l:m:n=1:0:-1$, 此时得所求柱面方程: $x^2+2xz+z^2=1-y^2$.

所以 S 是以 $\Gamma:\begin{cases} x^2+y^2=1 \\ z=0 \end{cases}$ 为准线, 方向为 $\{1,0,-1\}$ 的柱面.

证法二：曲面 $x^2+2xz+z^2=1-y^2$ 等价于 $(x+z)^2=(1-y)(1+y)$. 引入参数

$$\frac{x+z}{1+y}=\frac{1-y}{x+z}=\frac{\lambda_1}{\lambda_2}(\lambda_1\text{和}\lambda_2\text{不全为零})$$

化为直线族得到

$$\begin{cases} \lambda_2(1-y)-\lambda_1(x+z)=0, \\ \lambda_2(x+z)-\lambda_1(1+y)=0. \end{cases}$$

于是直线族的方向向量可取为

$$v = n_1 \times n_2 = \left(\begin{vmatrix} \lambda_2 & \lambda_1 \\ -\lambda_1 & \lambda_2 \end{vmatrix}, -\begin{vmatrix} \lambda_1 & \lambda_1 \\ \lambda_2 & \lambda_2 \end{vmatrix}, \begin{vmatrix} \lambda_1 & \lambda_2 \\ \lambda_2 & -\lambda_1 \end{vmatrix} \right)$$

$$= (\lambda_1^2 + \lambda_2^2)(1,0,-1)//(1,0,-1).\ (\text{或非零的常数倍均可})$$

该直纹面是定方向, 因此是柱面.